国家社会科学基金项目研究成果

泰山学者建设工程　山东社会科学院资助

# 海洋经济集成战略

郑贵斌 著

人民出版社

# 序　言

郑新立

　　本书是国家社科基金课题"中国海洋经济发展的三位一体集成战略与实施对策研究"的主要成果,深入研究了海洋经济的战略指导和科学管理。

　　进入新世纪新阶段,海洋在国民经济和社会发展中的地位日益突出,海洋经济已成为世界经济的新领域。我国既是陆地大国,也是海洋大国。2006年全国主要海洋产业总产值为18408亿元,增加值为8286亿元,比上年增长12.7%,相当于同期国内生产总值的4%,发展速度远远高于同期的国民经济增长速度。海洋经济已成为国民经济新的增长点。发展海洋经济是推动我国经济社会发展的一项重大战略任务。

　　党中央、国务院对海洋工作高度重视。党的十六大规划了我国二十年经济社会发展的宏伟蓝图,并作出了"实践海洋开发"的具有深远影响的战略部署。胡铸涛总书记在2006年底的中央经济工作会议上明确指出:"在做好陆地规划的同时,要增强海洋意识,做好海洋规划,完善体制机制,加强各项基础工作,从政策和资金上扶持海洋经济发展。"温家宝总理也强调指出:"随着综合国力的增强,海洋环境、海洋资源、领海和近海的开发管理以及科学研究任务越来越繁重。"全国人大通过的《国家"十一五"规划纲要》中,将海洋专列一章,强调要"强化海洋意识,维护海洋权益,保护海洋生态,开发海洋资源,实施海洋综合管理,促进海洋经济发展。"近年来,沿海各省、市都纷纷把目光瞄准了海洋,加大了对海洋工作的开发和管理力度,以制订海洋经济发展规划、出台指导性文件等形式,提出了许多开发海洋的重大决策建议和战略部署,海洋经济呈现出大发展的态势。

在新的形势下,要从全局和战略高度充分认识大力发展海洋经济的重要意义。这是全面落实科学发展观、推动经济又好又快发展的战略选择,是抓住机遇、提高对外开放水平、培植新的经济增长点的重要途径。必须进一步增强责任感和紧迫感,强化科学的战略指导,以更加科学的态度,更加有力的措施,更加扎实的工作,推动海洋经济在新的起点上迈上新的台阶。理论工作者和实际工作者应当把研究海洋经济问题作为重要课题,为海洋经济发展提供智力支持。

由山东社会科学院副院长、山东省海洋经济研究基地负责人郑贵斌研究员承担的 2004 年国家社科基金课题《中国海洋经济发展的三位一体集成战略与实施对策研究》,以优秀等级结项。该课题依据海洋经济发展的时代特点与环境变化,提出了我国构建"集成创新,兴海强国"的海洋经济发展模式。该成果关于"海洋经济集成位"、"战略位"、"集成创新战略"、"集成绩效"等观点的提出,突破了传统资源位战略、产业位战略和区域位战略研究的局限,课题研究成果具有开拓性和创新性。该成果还提出了重塑集成的海洋战略创新主体、确立全球海洋定位的战略思维、实施海洋开发的战略整合与提升、编制合纵连横的经济区划和集成规划、加强海洋开发集成绩效的综合分析和论证、强化重点创新领域的自主创新和超前部署、完善海洋集成管理的模式、方式与方法等对策建议,对科学发展海洋经济有重要参考价值。

希望该研究成果能为政府发展海洋经济中的决策,促进海洋经济健康持续发展发挥作用,也希望贵斌同志在今后的工作中出更多更好的科研成果。

2008 年 8 月 13 日

# 目　　录

前言 ……………………………………………………………………………… 1

导言:海洋经济战略创新:背景与意义 …………………………………… 1
 0.1 问题提出的国际国内背景 ………………………………………… 1
 0.2 海洋经济传统战略缺陷的呼唤 …………………………………… 7
 0.3 21 世纪中国国家战略的必然抉择 ………………………………… 9
 0.4 集成创新战略的研究思路、结构与方法 ……………………… 10
 0.5 海洋经济集成创新战略的主要观点 …………………………… 13
 0.6 预期理论贡献与实践意义 ……………………………………… 15

1 海洋经济集成创新战略的理论基础 ………………………………… 17
 1.1 海洋经济及其战略理论 ………………………………………… 17
 1.2 创新理论及其发展 ……………………………………………… 24
 1.3 集成理论及其发展 ……………………………………………… 30
 1.4 集成创新的提出:创新理论的重大突破 ……………………… 34
 1.5 我国集成创新理论的新进展 …………………………………… 39

2 海洋经济集成创新战略理论的建立 ………………………………… 47
 2.1 海洋经济位与战略位理论 ……………………………………… 47
 2.2 海洋经济集成创新的理论框架模型 …………………………… 50
 2.3 海洋经济集成创新的机理 ……………………………………… 57
 2.4 海洋经济集成创新的经济性 …………………………………… 67

3 目标导向维集成:海洋经济战略思路创新 ………………………… 75
 3.1 海洋经济创新的目标导向战略体系 …………………………… 75
 3.2 海洋经济发展的战略危机及其成因 …………………………… 76

3.3　海洋经济战略集成创新:时代与环境的产物 ……………… 82

3.4　海洋经济目标导向创新的路径依赖及其超越 …………… 92

4　核心创新维集成:海洋生产力创新 ……………………………… 100

4.1　核心创新维系统构成及其相互关系 …………………… 100

4.2　核心创新系统的创新运行与创新模式 ………………… 104

4.3　核心创新维创新运行机制剖析 ………………………… 110

4.4　核心创新系统的集成效应 ……………………………… 115

5　保障创新维集成:海洋生产关系创新 …………………………… 117

5.1　保障创新系统的构成及其特点 ………………………… 117

5.2　保障创新系统的创新运行与功能效应 ………………… 123

5.3　保障创新维集成创新的策略"保障" …………………… 129

6　导向三横面之一:海洋资源位集成创新战略 …………………… 136

6.1　海洋经济集成创新系统结构概述 ……………………… 136

6.2　海洋资源位三维创新分析 ……………………………… 137

6.3　海洋资源价值观 ………………………………………… 138

6.4　海洋资源开发规律集成 ………………………………… 145

6.5　资源位三维创新的集成思路探索 ……………………… 154

7　战略导向三横面之二:海洋产业位集成创新战略 ……………… 161

7.1　海洋产业位三维创新分析 ……………………………… 161

7.2　海洋产业演进态势与机理 ……………………………… 162

7.3　海洋产业的集成创新 …………………………………… 169

7.4　海洋产业园区建设 ……………………………………… 173

8　战略导向三横面之三:海洋区域位集成创新战略 ……………… 177

8.1　区域位三维创新简述 …………………………………… 177

8.2　经济一体化趋势对海洋经济区域创新发展的影响 …… 178

8.3　区域海洋经济创新的新定位 …………………………… 187

8.4　海陆一体化的区域创新实践 …………………………… 190

9　三位三维创新空间立体透视:三位一体集成创新战略整体

扫描 ………………………………………………………………… 204

9.1　海洋经济集成创新立体空间结构 ·············· 204

9.2　海洋经济创新势场与创新资源合理配置 ········ 206

9.3　海洋经济集成创新的最优化 ·················· 207

10　海洋经济集成创新战略案例 ···················· 215

10.1　山东海洋开发建设战略规划研究 ············ 215

10.2　青岛市海洋经济集成创新模式研究 ·········· 277

11　海洋经济集成创新战略的实施对策 ·············· 291

11.1　重塑集成的海洋经济战略创新主体 ·········· 291

11.2　确立全球定位的战略思维 ·················· 297

11.3　切实加强海洋事业的执政能力建设 ·········· 299

11.4　编制合纵联横的经济区划和集成开发规划 ···· 301

11.5　强化重点创新领域的自主创新和超前部署 ···· 304

11.6　走开放、借鉴、合作之路 ·················· 307

11.7　营造和谐优化的海洋经济集成创新环境 ······ 311

结　论 ········································ 316

12.1　海洋经济集成创新战略的提出与重大意义 ···· 316

12.2　海洋经济集成创新战略理论模型、运行机制与实现
模式 ·································· 317

12.3　海洋经济集成创新的优化管理与战略对策 ···· 321

12.4　创新点与发展点 ·························· 325

主要参考文献 ·································· 327

后　记 ········································ 333

# 前　言

依据海洋经济发展的时代特点与巨变环境,中国发展海洋经济,应当作出集成创新、兴海强国的战略选择,切实强化战略集成指导,积极调整创新发展模式,努力追求集成绩效的目标,有针对性地实施系统集成的战略管理对策。

## 一、海洋经济集成战略的提出与重大意义

从全球视角观察,中国是海陆兼备的国家,300多万平方公里的管辖海域是拓展经济空间、培育新经济增长点的重要国土资源。转变"纯陆地思维",把这一国土的开发利用放在开放的国际大环境来考察,提高到更高的开发位置,确定科学的战略指导开发,是我国现代化建设中的长远性、全局性、战略性课题。

进入海洋科技日新月异、资源环境价值逐渐增大、发展竞争日益激烈、权益争夺不断加剧的海洋世纪,战略创新需求日益迫切。中国的海洋经济发展在经历了以直接开发海洋资源的产业发展阶段以后,跨入了激烈国际竞争背景下以高新技术为支撑的海陆一体的以经济发展、社会进步、生态环境不断改善为基本内容的系统整体协调发展的创新发展阶段。应对新的挑战,仅仅依靠海洋经济的单项突破已不能实现加快发展与科学发展,只有树立集成创新理念,走集成创新之路,才能提高海洋经济的系统的、综合的、有效的创新能力和竞争能力,获取更大的规模发展。因此,构建全新的、高位阶的宏观创新战略,实施宏观战略指导迫在眉睫。

构建海洋经济集成创新战略具有重要战略意义:(1)集成创新战略是实现海洋经济创新最优化、促进海洋开发事业健康发展的科学选择;(2)集成创新战略是应对环境变革、兴海强国、实现民族复兴的重大战略

对策;(3)集成战略可为国家指导海洋经济发展与确保海洋安全提供有力的理论指导与政策支撑。

## 二、海洋经济集成战略的思路与主要观点

### 1. 基本思路

海洋经济作为海洋水体资源经济、海洋产业经济、海洋区域经济三位一体的综合性经济,其发展有自身的客观规律,具有技术要求高、风险性大、产业关联度高、圈层显示度大、区域性强、综合性浓的特点。由海洋资源的聚合特性与海洋经济发展的复杂性决定,海洋经济战略创新是一个需要多创新主体协调统一的过程。为了兴海强国,应在深入研究集成创新的机理、机制与实现模式的前提下,尽快制定和实施海洋经济集成创新战略,全面指导海洋开发与保护,提升海洋经济的成长品位,谋求长远发展的活力和后劲,实现创新发展的集成最优化。

海洋经济集成创新战略的理论模型,由"三位"(海洋资源、海洋产业(科技)、海洋区域经济)"三维"(海洋经济战略目标导向、海洋生产力、海洋生产关系)构成。海洋经济创新是一项系统工程,包括海洋资源开发、科技进步、产业发展、区域协调等内容,创新是全方位的,其体系涉及海洋生产力、生产关系和上层建筑诸方面,创新具有系统性、动态性、协同性的特征。集成创新要求各项创新要素的全方位优化、合理搭配和有效协同,本质是创新系统的整合和创新过程的协同。创新整体优化和协同是海洋资源开发与经济发展的客观规律交叉集成综合作用的结果,体现了海洋经济的全面、协调与可持续发展。实施海洋经济集成创新战略的目标是有效地解决创新中的局部与整体的矛盾、因果关系中的矛盾和过程中的生克矛盾,规避创新风险,形成集成绩效,提高综合竞争力,实现海洋经济发展的最经济、最持续与最大社会福利的集成最优状态。

### 2. 主要观点

(1)海洋经济位和战略位论。海洋经济是复杂的系统,从不同的分支系统的占位观察,存在着资源位、产业位和区域位。按照历史发展和开发进程,还客观存在着资源开发战略、产业促进战略和海洋区建设战略的

战略位。海洋经济发展战略是由资源位、产业位和区域位战略构成的体系。从我国沿海处于工业化中期这一实际来看,农业时代、工业时代和知识时代并存,决定了三位战略的并存和组合。在海洋经济创新发展的新阶段,必须构建新的集成战略思路。

(2)海洋开发战略集成观。海洋是资源聚合体,海洋经济是综合性经济,传统单一的海洋资源开发战略导致资源掠夺式经营,生态环境恶化;传统单一的海洋产业战略,引起了海洋产业结构的畸形;传统分割的区域战略导致整体效应下降。传统战略存在着割裂和离散的弊端。要认真研究多种战略的整合,从多视角和多层面,运用多种方法和手段,来对待各项战略创新资源要素,促进要素、功能及优势之间的相互匹配,改变各自为战的局面,用科学的新的三位一体国家集成战略来指导各产业和各海洋区的海洋经济活动。

(3)海洋经济集成创新论与集成绩效观。集成创新是指海洋经济创新系统的整合和创新过程的协同。创新发展不仅提出海洋产值的增长目标,重要的是提出集成绩效即集成经济性这一竞争力目标。集成经济性是海洋经济创新发展集成绩效的衡量标准,是海洋经济综合竞争力的体现。集成经济性是指由战略集成创新所带来的所有效益的组合,包括规模经济性、范围经济性、生态经济性、环境经济性、外部经济性、速度经济性、循环经济性。各类经济性也有占位的差异。海洋经济树立科学创新观,实施全球视角下的以集成经济性为目标的集成创新,除要确立集成绩效创造为核心的创新发展模式、追求和合共赢的价值取向以外,还需要进行最优化管理,努力使创新达到集成最优化状态。

(4)海洋开发规律集成观。从海洋资源开发的规律体系整体看,已经突破了按海洋自然规律或海洋经济规律办事的局限,扩展到统筹人与自然的和谐发展,统筹人与社会的和谐发展,统筹海域与陆域的发展,统筹海洋开发的国内区域合作和国际合作与竞争。经济规律与自然规律交叉集成、科技规律与经济规律交叉集成、海洋规律与陆地规律交叉集成、国内发展与国际经济交叉集成,成为海洋资源开发与海洋经济发展的众多规律的相互联系特征。要对海洋开发与经济发展规律体系作深入研究,拓展规律体系的内涵与外延,将海洋资源开发这种物物转换关系深化为人与人的关系,涵盖人与自然的关系、人与社会的关系。

(5)战略实施的集成管理论。要做到全球海洋空间定位思考与整体优化行动。要把海洋国土的开发利用放在开放的国际大环境中来考察,转变"纯陆地思维",突破单项战略制导的做法,提高海洋开发战略指导的层次。要在海洋集成创新战略导向下,实施全球视角下的以实现集成经济性、提高国际竞争力为目标的海洋开发战略行动,按海洋经济圈层进行资源、产业、沿海城市战略规划整合,把海洋经济与涉海经济、沿海经济、海外经济结合起来,实行海陆综合国土整治,制定长期集成战略规划,优化区域结构,实现产业对接,建立健全区域间、产业间的竞争与协作长效机制,建立与完善政府服务支撑体系和构筑支撑平台,创新发展海洋经济,把我国海洋经济由目前的中等发展水平提升到先进水平,努力建设创新型海洋经济强国。

### 三、制定实施海洋经济集成战略的集成管理对策

1. 重塑集成的海洋战略创新主体。海洋经济战略创新需要创新主体协调统一。建议在中央政府建立海洋事务委员会,更好地协调各类海洋开发主体间的相互联系,统筹思考、协调实施海洋集成战略。建议实行涉海部门联席会议制度,改变海洋政策靠部门规范的传统做法,完善我国的海洋开发合作机制。建议成立国家海洋事务专家咨询组织,更好地开展决策咨询。国家要提出更高的设想和要求,切实加强国家海洋事业的执政能力建设,把宏观调控和市场调节更好地结合起来,努力提高统筹海洋开发与保护、统筹海陆发展、统筹国内开发与国际合作的能力,努力提高海洋经济创新能力、开发保护水平和国际竞争水平。

2. 确立全球海洋定位的战略创新思维。要以新的视野高度重视海洋,树立科学创新观,尊重海洋开发的规律,转变"纯陆地思维",改变"坐地观海",把开发保护提高到更高的位置,实行海陆国土综合整治。首先要有海洋世纪的历史定位。其次要有全球空间定位。再次,要从大坐标系中寻求战略定位。必须实现传统战略观的新突破。要特别树立全球海

洋观、海洋权益观、合作开发观。一定要树立海洋主权观念,采取有效措施更好地维护国家海洋权益。海洋国土及公海利用、海陆统筹,必须尽快列入国家战略。要在创新全球化发展中走向大洋,走向世界。

3. 实施海洋开发的战略整合与提升。建议中央、国务院成立专门班子,启动国家层次的海洋政策的调研和制定工作,研究海洋集成战略,规范海洋强国国策。要在科学发展观理念基础上进行战略统筹,在目标导向的层面上实行战略集成和战略提升,即在一个符合时代本质要求和生态环境需要的共同发展战略理念的基础上进行多战略的系统整合与统筹协调,完善、优化战略导向系统,弥补传统战略的缺陷,代替以往的模糊战略提法。在战略集成与提升的创新中,通过整体思考、相关分析和综合论证,推动国家层面战略决策的产生和实施,以改善海洋开发与管理的宏观战略行为,提高战略指导的科学性,增强战略指导的协调性,不断放大其应用价值。

4. 编制合纵连横的经济区划和集成规划。尽快启动海洋专属经济区这个我国第五大经济板块的区划,科学编制海陆联动的集资源、技术、产业和区位发展为一体的综合集成规划,突出海洋资源开发保护及经济发展的战略导向。建议国家在确立“海洋专属经济区(新东部)”战略地位的基础上,进一步确立“东部”与“新东部”联体互动的战略地位,认真研究联体区划,同时科学编制海陆一体的整体发展规划。建议国家将其列入国家战略规划研究的重点,明确海洋区域经济的战略空间定位,尽快列入国家规划,从国家层面规划海陆联动发展,促进人与海洋、与经济社会的和谐发展。在编制海陆联体规划的同时,应继续加强海洋规划体系建设,制定横向的环渤海、长三角、珠三角等规划,制定纵向的新东部规划、东部与新东部联体发展规划,制定具体的分区规划,形成一整套相互关联、相互衔接、疏而不漏的“合纵连横”的科学合理的规划体系,协调海洋资源、环境、产业、区位优化发展,实现海洋开发、保护与区域经济同步发展的目标。

5. 加强海洋开发集成绩效的综合分析和论证。海洋开发活动不仅提出海洋产值的增长目标,重要的是提出集成绩效这一竞争力目标。集成绩效是海洋经济创新发展整体价值、综合效益的衡量标准,是海洋经济综合实力和竞争力的体现,是集成战略的必然目标。集成绩效是指由战略集成创新所带来的所有效益的组合。海洋经济实施集成创新,确立创造集成绩效的创新目标,需要进行科学预测、综合分析和严密论证。进一步加强包括海洋科技综合水平、海洋经济综合实力、海洋产业国际竞争力、海洋环境可持续能力在内的综合评价指标体系的研究,积极开展海洋重大工程和项目的定量技术研究,完善重大决策的咨询论证制度,使综合论证走上规范化、程序化、科学化的轨道。

6. 强化重点创新领域的自主创新和超前部署。建议建立国家海洋战略指导中心,加强国外海洋环境和有关战略与政策的研究,加强海洋国情调查,明晰大势和走向。建议筹划由中央、国务院召开的高层次海洋工作会议,统筹海洋事务,强化关键领域和薄弱环节的人才、技术、资金和物质投入,实施全球视角下的以实现集成绩效和综合国际竞争力为目标的整体优化战略行动,依靠科学的战略导向和超前安排"拓展创新"发展新途径,谋求更大的集成绩效。出台反哺海洋、融合海洋产业、海陆联体互动的政策措施。抓住国际合作的新机遇,扩大国际海洋经济技术交流与合作,走合作共赢的开放发展之路,积极进行海洋经济特区或海洋试验区的试点,更好地建设全国统一而又各具特色的海陆一体的统筹的新型经济区。

7. 完善海洋集成管理的模式、方式与方法。通过集成战略选择和整体优化指导,强化海洋集成管理的制度创新,切实改变政出多门和群龙治水的弊端,转变宏观管理方式方法,协调海洋与资源、经济发展、社会进步的复杂关系,提高海洋开发的波及效果和乘数效应。综合运用现代知识、信息与管理手段,提高集成管理水平,实现传统海洋管理向现代化海洋管理的转变:从靠经验为主的管理转变为以科学决策为主的管理;由单纯掠夺性的消极开发变为保护、开发相结合的积极开发;从单纯扩大规模改为以运用先进技术和最新信息为主的智力开发;由单纯海洋资源开发转变为海洋经济社会的全面协调发展。认真分析经济市场化、全球化给海洋经济体制和机制改革带来的机遇及挑战,实事求是地按照客观规律来科学谋划海洋管理的体制和机制创新,找准政府的服务功能和政策法规支撑作用,强化海洋综合管理,形成综合协调机制,打破条块分割,消除体制障碍和产业壁垒,建设政府、市场、社会三位一体的综合协调机制。要积极推动国家海洋事业发展规划,切实扩展海洋管理的职能与工作范围,充分发挥领导、组织、协调功能。增强各部门的协调性,强化对海洋经济重大决策、重大工程项目的协调及政策措施的督促落实。积极探索由社会、企业特别是专家参与的科学决策、咨询、评价机制,调动涉海各部门的积极性,形成海洋开发与保护的合力,使海里的可上岸,岸上的可下海,对海洋经济集成创新实施最优化管理,显著提高资源配置水平和宏观调控能力。

8. 营造和谐优化的海洋开发集成创新环境。要加强全民海洋教育,振奋民族海洋精神,把树立科学创新观、推动海洋经济集成创新看成整个现代化建设的重大工程,实现中华民族伟大复兴的重大历史使命和全面小康建设的全局性、根本性、长远性与前瞻性的战略任务。加快建设"数字海洋",实现海洋信息国际化,建立完善预警和应急系统,为各方面提供及时准确的信息。通过营造良好的海洋文化环境、政府服务环境、公共政策环境、法律体系环境、人才资源开发环境,维护海洋权益环境,加强集成创新平台建设,完善创新制度安排,构建更大范围的统筹创新支撑体系。海洋环境、文化、政治、外交与军事要通力配合,完善预警和保障机制,促进海洋经济集成战略的有效实施和创新型海洋经济强国的更快建设。

### 四、课题研究成果的应用

课题共发表论文 16 篇,主要论文由《新华文摘》2006 年第 22 期转载。《中国海洋报》、《中国社会科学院院报》、《社会科学报》、《大众日报》等报纸介绍,认为有开拓性和创新性。《半月谈》等媒体报道,有较大社会反响。

课题主要思路与观点,向中央和国家有关部门做了汇报,中央政策研究室郑新立,中央财经领导小组办公室董兆祥、王薇,国务院研究室乔尚奎,国家海洋局原局长、中国海洋发展研究中心主任王曙光等给予了很大鼓励。课题组参加了国家有关部门的座谈会和组织的海洋经济战略调研,并参加山东省政府省长召开的海洋经济座谈会和重大课题调研。浓缩报告报送了山东省的决策领导,获山东省委书记、省长、分管副省长、人大副主任的肯定和批示。经省政府采纳,推动海洋经济战略进入全省战略决策。课题成果中的主要观点如三位一体、海陆统筹、集成创新,开发海洋联动全省,作为全省战略等观点,写入有关文件。省委九届三次全委会作出决策,提出山东发展的"一体两翼"和海洋经济战略,从而将海洋经济战略提升为全省战略。主要观点编入山东省委研究室的《2008 省情报告》和省发展与改革委的《坚持科学发展　建设海洋强省》中,并刊发于《大众日报》。课题组还为山东青岛、威海、东营等地和浙江宁波等地发展海洋经济进行了调研和指导,发挥了理论指导实践的作用。

# 导言:海洋经济战略创新:
# 背景与意义

海洋作为特殊的水体地理单元,是具有战略意义的资源接替空间、具有广阔前景的新兴产业发展领域和具有极大价值和潜力的经济区。近二三十年来,特别是跨入 21 世纪以来,随着社会生产力的不断进步,海洋经济登上产业发展的大舞台,成为国民经济中有显著影响的独立经济体系。中国是一个拥有 1.8 万公里海岸线和 7000 多个岛屿的海洋大国,主张管辖海域面积 300 多万平方公里,发展海洋经济有着得天独厚的优势。历史的经验证明,谁掌握了海洋,谁就掌握了强盛的先机,海洋事关民族盛衰,因此,海洋经济的发展是现代化建设中的一个长远性、全局性、战略性问题。近些年中国海洋经济的发展是在相对封闭的市场环境下运行的,有些省份曾创造了发展的辉煌,成为国民经济的重要支柱。随着经济全球化、信息化的发展和国际市场竞争环境的巨变,经济发展外部环境变革对海洋经济发展提出了挑战。越来越多的战略家和理论家开始关注巨变环境下中国海洋经济发展环境与创新之路的战略选择。本研究适应国际海洋事务的深刻变化,从中国海洋经济发展的轨迹和现实出发,针对理论界对这一重大问题研究的不足,从基本环境的分析对海洋经济发展趋势作出预测判断,对海洋经济创新发展的战略进行较全面和较深入的研究,提出"集成创新兴海强国"的战略思路,并探讨相应的实施对策。

## 0.1 问题提出的国际国内背景

这一选题是以跨入 21 世纪的国际海洋事务变化趋势为背景,从中国海洋经济发展的客观实际和现实需要提出的。

### 一、国际背景

从国际背景来看,海洋作为一个具有多种功能的特殊区域,作为维护人类社会可持续发展的重要保障,正在成为各国科技水平、军事实力和综合国力激烈较量的重要舞台。海洋经济发展正面临着经济全球化、知识化、信息化、多极化的机遇与挑战。20 世纪后期以信息技术为主要代表的新科技革命迅猛发展,高新技术迅速产业化,推动了产业革命和经济增长方式的变化,开辟了人类进入知识经济时代的发展道路。世界范围的激烈市场竞争以及由此发生的经济快速发展,极大地改变了国际经济格局。经济全球化以及由此带来的贸易自由化、金融国际化等正在形成,跨国经营和国际经济技术合作的影响和作用日益扩大。经济实力的变化和区域经济一体化的发展,形成了经济多极化发展的趋势。世界多极化发展的增强,给世界的和平与发展带来了机遇,也给海洋经济发展带来了机遇。1994 年《联合国海洋法公约》的生效,预示着全球 3.6 亿平方公里的海洋面积将有 1.09 亿平方公里划归沿海国家管辖。沿海各国的海洋权益问题日益突出。

在海洋经济发展中,沿海各国海洋权益竞争的加剧导致发展战略的不断调整。2001 年,联合国正式文件首次提出"21 世纪是海洋世纪",海洋在世界各国发展中的地位更加受到重视,海洋经济是最有潜力的经济增长领域已成为国际社会的普遍共识。以加快海洋科技进步、争夺海洋资源、控制海洋空间、取得最大海洋经济利益为主要特征的国际海洋竞争日益加剧,向海洋要粮食、要能源、要通道、要效益成为海洋开发的潮流。竞争内容表现在多方面:发现、开发利用海洋新能源;勘探开发新的海洋矿产资源;获取更多、更广的海洋食品;加速海洋新药物资源的开发利用;实现更安全、更便捷的海上航线与运输方式;向大海要水资源;等等。世界沿海国家普遍以新的目光关注海洋这一庞大的资源聚合体,海洋的地位急剧上升。21 世纪是全世界大规模开发利用海洋资源、扩大海洋产业、发展海洋经济的新时期,是一个全球、区域、国家普遍按照《联合国海洋法公约》的规定,实施和平利用和全面管理海洋的新时代。许多沿海国家加紧调整海洋战略,纷纷把本国主权管辖海域作为"蓝色国土"加以开发、利用和保护,同时,积极参与国际海底和大洋勘探开发,向广袤的海洋索取战略资源,争夺在海洋中的有利态势和战略利益。特别是美国、俄罗斯、加拿大、日本、印度、韩国都提出了 21 世纪国家海洋发展战略。为了竞争的需要,各沿海大国依据国家长期发展战略,积极调整政策,把重点转向海洋。美国提出未来 50 年要从外层空间转向海洋。英国把发展海洋科学视为跨世纪的一场革命。日本积极实施"海洋立国"规划,提出海洋高新技术战略以提高国际竞争地位,并不断实施海洋扩张。近几年在印度政府积极推行海洋综合管理以后,发达国家有进一步加强海洋综合管理的动向。美国海洋政策委员会 2004 年底向总统提交了全面的国家长期海洋政策报告,内容包括:加强联邦政府各部门间的横向协调;加强联邦政府、州政府和地方政府间的纵向协调;加强对涉及生态系统的人类海洋活动的管理等。总之,海洋开发愈来愈国际化、信息化与综合化,制定科学的战略指导海洋经济全面、持续、科学发展,是世界范围的海洋开发和权益竞争的基本走向,是享有和维护海洋权益的大势所趋。

### 二、国内背景

从国内背景看,准确把握今后 20 年我国的经济发展阶段及其特征是研究海洋经济战略和制定战略规划的重要前提。从全国宏观来看,经过 20 多年的改革开放,我国已经具备经济快速协调持续发展和社会全面进步的经济基础、体制基础、市场潜力和政治保证。2003 年,我国人均 GDP 迈上 1000 美元的新台阶,开始进入国际经验验证的"黄金"发展时期。这一时期,全社会的收入结构和消费结构将不断升级,由此将带动产业结构加快调整和升级,并进一步推动城镇化的发展。陆域经济的发展,必将推动海洋经济的更快发展。海陆一体统筹发展成为大趋势,沿海经济成为国民经济的重要增长区域。党的十六大提出"实施海洋开发"。在《国家中长期科学和技术发展规划纲要(2006~2020 年)》中,海洋被列为五大重点战略领域之一。《国民经济和社会发展"十一五"规划纲要》中,海洋也首次被列为专章进行规划。随着陆域经济与海洋经济的发展,物质资源的消耗强度增加,环境压力也越来越大,各种社会矛盾也越来越突出。为了推动我国的经济社会健康发展,党的十六届三中全会提出科学发展观,十六届五中全会提出建设创新型国家。2006 年 12 月,胡锦涛总书记在中央经济工作会议上明确指出:在做好陆地规划的同时,要增强海洋意识,做好海洋规划,完善体制机制,加强各项基础工作,从政策和资金上扶持海洋经济发展。党的十七大报告又对我国海洋事业的发展作出了进一步战略部署:积极支持东部沿海地区率先发展;深化沿海地区的改革开放;大力发展海洋等产业,加快转变经济发展方式。可以说,我国海洋事业进入了大发展的黄金时期。实施海洋开发,是党的十六大提出的海洋发展战略和重要任务;发展海洋产业,是十七大提出的新要求。总之,树立和落实科学发展观、加快自主创新、大力发展海洋产业,成为海洋资源开发与经济发展的重要指导原则,对建设海洋强国、全面推进小康社会建设、实现现代化具有重要指导意义。

　　2003 年国务院颁布的《全国海洋经济发展规划纲要》是我国政府制定的第一个指导全国海洋经济发展的纲领性文件,这一文件对沿海发展的影响非常大。《规划纲要》确定了 21 世纪初我国海洋经济发展的战略目标、基本原则、海洋产业发展蓝图、海洋经济区域布局、海洋资源和生态环境保护战略以及相关支持领域的发展方向和重要措施。《规划纲要》全面规划了我国管辖海域的开发利用,提出形成与陆地不同的海洋经济区,逐步把我国建设成为海运强国、船舶工业强国、海盐生产大国、海洋旅游大国和海洋油气资源开发大国,并最终成为海洋强国。在规划指引下,沿海各省积极制定、实施新一轮海洋开发战略和规划,全国海洋经济的发展态势喜人,积极性高涨,海洋经济迅猛发展。据统计,海洋渔业、海洋交通运输业、船舶制造、海洋油气、滨海旅游和盐化工等全国主要海洋产业总产值,1978 年只有 60 多亿元,1991 年增加到 531 亿元,2004 年已达到 12000 亿元。这一时期,海洋经济的年均增长率高达 20% 以上,远远高于同期国民经济平均增长速度。海洋产业增加值占国内生产总值的比重,由不足 0.5% 上升到 3.4%,海洋经济已成为我国国民经济发展新的增长点。沿海地区以约占全国 13% 的陆地面积,承载了全国 40% 以上的人口、创造了占全国60%以上的国内生产总值。2007 年全国海洋生产总值24929 亿元,比上年增长 15.1% ,占国内生产总值的比重为 10.11% ,远远超出同期世界主要海洋产业产值占世界经济总产值4%的平均水平。海洋科技日益进步,海洋管理全面推进,以综合管理为特征的现代海洋管理在我国已具备了一定的基础,综合管理对沿海经济与社会发展的促进作用也正日益得到显现。

同时也要看到,中国的海洋经济演进发展具有明显的阶段性,海洋生产力的发展与以体制与机制为重点的制度建设滞后的矛盾日益突出。随着中国改革开放的进程和经济政策的调整,海洋经济发展在各地的海洋开发战略指导下,经历了启动、粗放发展以后,开始了经营机制、增长方式的转轨历程。在中国批准加入《联合国海洋法公约》、加入 WTO 以及跨入 21 世纪、经济发展环境发生巨变并进入一个新的阶段的条件下,海洋经济也进入了一个全新的阶段。这一阶段就是海洋经济适应国际竞争和整个变革环境的转型阶段。所谓海洋经济的转型,比转轨更具有广泛意义,是指海洋经济因经营环境的变化而必须在全国的统一协调下对其经营形态作出改变的策略,它不仅包括市场经济的转变和经营机制的转变,而且包括发展路子的转变、发展模式的转变、集聚方式和管理范式的转变等,转型进展的现实表明沿海地域经济发展将进入新型沿海经济发展时代,即海洋经济在经历了以直接开发海洋资源的产业发展阶段以后,跨入了激烈国际竞争背景下以高新技术为支撑的海陆一体的以经济发展、社会进步、生态环境不断改善为基本内容的系统整体协调发展的新阶段和新时代。新的海洋经济发展时代呼唤新的海洋经济大战略的构建和指导。

**三、学术背景**

从学术背景看,笔者长期从事海洋经济战略研究,较全面地掌握国内外研究动态。学术界对海洋经济是海洋资源、海洋产业与海洋经济区三位一体的综合经济的研究多数是单一定位的研究,虽学术贡献很大,但缺乏三位一体的整体、综合性的研究。对海洋经济系统的创新发展缺乏整合、总体思考。通过对国内外研究成果的分析和疏理,我们得出如下结论:(1)理论界的研究,基本上定位在海洋资源的开发与利用方面,未能重视开放的国际竞争大环境,缺乏从全球海洋视角来定位中国300多万平方公里海域的综合发展战略的研究。(2)很多研究具有离散的特点,可以分为产业(行业)战略研究、区域战略研究、资源开发战略研究,缺乏思维张力,忽视多维空间和整体设计,未能对海洋经济集成、整合战略进行深入、系统研究。而实际上,海洋经济既是产业经济,又是区域经济,而且还是资源经济,三位一体的特征要求要有"三位一体"的海洋经济战略。随着全球化、信息化的发展和国际市场竞争环境的巨变,经济发展外部环境变革和内部变化对海洋经济发展提出了挑战。海洋开发的国际化趋势和国内需求要求必须实施集成战略,走集成创新之路。有远见的战略家和理论家应当关注巨变环境下海洋经济发展的集成战略的选择。当前,国内外学术界都不约而同地认识到集成创新是应对新形势下经济发展挑战的重要创新模式。学者们提供的思路是,通过创新中的关键要素——战略、技术、市场、知识、组织、过程的匹配和集成,应对复杂性和不确定性条件下的竞争,实现创新发展的目标。最新一代的创新是系统集成和网络模型,强调创新主体之间的联系及创新的系统性和协同性。集成创新是最重要的、最高层次的创新。集成的思想和系统结构的揭示给我们研究发展海洋经济、实现兴海强国的集成创新指出了一条正确的道路。笔者虽然提出了海洋经济的集成创新[①],但并没有把集成创新的一般理论全面地应用于海洋经济发展的战略研究之中,没有对海洋经济的变革趋势与集成创新进行深入的系统研究。因此,探讨海洋经济的集成创新发展战略是摆在面前的一项紧迫任务,特别是运用最新发展起来的集成创新理论与系统创新观对海洋经济转型与发展进行系统化、整体化战略研究,是一个待深入的问题。

　　总之,近年来,国内外学术界对海洋经济的研究取得了一些成果,但

---

　　① 郑贵斌:《海洋新兴产业发展难点与对策研究报告》,山东省社会科学规划办公室鉴定,1999。

对巨变环境来临后海洋经济未来趋势和集成创新的研究才刚刚起步,因此缺乏比较系统的有针对性的研究。本课题与时俱进,弥补以往研究中定位的偏差和综合性、系统性研究的不足,探索开放的经济社会环境下海洋经济发展的战略创新思路和战略对策。本书的研究除涉及企业层面外,主要研究产业层面、地方层面的海洋经济发展问题,本书的研究主题是海洋经济战略、产业、资源、管理、制度、组织、政府角色等的集成创新及其管理,其素材主要来源于山东、广东、辽宁、浙江等地的海洋经济创新实践。本书将在学术界以上研究的基础上,突破薄弱环节,强化集成分析与研究,探索新的经济社会环境下海洋经济集成创新、科学发展的整体思路、战略选择和实现模式。

## 0.2    海洋经济传统战略缺陷的呼唤

在海洋开发实践的推动下,海洋开发战略的理论研究也进入了繁荣发展期。虽然我国在国家层次的战略还未明晰,但沿海各地的海洋开发战略相继提出,对沿海发展海洋经济的创新实践起到了目标导向的作用,这在很大程度上促进了海洋经济的更快发展,成绩是巨大的。但由于受人们认识能力的局限和科学技术水平的制约,加之市场经济的利益驱动和竞争法则的作用,在海洋战略指导中,海洋经济的资源位、产业位和区域位都不同程度地出现战略导向的危机,在同一位元的战略中,也往往存在海洋生产力与生产关系的不适应与不协调。

从海洋经济位看,在指导海洋经济活动的实践中,各行为主体选择并实施了多种战略。这些战略位的选择与形成是与社会历史发展紧密联系在一起的,是社会经济发展进程的必然反映。海洋资源战略产生的基础是农业时代,海洋产业战略产生的基础是工业时代,全球化区域海洋经济战略产生于知识经济时代。海洋经济开发与管理中相继选择与实施的发展战略集中表现为这三种战略。就海洋渔业来说,传统的渔业捕捞战略属于资源开发战略,海洋化工发展战略则属于产业发展战略,海洋经济区战略就属于区域综合战略。海洋经济发展的战略危机主要是:(1)海洋资源战略指导造成了掠夺性经营。在全国及各地资源开发利用战略导向下,海洋开发利用取得了可喜的成绩,为我国创造了巨大财富,但同时也存在海洋开发利用中的"无度、无序、无偿"现象,出现了海洋环境恶化的严重局面。传统的海洋资源战略有严重的缺陷,这样的战略导向显然已不适应时代的发展。海洋经济要走可持续发展的道路,就必须处理好经济增长与自然资源消耗的关系,采取各种措施,将自然资源及其"折旧"纳入到经济当中,用于指导人们的经济活动,以消除人们对自然的无知或者因疏忽所造成的对自然的破坏,防止"公地悲剧"重演,使经济的活动与自然生态运动协调起来,使经济的再生产与自然资源的再生产有机统一起来。(2)产业战略误导下的科技水平不高与产业结构不合理。在海洋产业发展战略指导下,海洋工业有了发展,产业体系越来越庞大,海洋经济有了跨越性发展,但在高速发展中,往往忽视了协调发展,存在着科技产业落后、结构畸形的情况。(3)区域战略诱导下的海洋区域经济的非均衡。从全国沿海各省区来看,海洋经济发展悬殊很大,地区间发展不平衡,海洋经济在一些地区仍有较大潜力。而有些条件较好的地区发展差距较大,不平衡发展比较突出。

另一方面,传统战略指导的缺陷还在于海洋生产力与生产关系的不协调和不适应,即分离状态。在海洋经济转型的实践中,我国政府、沿海各地以及海洋企业自身致力于转变战略、改制与转轨,或调整战略,或调整产品结构与市场方向,以谋求通过创新来获得竞争与发展优势,实现快速发展。但从海洋经济转型的一些案例明显看出,仅靠单一的局部战略创新,其效益并不明显,有的还以创新失败而告终,成了"搞创新也死亡"的案例。其原因主要是战略创新缺乏系统性,生产力创新与生产关系创新缺乏集成。这就说明在复杂的变革环境中,只局限于单一或某几方面的战略创新是远远不够的,必须在复杂性科学和系统思维的指导下,适应巨变的不确定的复杂环境,采取集成的模式,对海洋经济发展的方方面面进行系统整合战略创新,才能显著地增强海洋经济进行持续变革的能力,促进行业的转型,从而形成有活力的具有较强竞争优势的经济类型。

总之,由海洋经济的特殊性决定,海洋经济战略创新不只是一个地区或一个企业的自身行为,而是一个多主体适应自然、经济、社会、文化变革的复杂过程。海洋经济的战略创新是一项系统工程,包括经济、文化、科技等内容,创新是全方位的,其体系涉及生产力、生产关系和上层建筑诸方面,创新主体既包括企业自身,也包括地方政府在内。创新有地方、产业、企业等多个层面,创新战略具有系统性、动态性、协同性的特征。海洋经济创新发展的目标导向系统,是一个复杂的、有层次的战略体系。沿海发展海洋经济,只有全方位地、系统地、持续不断地实施集成创新战略,才能提升行业的成长品位,从而谋求长远发展的活力和后劲,提高综合竞争力。

## 0.3　21世纪中国国家战略的必然抉择

海洋经济发展中之所以产生战略危机,主要原因是各种战略处于离散状态,与环境、时代脱节且缺乏协调实施。各地乃至全国的海洋开发战略缺乏观念创新,未能实施有效的战略调整和提升。时至今日,沿海各地已陆续出台了一些战略,这些战略缺乏创新。国家层面的海洋经济战略,仍处于学术研究阶段,一直未能作为国家决策出台。这种战略实施的"单打一"和"多头",缺乏有效整合和集成创新,增加了战略实施成本,降低了战略集成效益。

从海洋经济发展中出现的问题来看,全面、健康、协调、可持续发展海洋经济,必须在目标导向的层面上解决一个战略选择问题,这一选择就是战略集成创新,实行战略整合和战略提升,即在一个符合时代本质要求和"自然、经济、社会"复合系统环境需要的共同发展战略理念的基础上进行多战略的组合与协调,完善、优化战略导向系统。

实现海洋经济的可持续、最优化发展,必须对海洋经济三位战略、生产力和生产关系的适应战略进行整合,彻底改变其离散状态。海洋经济集成战略的提升,是一个历史的必然过程,既是生产力发展的要求,也是生产关系不断调整的要求。海洋经济战略创新的任务就是促使战略体系结构的提升,不断地改善海洋开发与管理的战略行为,提高战略指导的科学性。

　　因为海洋经济的发展需要集成创新战略,而它的构建又具有重要意义,对于海洋经济发展和增进效益具有举足轻重的作用,所以提出这一问题来作深入研究。其中的重点是研究海洋经济资源位、产业位和区域位的集成战略,以及三位的生产力和生产关系的创新集成。总之,海洋经济进一步又好又快发展呼唤集成创新兴海强国大战略的构建。

## 0.4　集成创新战略的研究思路、结构与方法

### 一、研究思路

　　本课题研究以开放的国际环境为背景,以复杂性科学和系统理论为指导,适应多种战略需求,从全球定位的视角研究中国海洋经济发展的战略思路问题。研究中以已取得的成果为参照,借助于多种经济学、管理学、战略学理论和方法进行综合研究,全面拓宽相关理论研究和实际应用研究的深度和广度,探索海洋经济这一复杂系统发展的内部结构和运动规律,以及系统与自然、环境、陆域经济之间的关系和相互交叉效应,研究各系统结合的内在依据及相互促进的动力和条件,提出新的战略思想和新的对策。

　　具体思路:

　　1. 先研究传统海洋经济战略(资源掠夺型战略、单一产业型战略和割裂开来的海洋区域型战略)面临的新挑战以及传统海洋经济发展的战略缺陷及危机——缺乏有效整合、战略与时代脱节、战略与全球化脱节。

　　2. 再探讨海洋经济战略创新的思路选择。海洋经济集成创新战略:全球定位的以集成经济性为目标的资源、产业与海域三位一体集成发展战略;海洋经济集成创新的战略体系由资源开发型、产业发展型、区域综合型以及三位一体的集成型构成;研究战略转型、战略组合与提升。

　　3. 在分析资源位战略、产业位战略、区域位战略的研究基础上进行战略整体透视即多位多维分析。突破传统资源位战略、产业位战略和区域定位战略各自的缺陷,实现战略集成创新,促进集成最优化发展。研究

构建集成经济性的综合国际竞争力目标,从国情出发实施多战略的系统整合。

4. 最后提出实施海洋经济三位一体集成创新战略的对策措施和建议。

## 二、主要研究内容

包括:(1)关于海洋经济发展规律等基础性研究(生态与经济互动规律、水体经济规律、海洋资源合理配置规律、海陆相互作用规律、海洋产业协调规律等 10 大规律);(2)关于海洋经济发展战略目标研究(集成经济性等);(3)关于海洋经济发展战略思路的研究(全球视角、三位一体、系统集成、综合开发、可持续发展);(4)关于战略对策的研究(维护权益是基础,尊重开发规律是前提,提升集成经济性是目标,调动所有经济社会资源是保障)。

## 三、篇章结构和分析框架

本书遵循理论→实践→理论的研究路线,先对理论进行综述,建立理论分析框架,再展开具体研究,然后进行提炼归纳。

本书以六部分十篇组成。

第一部分在导言的基础上进行文献回顾和理论综述(第一篇),介绍了海洋经济集成战略的学术背景和研究基础,并对以往的研究进行评述。

第二部分探索海洋经济集成创新战略研究的理论框架(第二篇)。依据以往研究中存在的战略缺位、错位,创新系统脱节和创新要素分离的缺陷,提出了战略创新必须系统整合和过程协同的观点,提出了由三位(海洋资源、产业、区域)三维(海洋经济目标导向、海洋生产力、海洋生产关系)构成的海洋经济集成创新战略理论框架,并分析了它的机理与机制,阐述了把集成经济性作为战略创新绩效的衡量标准。

第三部分对三位三维系统的集成创新战略进行了分解研究(第三篇至第八篇)。第三篇研究目标导向维系统;第四篇研究核心(生产力)系统;第五篇研究保障(生产关系)系统;第六篇研究三位形成的资源开发导向下的生产力与生产关系集成创新;第七篇研究产业主要是工业发展导向下的生产力与生产关系集成创新;第八篇研究区域综合发展导向下的生产力与生产关系集成创新(第六、七、八篇是战略位创新三横面集成)。在各自研究中,分析了海洋经济集成创新的规律、机制与实现模式。海洋经济战略位的研究是本部分的重点。

第四部分是集成创新的整个立体空间的分析与归纳,勾画出海洋经济集成创新的整个轮廓(第九篇)。在上述第三部分分解研究的基础上,简要概括了海洋经济集成创新的规律、优化的目标、重点以及进行优化管理的策略、方法。同时第十篇研究了山东省以及青岛市发展海洋经济的集成创新战略,使我们看到整体的、高阶的、全新的战略模式。

第五部分研究了海洋经济集成创新的主体及战略实施对策(第十一篇)。研究了海洋经济集成创新主体的互动与集成,提出了实施海洋经济集成创新战略的一系列对策。

第六部分,即最后结论部分,对本项课题研究的主要结论进行了归纳,概括了战略实施对策,总结了创新点和发展点。

### 四、主要研究方法

1. 综合运用区域经济学、海洋经济学、产业经济学、资源经济学、生态经济学、发展战略学、创新管理学的分析方法,对海洋经济发展的多种制约因素进行考察,努力探求海洋经济发展的矛盾与难题,预测海洋经济发展的趋向。

2. 以系统论、复杂性、不确定性、外部性理论为指导,综合考察海洋经济的集成创新,建立集成创新的理论框架,分析集成创新的特点与机理,把研究对象选定在具有"生产力、生产关系、上层建筑"三重性的创新体系方面,重点研究战略层面、产业层面、区域层面、企业与地方层面的集成创新。

3. 定量与定性分析相结合。对海洋经济发展的大量数据进行细微分析,找出规律性的东西,并尽可能地定性分析,把握海洋经济创新发展的本质与创新思路。

4. 运用实证分析的方法。通过对海洋经济做大量调查,掌握第一手材料进行案例分析,提高研究的科学性。本课题是在多年研究的基础上完成的,为搞好这项研究,笔者依据世界海洋开发大趋势,进一步研究了沿海发达国家的海洋开发战略,并深入我国沿海省市做了大量调查。

## 0.5　海洋经济集成创新战略的主要观点

本课题研究海洋经济创新战略形成的主要观点是:

1. 集成创新迫在眉睫。海洋经济发展的背景是:海洋科技发展日新月异,市场竞争异常剧烈,海洋权益争夺加剧,海洋环境日趋恶化,战略需求日益迫切。动态开放的外部环境客观要求战略要创新。外部环境巨变使海洋经济进入转型与变革期,仅仅依靠海洋经济的转轨已不能解决加快发展问题。海洋经济要走良性循环与可持续发展之路,必须实行持续的集成创新,特别是要在发展战略、产业选择、区域发展、制度因素以及管理体制等方面实行持续的集成创新,走集成创新之路。这样才能实现各项要素的全方位优化,促进海洋经济的转型和转轨,提高海洋经济(或海洋企业)的系统、综合、有效的创新能力和竞争能力,获取更大的创新效率和效益。为了兴海强国,我国政府应尽快制定实施海洋经济集成战略。

2. 海洋经济位和战略位论。海洋经济是复杂的系统,存在着资源位、产业位和区域位。按照历史发展和开发进程还客观存在着资源开发战略、产业发展战略和海洋区综合战略的三位战略。海洋经济发展战略是由资源位、产业位和区域位战略构成的体系。从我国沿海处于工业化中期这一实际来看,农业时代、工业时代和知识时代并存,决定了三位战略的并存和组合。在海洋经济的转型与变革期,必须构建新的创新战略思路。

3. 海洋经济集成创新论。揭示了集成创新的机理、特点以及理论与方法。海洋经济集成创新的本质是创新系统的整合和创新过程的协同,是将集成思想创造性地应用于创新实践的过程,通过科学的创造性思维,从新的多视角和多层面来对待各项创新资源要素,并运用多种方法和手段,促进要素、功能及优势之间的相互匹配,保证创新的顺利运行。集成创新的有效性及系统化思路和方法,对我们挖掘海洋经济的发展潜力、加快发展海洋经济有直接的应用价值。

4. 传统离散战略的缺陷与战略集成观。传统的资源开发战略导致资源掠夺式经营,生态环境恶化;传统单一的产业战略,造成了海洋产业结构的畸形;传统分割的区域战略导致整体效应下降。传统战略的危机应当引起足够重视。借鉴发达国家海洋开发战略的经验,从中国各地、各海洋产业部门的海洋开发战略实施的情况看,应当研究多种战略的整合,改变各自为战的局面,用科学的新的国家战略(三位一体集成战略)来指导各产业和各海洋区的海洋经济活动,努力建设创新型海洋经济国家。

5. 海洋经济集成创新绩效观。海洋经济发展不仅提出海洋产值的增长目标,重要的是提出集成经济性这一具有国际竞争力的目标。集成经济性是指由战略集成创新所带来的所有效益的组合,包括规模经济性、范围经济性、生态经济性、环境经济性、外部经济性、速度经济性、网络经济性、循环经济性。各类经济性也有占位的差异,也是相异性与相似性的统一。海洋经济发展实施全球视角下的以实现集成经济性、提高国际竞争力为目标的集成创新,必须在战略措施即管理上有新突破,包括战略观念、管理方式、国际交流和支撑体系等方面的创新和突破。

6. 全球空间定位思考与整体优化行动。从全球视角观察,中国是海陆兼备的国家,有300多万平方公里的管辖海域,是拓展经济空间、培育新经济增长点的重要国土资源。要把这一国土的开发利用放在开放的国际大环境来考察,转变"纯陆地思维",提高到更高的战略位置。在海洋集成开发战略导向下,实施全球视角下的以实现集成经济性、提高国际竞争力为目标的集成创新战略,制定长期集成规划,按海洋经济圈层进行资源、产业、沿海城市战略规划整合,建设全国统一又各具特点的海陆一体的新型海洋经济区,同时利用好公海,把我国海洋经济由在沿海国家中处于中等水平提升到先进水平,以真正享有海洋权益。

本课题从全方位、多视角研究海洋经济集成创新,不仅涉及一个全新的角度,而且创新性地提出新思路,填补这方面研究的缺憾,能达到理论创新和实际应用的"双赢":理论创新方面,提出"集成创新"理论,研究"全球视角下的以实现集成经济性为目标的集成创新",是海洋经济整体发展思路的创新;全书从建立集成创新理论框架到实践分析,是海洋经济发展研究的理论体系创新;对集成创新的全面、系统、协同考察,改变了传统的单纯层面或侧面的研究,是研究视角和方法的创新;本书在"经济位"基础上提出"战略位"和"战略整合"理论,代替以往"海洋开发"、"海上中国"等战略提法,具有一定程度的原创性、开拓性和挑战性。实际应用方面,重视创新的指导性和可操作性,使其具有明显的时代性、针对性、前瞻性和广阔的应用价值,为创新主体树立和落实科学发展观,协调海洋与资源、经济发展、社会进步的复杂关系,协调海洋经济各系统各方面的互动关系和利益关系,转变海洋开发方式和管理方式,提高海洋经济发展的波及效应和乘数效应提供实践指导。

## 0.6　预期理论贡献与实践意义

### 一、理论意义

1. 本研究从发展环境与变革趋势上研究海洋经济的集成创新战略,有利于改变理论界存在的"重单项研究、轻综合研究","重平面研究、轻立体研究","重静态研究、轻动态研究"倾向,为形成具有中国特色的海洋经济管理理论与方法提供一个研究基础。

2. 本课题与时俱进,弥补以往研究中定位的偏差和综合性、系统性研究的不足,探索开放的经济社会环境下海洋经济发展的战略创新思路和战略对策,提出海洋经济集成创新战略,并进行深入的研究,开辟了海洋经济研究的新领域,极大地丰富了中国海洋经济研究的内容。

### 二、实践意义

1. 应对海洋经济面临的巨变环境,预测海洋经济发展趋势及其发展规律,寻求管理创新之路,更好地为企业服务,为沿海的发展以及国家政府提供对策思路和战略选择。

2. 本研究为海洋企业、沿海各地和国家政府提供有针对性、实证性、系统性的价值资料,提供集成创新战略的理论与方法,有助于提高企业和政府的管理水平以及海洋区域经济发展的绩效,协调各海洋经济区的合作与竞争关系,促进生态、经济与社会效益的统一,实现海洋经济增长方式的转变和可持续发展。

3. 应对海洋经济面临的巨变环境,提出海洋经济新的战略思路,既对涉及海洋开发与管理全局的重大问题有决定意义,又对区域性和产业性局部问题和日常管理有牵动、指导和规范的作用。为政府和管理部门提供有针对性、可操作性的有价值的战略方案和新的思路,有助于抓住历史机遇,维护和实现我国的海洋权益,科学开发海洋资源,加快海洋经济发展,提高海洋经济综合竞争力,促进海洋大国和强国的崛起。

# 1 海洋经济集成创新
# 战略的理论基础

海洋经济集成创新战略的研究,是建立在海洋经济、海洋战略和集成创新理论基础上的,是集成创新理论不断发展并应用于海洋经济创新发展实践的结果。海洋经济集成创新战略理论是对以往海洋经济发展理论、战略理论、创新理论、集成理论以及集成创新理论的继承与发展。

## 1.1 海洋经济及其战略理论

随着海洋开发向深度和广度扩展,相对于陆地经济而言的海洋经济迅速发展,已经成为一个显示度较大的经济体系,并在国民经济中发挥着越来越重要的作用。学术界对海洋经济理论与实践的一些基本问题,开展了一系列研究。

### 一、研究文献回顾

国内外学术界对海洋经济的研究由来已久,研究内容沿着理论研究和开发管理两个方向展开。

在理论建设方面,张海峰从 1982 年就开始主编《中国海洋经济研究》论文集,张海峰、夏世福、蒋铁民等在 1986 年出版了《中国海洋经济研究大纲》,李万军 1989 年主编了《中国海洋经济概论》,徐质斌、牛福增 2003 年主编了《海洋经济学教程》。

在海洋开发战略与管理方面,日本的坂元正义在 20 世纪 80 年代初出版了《海洋开发战略》一书。《国外海洋开发与研究》(1989)详细介绍了世界各国海洋开发与利用的情况与战略设想。进入 20 世纪 90 年代,各国围绕实施《海洋法公约》对海洋开发与经济发展开展了新一轮研究。《海洋管理与联合国》(E. M. 鲍基斯著,孙清等译)(1996),介绍了一些信息。近几年美国提出了《90 年代海洋科学》,日本出台了《日本海洋开发计划》,英国发表了《90 年代海洋科技发展战略报告》,各国还进行了全球海洋战略的研究。伴随着世界性的海洋开发热潮的兴起,国内学术界开展了系统研究包括:杨金森的《中国海洋开发战略》(1990),蒋铁民的《中国海洋区域经济》(1990),王诗成的《建设海上中国纵横谈》(1996)、《21 世纪海洋战略构想》(1997)和《蓝色的挑战》(2003),国家海洋局的《建设海洋经济强国实施纲要》(1997),徐质斌的《建设海洋经济强国方略》(2000)等。这些研究运用经济学、战略学的理论架构研究海洋经济,提出了海洋兴国、强国的重大设想。国家海洋局组织有关专家研究了全国的海洋经济战略规划,2003 年国务院批准了《全国海洋经济规划纲要》。各地如山东、广东、辽宁、浙江以及沿海县市对自身区域的发展都有研究。王曙光等主编的《加速海上山东建设研究》(1997)、郑贵斌等主编的《海上山东建设概论》(1998)和专著《蓝色战略》(1999)、蒋铁民主编的《浙江海洋经济开发战略研究》(1998)有一定代表性。有些学者还对海洋产业发展战略作了研究,如杨坚的《中国渔业发展战略及保障措施》(2001)、管华诗的《海洋知识经济》(1999)、栾维新的《中国海洋产业高技术化研究》(2002)、郑贵斌的《海洋新兴产业发展研究》(2002)。最近几年,又出版了王曙光主编的《海洋开发战略研究》(2004)和韩立民著的《海洋产业结构与布局的理论和实证研究》(2007)等文献。[1] 以上研究各有侧重,对我国的海洋国土资源开发和海洋经济发展做了战略谋划和纲领性设想。

## 二、主要观点介绍与评述

### 1. 海洋经济的内涵与本质

长期以来,人们对海洋经济的含义并没有准确了解,基本上是把海洋

---

① 以上著述详见参考文献。

经济等同于海洋渔业及航运等构成的部门经济或海洋区域经济。因此，学术界对海洋经济的范畴进行了理论界定和科学阐释，提出了几种定义：一种认为海洋经济是部门经济，指的是海洋产业部门的经济问题，许多研究成果列举了海洋经济所包含的产业门类；一种认为海洋经济是区域经济，指的是海洋空间范围内的经济问题，认为海洋经济与海洋有直接的依存关系；还有一种认为海洋经济是资源经济，指的是海洋资源开发的经济问题。"人类在海洋中及以海洋资源为对象的社会生产、交换、分配和消费活动统称为海洋经济。"这些认识都从一个方面反映了海洋经济的特有本质属性，但不全面。1995年，有专家提出："所谓海洋经济，是产品的投入与产出、需求与供给，与海洋资源、海洋空间、海洋环境条件直接或间接相关的经济活动的总称"，从而把海洋经济的内涵和外延概括得较为全面。① 由于海洋经济是相对于陆地经济提出的，陆地经济的内涵是非常丰富的，因此界定海洋经济不仅要反映其与海洋有关的特有本质属性，而且要全面反映其本质属性。因此，笔者在研究中提出，海洋经济既然是以海洋为对象，应当是包括海洋空间、海洋产业、海洋资源在内的"三位一体"的复合经济或综合经济。

2. 海洋经济发展的地位及其战略

人类的海洋经济活动已有上万年的历史，捕鱼是对海洋资源的原始利用方式，这是海洋经济的萌芽。以后逐步自觉地开发海洋，制盐、运输有了发展，从而形成了传统的海洋经济。人类数千年经略海洋的过程，是原始海洋经济逐步转向传统海洋经济的过程。随着技术革命和产业革命的兴起，海洋资源的综合开发成为现实，现代海洋经济发展起来。一些发达国家开始制定开发海洋的计划，并投入大量人、财、物力。当今，以现代科学技术和现代文明为背景的现代海洋经济活动十分活跃。20世纪80年代以来，全世界把蓝色产业作为一次新的产业革命，海洋开发成为新的经济发展热点，海洋对经济发展的贡献越来越大。随着近现代科学技术和产业革命的发展，进入了全面开发海洋资源的阶段，开发规模和效率大

---

① 徐质斌：《建设海洋经济强国方略》，泰山出版社2000年版，第49页。

大提高,海洋经济的战略地位日益显示出来。从我国海洋经济的发展以及全世界海洋开发热潮来看,海洋经济在新技术革命推动下日益成为战略产业和支柱产业,在经济社会发展中具有举足轻重的战略地位。

(1)海洋经济是拓展生存与发展新空间的新领域。人类的生存与发展空间,一般可用陆、海、空三元结构来描述。从开发时序来看,是在首先开发利用陆地空间的基础上向海洋空间推进,再逐步开拓宇宙空间。在目前开发宇宙空间的技术和产业还不能大发展的条件下,依托广阔的海洋资源从事生产经营活动,是人类生存与发展的现实选择。由于海洋占地球面积的71%,提供的食物是陆地的上千倍,提供的石油、矿产资源也大大超过陆地,提供的水资源更是取之不尽;另外,发展海洋空间(海底城市等)还可以安置众多的人口。所以,向海洋要食物、要效益是经济发展的必然要求。

(2)海洋经济是解决人类三大难题的新途径。资源短缺、环境恶化、人口膨胀是人类发展的三大难题,它的存在严重阻碍了经济的发展和社会的进步。传统产业不可能很好地解决这三大难题。高新技术及其产业化不但能解决这三大难题,而且在解决中能充分发挥自身高与新的技术优势、特长以及产业发展的新领域、新方向的引导作用,提高资源利用率,改善环境,使人口、资源与环境的关系得到改善,更加协调。

(3)海洋经济是增强国家综合实力的可靠保证。海洋高新技术逐步产业化是集高新技术研究、应用开发与商品化生产于一体的,它的科技、经济、社会三重价值的内在扩张、超级放大对经济增长和国家综合实力的快速推动,是传统经济增长方式望尘莫及的。海洋新兴产业依靠科技进步和知识推动,迅速渗透到国民经济的各个领域,可以有效地提高产业能力和国家的综合实力。正因为如此,世界沿海各国无一例外地都把发展海洋技术及其产业作为重要战略来组织实施,海洋经济的战略地位也就凸显出来。[①]

---

① 郑贵斌、海洋产业:《国民经济中的战略产业与增长点》,《发展论坛》2003 年第 12 期。

(4)制定海洋经济战略是实现中华民族伟大复兴的迫切需要。海洋经济战略是指一个国家(地区)为了指导和促进海洋经济在一个较长时间内的发展所制定的发展目标、行动纲领的总体性谋划。有专家认为,海洋经济战略包括海洋开发战略、科技战略和管理战略。《海洋经济学教程》指出,主要包括海洋资源战略、产业发展战略和区域布局战略。①1998 年发表的《中国海洋事业的发展》白皮书,明确提出了"建设海洋经济强国"的奋斗目标。党的十六大报告明确提出"实施海洋开发"的战略目标,国务院印发的《全国海洋经济发展规划纲要》中也明确提出要把我国建设成为海洋强国。国家海洋局王曙光、张登义两位局长在给全国政协的提案中指出,建设一个海洋强国,需要几十年甚至上百年的时间。制定国家海洋发展战略是建设海洋强国的重要措施和保障。未来 20 年,是我国全面建设小康社会的关键时期,也是我国和平崛起和实现民族伟大复兴历史进程中承上启下的重要阶段。在这个阶段,要加快发展海洋事业,加快建设海洋强国。因此,他们建议国家应尽快研究制定国家海洋发展战略。关于国家海洋发展战略的本质,他们认为,国家海洋发展战略,是国家用于筹划和指导海洋开发利用、维护海洋权益、保护海洋资源环境、实施海洋管理、捍卫海洋安全的全局性战略;是涉及海洋经济、海洋政治、海洋外交、海洋军事、海洋权益、海洋科学技术诸多方面方针、政策的综合性战略;是正确处理陆地与海洋发展关系、迎接海洋新时代宏伟目标的指导性战略。研究制定海洋发展战略,首先要服从国家战略的全局,并充分考虑国家和民族的长远利益;其次要适应海洋开发与斗争形势、任务的需求;再次要符合国家经济、技术的承受水平和军事制海能力。制定我国的海洋发展战略,要把海洋作为国土开发的战略区域布局重点,提升海洋开发的战略地位,做到有效维护国家海洋权益,合理开发利用海洋资源,切实保护海洋生态环境,实现海洋资源、环境的可持续利用和海洋事业的发展。力争在 21 世纪中期,把我国建设成为海洋强国,实现中华民族的伟大复兴。海洋学者王诗成 2000 年出版了《海洋强国论》,提出把

---

① 徐质斌、牛福增:《海洋经济学教程》,经济科学出版社 2003 年版,第 266~298 页。

海上中国作为基本国策。这些研究对思考中国海洋开发战略的启迪都是巨大的。

### 3. 海洋经济发展的特点与趋势

#### (1)海洋经济已构成相对独立的经济体系

海洋经济是陆地经济的延伸,具有系统性和特殊性。随着综合性开发项目的发展,海洋经济已经成为综合性开发事业,海洋产业形成群体,产前、产中与产后一系列经济环节相互联系、相互制约,从而构成了独立的经济体系。海洋经济体系中,首先是开发技术的产业化,其次是产品(含服务和信息)的生产,再次是产品的流通、消费环节。其中市场营销、信息传递是不可缺少的环节。随着海洋资源及其产品市场的发展,海洋经济的宏观管理也应运而生,海洋经济越来越成为相对独立的实体性系统。

#### (2)海洋的区位优势给经济发展不断注入活力

在对外开放条件下,海洋的区位优势得到了充分发挥。如果没有海洋,就谈不上对外开放,更谈不上经济特区、开发区和开放城市。通过沿海对外开放,不仅促进了港口、海运的直接发展,更重要的是把沿海经济融入世界经济一体化潮流中,通过吸引外资、引进科学技术和先进管理经验,推动着沿海经济的发展,使沿海地区成为经济发展最快、外向度最高、最有经济活力的地区。我国的沿海地区以占全国 13% 的土地养育了40% 的人口,创造了 60% 的产值。

#### (3)海洋经济对经济增长的贡献越来越大

随着海洋综合开发的发展,已经形成规模较大的海洋产业群。海洋渔业和运输业作为传统产业将长期提供 60% 左右的水产品和 70% 左右的外贸货运量。海洋运输成为国际劳动分工和世界性市场的生命线。海洋石油、海洋旅游和海洋生物工程等新兴产业逐步上升为海洋支柱产业,成为国民经济的顶梁柱。海洋金属资源的勘探开发和海洋能源的利用,即将成为新型的诱人产业。海洋经济的全面发展成为经济增长的关键。2002 年中国的海洋经济总产值达到 4300 亿元,约占 GDP 的 3.6%。1978 年至 2002 年,中国海洋经济年均增长 22.2%,约为整个国民经济发展速度的 3 倍。2007 年全国海洋生产总值达到 24929 亿元,已经占到了国内生产总值的 10.11%。正因为如此,海洋经济对国民经济的贡献率越来越被人们关注。

(4)海洋经济成为沿海各发达国家竞争的重点领域和制高点

海洋经济是当今经济发展的重要增长点、动力源,其对经济发展有重要推动作用,早已引起世界各国的高度重视。20 世纪 80 年代以来,世界沿海国家开始推动海洋高新技术的产业化进程,海洋新兴产业迅速兴起,并爆发性地扩张。美、日等国在 90 年代初,海洋产业总产值占该国 GDP 仅 2% 多一点,目前已达 6% 以上,其中澳大利亚达 8%,日本约 15%。据专家估计,2010 年,沿海国家的海洋产业总产值占这些国家 GDP 的比重将达到 20% 以上。沿海发达各国争相将海洋经济列入本国发展战略的重点,作出具体规划,实施相应对策。首先在科研方面,加大了研究力度。其次在措施方面,各国首先增加科技投入以保持未来发展的优势,同时积极把海洋技术成果推向市场,各种门类的海洋新兴产业蓬勃兴起,产生了巨大的经济效益。

(5)海洋经济发展的创新及其管理越来越受到重视

随着综合发展观、可持续发展观和科学发展观的提出,海洋经济的科学发展也越来越受到重视。科学发展必须靠创新来实现,创新就是发展。从海洋环境来看,其生态服务价值巨大,据联合国报告,全球陆地生态系统每年提供价值 12 万亿美元,海洋每年提供价值 21 万亿美元。因此,学术界呼吁政府、企业和公众都应遵守可持续发展原则,制定和实施可持续发展战略,并贯彻于整个发展过程。同时随着高科技产业的兴起,知识管理、风险管理也得到重视,并应用于海洋经济发展的创新实践中。

(6)海洋经济学的学科理论随实践发展日臻成熟

由徐质斌、牛福增主编的《海洋经济学教程》是第一本海洋经济学教科书。它系统地论述了海洋经济学的研究对象,海洋生产力与生产关系,海洋产业经济、区域经济、生态经济与知识经济,战略与规划、法规与政策,管理体制与机制等问题。① 书中认为,海洋经济是一个大的系统,该

---

① 徐质斌、牛福增主编:《海洋经济学教程》,经济科学出版社 2003 年版,第 33～63 页。

系统是由生产力系统与生产关系系统构成的有机整体。海洋经济发展的基本动力是海洋生产力与生产关系的矛盾运动,书中分析了海洋生产力与生产关系的矛盾运动和海洋经济发展的关系,有较高的认识深度。2003年海洋出版社还出版了陈可文的《中国海洋经济学》,本书由海洋经济概论、海洋产业经济、海洋区域经济和海洋可持续发展经济四篇组成。内容包括:海洋经济学形成与发展、海洋生产力、海洋生产关系、海洋经济活动等。这些探讨,对海洋经济发展的实践起到了理论支撑和智力支持作用,是研究海洋经济集成创新战略的理论基础。除此之外,关于海洋经济发展理论的各种类型研究也出了不少成果,学术价值虽大,但多数都局限于某个侧面或某个层面的研究,系统性、整体性研究比较少见。

总之,国内外研究海洋经济发展及其战略的成果,都有较大的学术价值和应用价值,对研究海洋经济集成战略有重要的理论基石作用。这些理论研究,对认识海洋经济战略有重要启示但又有局限性:①海洋经济研究的许多理论观点,开拓了人们的视野,更新了人们的海洋观念,对促进海洋开发实践起了巨大的理论先导作用。然而囿于海洋开发实践的成熟程度,理论认识还需要进一步深化发展。②许多研究是定位在海洋资源的开发与利用方面,虽认识到了某些方面的开发价值,但未能重视开放的国际竞争大环境,缺乏从全球海洋视角来定位海洋经济的综合与和谐发展。③整个理论研究具有离散的特点,可以分为产业(行业)研究、区域研究、资源开发研究,缺乏思维张力,忽视多维空间和整体设计。未能对海洋经济集成、整合进行深入、系统研究。也就是对海洋经济既是产业经济又是区域经济,而且还是资源经济这一三位一体的特征要求未能进行"三位一体"的系统研究。随着研究的深入,有远见的战略家和理论家应当审时度势,高瞻远瞩,从集成战略的高度认识海洋,深入研究和构建巨变环境下海洋经济发展的集成创新战略。

## 1.2  创新理论及其发展

国内外对创新理论的研究,是全方位、多层次的,认识日益深化,理论不断更新。

## 一、创新理论的奠基研究

首次从经济学的角度提出创新(innovation)的是美籍奥地利经济学家约瑟夫·熊彼特(J. A. Schumpeter)。他在1912年出版的《经济发展理论》的专著中指出,经济增长的动力和源泉在于不断引入创新。经济若没有创新,是静态的、没有发展与增长的经济。创新的主体是企业家,因此,熊彼特论述的创新是企业层面的微观创新。

熊彼特的创新概念,是指建立一种新的生产函数,实现生产要素的新组合,"创新就是生产函数的变动"。熊彼特提出了五种新组合:创新新的产品、采用新的生产方法、开辟新市场、取得或控制原材料或半制成品的新的供应来源、实现新的工业组织形式。① 这五种组合中,既包括技术创新,又包括市场创新,还提出了组织创新。

熊彼特的创新理论,开创了创新理论研究的先河。他虽然没有直接对创新概念作出严格界定,但列举了创新的具体表现形式,广义地分析了创新集群的现象,从而覆盖了创新研究的大部分内容,进而影响了一大批经济管理和工程技术专家。② 因而,熊彼特成为创新理论的奠基者。熊彼特的创新理论成为世界经济思想史上若干重大突破的基石。

## 二、技术创新理论的深化发展

学术界经过梳理③,认为研究技术创新的代表人物主要是以索洛为代表的新古典学派、以曼斯费尔德(M. Mansfield)为代表的新熊彼特学派和以弗里曼(C. Freeman)为代表的国家创新系统学派:

1. 索洛对技术创新理论进行了比较全面的研究,认为"技术创新是几种行为综合的结果,这些行为包括发明的选择、资本投入保证、组织建

① 约瑟夫·熊彼特:《经济发展理论》,商务印书馆1990年版。
② 宋养琰、刘肖:《企业创新论》,上海财经大学出版社2002年版,第1~5页。
③ 赵黎明、冷晓明:《城市创新系统》,天津大学出版社1989年版,第2~22页。

立、制订计划、招用工人和开辟市场等"。

2. 曼斯费尔德(M. Mansfield)坚持熊彼特传统,强调技术创新的核心作用,认为企业家是创新的主体,研究对象主要侧重于产品创新。

3. 弗里曼(C. Freeman)在1973年发表的《工业创新中的成功与失败研究》中认为,技术创新就是指新产品、新过程、新系统和新服务的首次商业性转化。

梳理技术创新研究的发展脉络,学术界发现了这些学者研究中存在的不足,就是大部分科学家把技术创新理解为一个由科技推动的线性过程,即创新始于科学研究,经新产品开发和生产阶段,直至营销。经过这些年对创新过程的深化认识,有些学者认为"科技在创新中的作用是全方位、多层次的。创新离不开科技知识的积累,同时开发工作常需要再研究新的科学。从科学到创新的回路,不只是创新的开端,而是贯穿于整个创新过程,科学是创新各阶段的基础。在这一链环回路模型中,科学不再是创新的初始点,而是创新主链各节点上都需要的东西"。"技术创新是一个从新思想的产生,到产品设计、试制、生产、营销和市场化的一系列活动,也是知识的创造、流通和应用的过程。"①

### 三、创新理论的横向扩展

1. 管理学领域的创新理论

从20世纪60年代起,管理学家们开始将创新引入管理领域。世界著名管理学家彼得·德鲁克是较早重视创新的管理学者。他在《创新与企业家精神》一书中更通俗易懂地解释了创新的功能与概念:创新是创业家特有的工具,是一种赋予资源以新的创造财富能力的行为。创新是创造了一种资源。任何使现有资源的财富创造潜力发生改变的行为,都可称为创新。德鲁克认为创新有两种,除技术创新以外,还有社会创新。社会创新指在经济与社会中创造一种新的管理机构、管理方法或管理手

---

① 赵黎明、冷晓明:《城市创新系统》,天津大学出版社1989年版,第2~22页。

段,从而在资源配置中取得更大的经济价值与社会价值。① 德鲁克对创新成为学科理论作出了开创性贡献。

2. 制度创新论的提出

在德鲁克思想的影响下,学者们提出了制度创新的理论,并形成两个学派——制度学派和新制度学派。

新制度学派代表人物之一著名经济学家诺斯(D. C. North)早在1968年就发表了其代表作《1600—1850年的海洋运输生产率变化的根源》,通过对海洋运输成本的多方面统计分析发现,尽管没有新的海洋运输技术出现,却由于海盗对商船的侵袭活动减少以及经济组织和市场制度的完善,海洋运输成本降低,海洋运输生产率大大提高。结论认为,世界经济的发展是一个制度创新与技术创新不断互相促进的过程。有时制度成为技术创新的障碍,从而制度的创新就成为必然,如专利制度就是这样产生的。有时,技术的创新引发了新的制度,如信息技术正在改变人们的工作、生存方式以及企业的经营和管理方式。② 由于交易成本的存在,制度因素影响资源配置效率。弥补市场的缺陷,关键在于制度安排。技术创新是经济增长的表现,而不是源泉。制度在经济运行中具有内生性与稀缺性,经济增长的关键在于有效率的制度安排。诺斯的这一研究观点,直接源于对海洋经济的研究。

3. 创新论的宏观化、系统化发展

随着创新理论的发展,种种局限于微观的创新逐渐变成整个创新理论体系的组成部分。随着系统论的应用,创新理论开始向系统化、宏观化发展。

19世纪70年代末起,冯·希伯尔(Von Hippel)等学者提出创新的多源头性,这是创新系统观的雏形,极大地拓宽了研究视野。冯·希伯尔认为,"企业的创新能力依赖于制造商与用户、供应商整合起来的能力,以

---

① 彼得·F.德鲁克:《创业精神与创新》,工人出版社1989年版。
② 诺斯,陈郁等译:《经济史中的结构与变迁》,上海三联书店1994年版。

及能否利用国家的新标准、法规进行创新"①。

　　1987年弗里曼提出了国家创新系统理论,从而使创新理论上升到国家这一宏观层次。②

　　经济合作与发展组织(OECD)发表的《国家创新系统报告》指出:"创新是不同主体和机构间复杂的互相作用的结果。技术变革并不以一个完美的线性方式出现,而是系统内部各要素之间的互相作用和反馈的结果。这一系统的核心是企业,是企业组织生产和创新、获取外部知识的方式。外部知识的主要来源则是别的企业、公共或私有的研究机构、大学和中介组织。"③因此,企业、科研机构和高校、中介机构是创新系统中的主体。国家创新系统的核心内容是科学技术知识在一国内部的循环流转。

　　目前,对国家创新系统的研究出现了若干学派,各自持有不同的观点。这些理论将创新提升到决定国家经济发展的高度,开创了研究多个创新主体相互作用的新局面。其中,关于技术创新与制度创新紧密结合的思想,根据创新主体划分系统结构的思想,是我们研究海洋经济创新系统的重要基础。

### 四、中国学者对创新理论的研究

　　从20世纪80年代开始,在新技术革命推动下,中国学者开始研究技术创新。1998年,清华大学出版社出版了傅家骥主编的《技术创新学》,其中对技术创新概念作了表述:技术创新是企业家抓住市场的潜在赢利机会,以获取商业利益为目标,通过经营管理,重新组织生产条件和要素,建立起效能更强、效率更高、费用更低、效益更好的生产经营系统,从而推出新的产品、新的生产(工艺)方法并开辟新的市场、获得新的原材料或半成品供给来源或建立企业新的组织体制以及采用新的经营管理方法等

---

① Von Hipple, "The Deminant Role of Users in the Scientific Instruments Innoration Process", *Research Policy*, 1976(5).

①　Von Hipple, "The Deminant Role of Users in the Scientific Instruments Innoration Process", *Research Policy*, 1976(5).

②　赵黎明、冷晓明:《城市创新系统》,天津大学出版社1989年版,第2~22页。

③　同②。

一系列活动的综合过程。① 学术界对技术创新的理论与政策进行了多方面的研究。② 1999 年 8 月,国家在发展高科技、实现产业化的决定中指出:"技术创新,是指企业应用创新的知识和新技术、新工艺,采用新的生产方式和经营管理模式,提高产品质量,开发生产新的产品,提供新的服务,占据市场并实现市场价值。"③从此,技术创新广泛地应用于经济运行之中。还有一批经济学家十分关注制度创新问题,吴敬琏、夏振坤等在有关论著中都提出了创新中重视制度建设的重要学术思想。

随着创新理论的广泛传播,不同的研究者从自身的侧重点对创新赋予不同的含义,这就有了各种不同类型的创新,创新急骤横向扩展。多领域、多层次、多角度创新的提出,极大地丰富了创新的研究内容。

对创新系统进行分门别类研究或进行综合研究是中国学者的理论贡献。学者们认为,"创新包括产品创新、产业创新、观念创新、技术创新、管理创新、制度创新(尤其是产权创新)、竞争力创新、可持续发展能力创新、市场创新、组织创新、战略创新等等"④。有的学者又增加了"流程创新、服务创新、知识创新、文化创新"等。⑤ 有学者提出"大创新观"或"系统创新观"。

从 20 世纪 90 年代中后期开始,一批中国学者还开展了自主进行中国国家创新系统的研究,有针对性地提出了中国建设国家创新系统的因素、问题和应采取的对策,⑥推动了中国创新理论特别是自主创新理论的深入发展。

总之,国内外对创新理论的研究,为海洋经济创新发展指明了方向,是我们考察研究海洋经济集成创新的理论基础和强有力的理论指导。

---

① 傅家骥:《技术创新学》,清华大学出版社 1998 年版,第 1~50 页。
② 张永谦、郭强:《技术创新的理论与实践》,中山大学出版社 1999 年版,第 102~103 页。
③ 同②。
④ 宋养琰、刘肖:《企业创新论》,上海财经大学出版社 2002 年版,第 1~5 页。
⑤ 金锡万:《管理创新与应用》,清华大学出版社 1998 年版,第 1~50 页。
⑥ 李正风、曾国屏:《中国创新系统研究》,山东教育出版社 1999 年版,第 122~245 页。

## 1.3    集成理论及其发展

集成一词,在我国的文献中使用频率较高,主要含义为综合、组合而成的意思。在西方,集成(Integration)也包含了综合、融合、沟通、交互,使之成为整体的意思。随着发展,集成不仅含有聚合之义,而且具有了演进、协同的含义,集成开始由社会现象抽象为科学的概念和理论。

### 一、国外对集成的研究

国外学术界多层次、多视角研究集成,取得了重要进展。研究集成论的专家认为[①],管理学领导的集成论的主要学者和理论贡献是:

1. 美国学者、社会协作系统学派的创始人切斯特·巴纳德(Chester Barnard)是最早提出管理集成思想的学者。他在《管理人员的职能》一书中提出了系统的协调思想,将社会系统看作是两个或更多人的观念、力量、要求和思想的协作,认为相互作用是导致协作系统形成的根本原因。[②]

2. 随着系统管理学派的出现,美国的卡斯特(Fremont E. Kest)、罗森茨韦克(Jame E. Rosenzweig)和约翰逊(Richard A. Johnson)于1963年合作出版了《系统理论与管理》,较为完整地阐述了管理的系统学说,受到各界的重视。[③]

3. 20世纪70年代中期以后,迪隆(Dillon)、多西(Dosi)、厄特贝克(Utterback)等人指出:提高企业技术创新成果的关键在于合理协调企业组织、决策行为、学习能力、营销以及内外因素的匹配关系,发挥协同

---

① 海峰:《管理集成论》,经济管理出版社2003年版,第1~6页。
② 哈罗德、孔茨:《管理学》,经济科学出版社1993年版,第3~58页。
③ 张宣三等:《资本主义经济管理理论的发展》,中国社会科学出版社1982年版,第12~49页。

作用。①

4. 哈肯在《协同学》里认为,技术创新的集成促进了各种资源要素经过优选,并以适宜的结构形成一个有利于资源要素优势互补的有机整体。② 在这里,集成赋予了系统演进的含义。

5. 20 世纪 80 年代初,麦卡锡企业咨询公司的 7－S 体系,突出体现了将管理的思想、策略、组织、技术、方法、人员、价值观、行为方式等综合为一个有机系统,以发挥其整体功效的管理集成思想。③ 1987 年,安德瑞森(Andreason)等在《集成产品开发》(IPD-Integrated Product Development)一书中,从产品开发角度提出:优化产品开发过程是集成的、整体的、以人为中心的集成开发方法。④ 90 年代初,日本发起并实施的一项有关制造的国际合作研究计划——智能制造系统(IMS-Intelligent Manufacuring Systems)计划,其中之一的项目是整体性制造系统(Holonic Manufacturing Systems),他们的研究表明,整体性管理是一种在有效利用资源基础上管理高度复杂系统的方法。⑤

6. 查尔斯·萨维奇(Chanles Savage)1998 年在《第五代管理》(Fifth Generation Management)一书中提出:集成正在影响着组织的根本结构,如果公司希望能够更加迅速灵活地应付复杂的、不断变化的全球市场,集成是必要的;如果我们希望不同的职能部门能够更好地并行工作,联网是必要的;如果我们希望管理好供应商、合伙人及顾客之间的多种战略联盟,集成和网络是前提条件;集成的过程是保持企业内部和外部联系的关键模式。它要求对思想、人员、过程和资源不断地进行动态的重新配置,集成的目的在于获取知识。查尔斯·萨维奇对集成的描述,已超越集成一词在技术上的内涵,而上升到了组织与管理哲学的高度,展示出未来知

① 张宣三等:《资本主义经济管理理论的发展》,中国社会科学出版社 1982 年版,第 12～49 页。
② H. 哈肯:《协同学》,原子能出版社 1984 年版。
③ 哈罗德、孔茨:《管理学》,经济科学出版社 1993 年版,第 3～58 页。
④ Andreasen, *Integrated Product Development*, Berlin Springer, 1987, 19－23.
⑤ 孙耀君:《西方管理学名著提要》,江西人民出版社 2000 年版,第 19～67 页。

识型企业集成组织管理模式的基本思想,①使集成理论有了大的进展。

7. 彼得·德鲁克(Peter Drucker)1998 年在《新型组织的到来》(The Coming of the New Organization)一文中提出:未来组织将是以任务为中心的多重相互重叠的复合团队,其组织形式将超越矩阵模式,且复合团队的成果将不断地综合到企业的整体工作中。在德鲁克的未来组织观点中,突出强调组织管理的集成性,强调集成组织内部的各要素(子系统)的自律性、责任感和自组织性。②

随着对复杂性科学的研究深入,使得对作为复杂系统的企业的研究提高到又一新的高度,美国圣塔菲研究所(Santa Fe Institute,简称SFI)汇集了一大批物理学家、化学家、生物学家、经济学家和计算机学家及其他学科的研究人员,专门研究复杂系统的行为、组织特性等。可见,集成作为解决系统复杂性问题的新观念、新方法和新手段,已受到国外管理学家和复杂性科学家的广泛重视。集成研究领域必将有更多的新成果问世。

### 二、中国学者对集成理论的研究

中国学者在管理学领域,对集成和管理集成理论的研究是随着系统科学理论研究与实践以及近几年来复杂性科学研究的不断深入而逐步深化的。海峰认为③,20 世纪 90 年代初,我国著名科学家钱学森(1990)提出:处理开放的复杂巨系统惟一的有效方法是"定性与定量相结合的综合集成方法",从而奠定了管理集成的思想和方法基础。

随后,学者们从不同角度开展了深入研究。"于景元(1993)认为,从定性到定量的综合集成方法是现代科学技术条件下实践论的具体化。王寿云(1994)进一步提出:'以综合集成体系'的方式,进行系统分析的综合集成。华宏鸣教授(1997)提出了在新的技术基础支持下,企业管理的发展趋势——现代化集成,并初步探讨了实现现代化集成的技术手段、管

---

① 孙耀君:《西方管理学名著提要》,江西人民出版社 2000 年版,第 19～67 页。
② 同①。
③ 海峰:《管理集成论》,经济管理出版社 2003 年版,第 1～6 页。

理手段、基本组织形式。刘晓强(1997)提出了集成论的研究对象、内容、若干可能的研究方向及相关的问题。李宝山教授等(1997)较系统地对集成管理的概念、理论、方法等进行了研究和探讨。陈国权教授(1998)在其对并行工程组织的研究中,提出了并行工程实施的闭环集成模型及组织。刘丽文教授(1998)从生产管理角度提出了制造资源集成的过程。陈荣秋、马士华教授(1996)研究的多级生产计划与控制集成是将产品生产计划、主生产计划、物料需求计划和车间作业计划有机集成在一起。龚建桥教授(1996)从科技企业研究开发角度提出了集成管理的模式。傅家骥教授(1998)从技术创新角度提出了合作创新的各种模式是资源、功能的互补、互惠的集成思想。"①

需要提及,李必强、海峰等对集成论的研究是有很大贡献的。他们1999年提出,集成从一般意义上可以理解为两个以上要素集合成为一个有机系统,这种集合不是要素之间的简单叠加,而是要素之间的有机结合,即按照某一(些)集成规则进行的组合和构造,其目的在于提高有机系统的整体功能。② 分别从制造系统、集成管理技术、知识集成、组织集成模式、生产过程集成、价值工程等不同角度,探讨了管理集成的理念、内涵、特征、基本原理、理论框架等。海峰在后来出版的《管理集成论》一书中对管理集成进行了体系化研究,确立了管理集成的理论领域,发展了集成论的理论与方法。③

### 三、集成理论评述

从国内外对集成论的研究看,集成作为一种社会现象虽然早已存在,但作为一种科学概念被人们认识是近些年的事。学者关注集成,说明集成的重要性日益被认识。目前大量存在于经济社会发展中的集成现象,为深入研究管理集成提供了广泛的素材,多角度宽领域的大量的研究成

---

① 海峰:《管理集成论》,经济管理出版社2003年版,第1~6页。
② 海峰、李必强、向左春:《管理集成论》,《中国软科学》1999年第3期。
③ 海峰:《管理集成论》,经济管理出版社2003年版,第1~6页。

果为管理集成的深入研究奠定了基础。集成和集成管理已经成为管理科学研究的新热点。集成论是系统论、复杂性理论在新的经济社会环境下的新发展。

学术界已经出现的各种学说和观点是随着实践的发展和理论的进步逐步深化的,种种观点与社会生产者需求和技术与经济的进步紧密相联。我们在看到它们科学性的一面,充分肯定其理论突破和贡献的同时,又要看到其历史局限性的一面。

国内外学术界的集成理论研究在方法论上有了较大进步,主要表现为单向研究向综合研究发展,平面结构研究向空间结构研究发展,静态研究向动态研究发展,研究技术向计算机协助研究发展,特别是系统论、复杂科学的运用,使多因素、多结构进一步扩展,对其内在联系反映日趋深刻,对集成的整体性反映日趋深化。海峰等对管理集成论的研究有较大的理论建树和学术贡献,除系统地研究了管理集成的内涵、特征外,还探讨了集成的机理与方法,构建了集成理论体系。这些研究,为研究海洋经济集成创新提供了理论向导。

## 1.4　集成创新的提出:创新理论的重大突破

### 一、集成创新的理论渊源

将集成的概念应用于创新管理领域,实现集成与创新的合成,并科学地揭示出其内涵、特征,是近些年创新研究和管理研究中的大事,是理论发展史上的重大突破。

同任何理论都有其继承关系一样,集成创新理论的提出也是创新方式演变及其理论探索的必然结果。创新理论和集成理论的发展为集成创新的出现奠定了理论前提。集成创新论的提出是集成论和创新论发展的一次飞跃。

如前所述,熊彼特的关于"生产要素新组合"的创新概念已经含有将离散的要素进行集成的含义。随着经济的发展和理论探索的深化,在创新进化论的推动下,集成创新的概念也就逐步地水到渠成,日益明晰。20

世纪70年代,美国学者纳尔逊(R. Nelson)和温特(S. Winter)创立了创新进化论,推动了技术创新和制度创新的融合,进而推动了更大范围内的综合性创新研究,创新管理的集成化研究趋势明显增强。从"五代创新模式"演变中可以明显看出这一历程。

劳斯韦尔(Rothwell)1992年对实践中的创新模式和方式进行了划代。他认为,创新方式已经经历了五代:20世纪60年代以前是"技术推动"创新模式;60年代至70年代早期是"需求推动"模式;70年代至80年代,综合以上两种模式出现了第三代"交互(耦合)作用"模式;80年代至90年代初,一体化(集成)创新模式提出;紧接着,系统集成和网络模式出现。

表1-4-1 劳斯韦尔的五代创新模式

| 代 | 关键特性 |
|---|---|
| 第1、2代 | 简单的线性模式——需求拉动,技术推动 |
| 第3代 | 耦合模式,识别不同因素间的相互作用和反馈环 |
| 第4代 | 并行模式,公司内部一体化,上游为关键供应商,下游为有需求的活跃的顾客,强调关系和联盟 |
| 第5代 | 系统一体化和广泛的网络化,灵活性定制化,持续创新 |

资料来源:陈劲等译:《创新管理——技术、市场与组织变革的集成》,清华大学出版社2002年版,第21~22页。

从创新模式演变史观察,基于研究开发为起点的第一代创新模式是早期的技术创新理论。该理论认为,技术创新是在技术导向下的线性、自发的转化过程,市场只是被动接受技术成果,表现为技术推动下的从基础研究到产品在市场上销售的线性序列过程。第二代模式实际上是一种以需求为动力的线性序列过程,即从市场需求到应用研究与开发,再到工程制造,最后到销售的过程。这种模式强调创新的市场导向,创新不再是一种纯科学的研究活动,而是企业通过满足市场新的需求而扩大销售、增加利润的活动。第三代相互作用模式是技术与市场相结合的耦合模型。它是连续有反馈的环形过程,强调研究开发和市场二者的共同作用对创新成功的重要性。第四代整合模式的出现是创新模式的一个转折,其实质已是一种集成创新模式。它把创新视为企业内部研究、开发、制造、营销等职能并行运作的过程,同时强调创新过程中企业与上下游企业、用户的横向协作。这种整合模式的出现代表着创新范式的转变。第五代的技术创新系统集成与网络模型是在第四代创新模式思想的基础上,引入了新技术,特别是信息技术。撒瓦格(Savage)1990 年提出基于网络化和虚拟组织的第五代组织。① 特征是技术积累进一步受到重视,更关注技术和制造的集成,强调灵活性和开发速度,重视质量和产品多样化,环境逐渐成为战略上的重要问题。此时的模型内容是,强化企业内部集成和外部的网络,对内强调各职能部门充分集成的并行发展,从各自的角度同时参与知识与信息的生产,研究开发采用专家系统和模拟模型,对外与先行性用户建立密切联系,与设备及材料供应者合作开发新产品,在研究开发、生产、销售上进行广泛的横向联合。

学者们不仅总结了创新方式演进史,而且分析了创新方式间的联系与区别。清华大学张华胜等的看法比较全面,他们认为,"前三种创新模式实际上是离散的、线性的模式。线性模式把创新的多种来源简化为一种来源,这就没有反映出创新产生的复杂性与多样性。离散模式把创新按顺序划分为多个阶段,各阶段间有明确的分界。而实际的创新过程中,知识与信息发生于每一环节与阶段,因而创新过程中所包括的各阶段、各环节不能被截然分开"。"第四代和第五代创新模式的出现,是技术创新在理论与实践上的一个飞跃,标志着创新从离散线性过程模式转变为集成网络过程模式。由于创新的产品对象以及创新过程本身的复杂性大大增强,现代技术创新更强调的是一种群体性、集成性的活动。此外信息技术、管理技术的发展为集成提供了强有力支撑,使其成为现实。"综上所述,集成创新有着长期的扎实的实践基础和理论渊源。

---

① Savage, C. M., *Fifth Generation Management*, New York: Digital Press, 1990.

### 二、集成创新的提出及突破

限于文献检索的制约,我们不能确定集成创新理论第一人。但从集成创新的机理来看,将系统论、协同论运用于创新管理领域的理论就已经具有了集成创新的基本含义。

1. 中国学者对集成创新的研究

1997 年,中国人民大学李宝山教授等对“集成管理创新”进行了研究。① 1998 年又出版了《集成管理——高科技时代的管理创新》一书,对集成创新作了进一步的阐述,强调集成创新是创新要素的一种创造性的融合过程,并从哲学角度揭示了集成创新的对象、过程与动力等机理。②

有的专家在 1998 年研究国家创新体系时,认为“创新系统各要素间相互作用的集成体系”构成国家创新体系。1999 年,又有专家对“创新行为的融合与协同”进行了研究。③

2000 年,江辉和陈劲教授提出集成创新是技术集成加知识集成加组织集成的概念,分析了企业利用何种集成手段才能达到快速形成创新机制的目的,同时设计了企业集成创新的评价指标体系。④ 该年,浙江大学许庆瑞教授提出基于核心能力的组合创新概念,核心是产品与工艺创新,外围是体制、文化与组织创新。⑤

集成创新的提法一经出现,便得到了国家科技部的肯定,并很快进入我国的科学技术决策和科技创新的实践。科技部部长徐冠华提出,要“加强相关技术的配套集成与创新”。中国科学院院长路甬祥提出:“当

---

① 李宝山等:《集成管理创新》,《世界经济文汇》1997(特刊)。

② 李宝山、刘志伟:《集成管理——高科技时代的管理创新》,中国人民大学出版社 1998 年版,第 11~84 页。

③ 石定寰、柳卸林:《建设我国国家创新体系的构想》,《中国科技论坛》1998 年第 5 期;李正风、曾国屏:《中国创新系统研究》,山东教育出版社 1999 年版,第 122~245 页。

④ 江辉、陈劲:《集成创新:一类新的创新模式》,《科研管理》2000 年第 5 期。

⑤ 许庆端等:《中国企业技术创新——基于核心能力的组合创新》,《管理工程学报》2000 年第 12 期。

今时代更需要的是面向战略需求的技术集成创新。"①科技部在科技发展"十五"规划中提出了集成创新的思路,其核心是加速人才培养,推动体制创新,促进创新资源的高效、合理分配,强化协同创新,形成创新的强大合力。至此,集成创新理论和思路开始走向应用,并日益成为企业、地区、政府部门或重大建设工程的思想指导和智力支持。

2. 外国学者对集成创新的研究

1985 年,德鲁克在《创新与企业家精神》一书指出,创新既然是生产要素的重新组合,就不仅指科技,也指管理、营销等。美国的新经济本质上是创新型经济。这种创新型经济既包含技术创新,也包含观念创新,还包含制度、行为、组织等运行模式的创新。这些论述已经具有了创新是综合性、集成性的思想。

罗森伯格(Rosenberg)和克莱茵(S. Kline)于 1986 年提出了创新链环模型,显示出创新是多种因素交互作用的过程,表明了创新过程的动态化、集成化和综合化。② 1987 年,弗里曼(Freeman)在首次研究国家创新系统时认为,技术创新及其对应的组织创新、制度创新在国家框架内的集成是国家创新概念的重要组成部分。③

1997 年,玖·笛德(Joe Tidd)、约翰·本珊特(John Bessant)和凯思·帕维特(Keith Pavitt)在《创新管理——技术、市场与组织变革的集成》一书中将市场、技术及组织变革管理进行整合,建立了完整统一的理论框架,分析了创新管理的集成方法。④

亚斯笛(Iansiti)1998 年在《技术集成:动态世界的关键决策》一书中将集成概念应用于创新管理领域,认为技术集成管理将更加有能力应付不连续的技术创新。在技术高速发展、市场日趋复杂的高科技领域,对技

① 徐冠华:《当代科技发展趋势和我国的对策》,《中国软科学》2002 年第 5 期;《百年创新活规律——路甬祥院士谈世界科技创新活动的规律》,《世界科学》2001 年第 9 期。

② 李正风、曾国屏:《走向跨国创新系统》,山东教育出版社 2001 年版,第 7～16 页。

③ Freeman, C., *Technology Policy and Economic Performance: Lessons from Japan*, London: Printer, 1987.

④ Managing Innovation: Integration Technological, Market, and Organizational Change, 1997.

术和市场变化的快速反应、积极适应、主动影响已成为企业生存发展的必需能力。技术集成的实践正是构建这一能力的基石。①

1999年,在英特尔工作的米勒(Miller)等人揭示了发达国家一些公司的"融合创新"特征,即将不同学科的知识进行集成而实现创新。这种全新的机制确保了不连续和跨越创新的实现。②

学者们认识到了集成创新是应对实践挑战的新的创新模式。很多学者注重各种案例的分析与总结,将集成创新的研究进一步引向深入。伯斯特(Best)在《新的竞争优势——美国工业的复兴》一书中通过对美国工业的分析,认为美国工业新的竞争优势所在是建立起将基础研究与市场需求紧密联系在一起的网络集成创新制造系统,这样,既能促进自身能力的快速发展,也能推动区域整体创新能力的提升。③ 总之,集成创新已被普遍认为是知识经济时代企业或区域创新发展的动力和路径选择。

## 1.5　我国集成创新理论的新进展

集成创新理论的发展是全方位、多层次的,发展速度是惊人的。以"创新爆炸"来形容其发展是再合适不过的。这里,仅对较有代表性的集成创新理论体系、集成创新类型作一简述。

### 一、理论框架研究

1. 集成创新的理论体系

对集成创新的理论体系与模式的研究,首先是由李正风等提出的。他们认为,创新行为是一个交互作用的复杂网络,因此对创新的研究需要

---

① Iansiti, M., *Techonlogy Integration: Marking Critical Choices in a Dynamic World*, Boston: HBS Press, 1998.

② Willian Miller and Langdon Morris, *Fourth Generation R&D: Managing Knowledge, Technology and Innovation* , New York: John Wiley & Sons, 1999.

③ Best, Michael H., The New Conpetitive Advantage The Renewal of American Industry , New York: Oxford University Press, 2001.

确立一种"系统范式"。① 在对系统范式的研究中有代表性的观点是张华胜、薛澜提出的。他们在《技术创新管理新范式:集成创新》一文中,从界定集成创新的概念入手,围绕集成创新体系的建构,具体分析了集成什么、如何集成、遵循何种原理、采用什么方法集成等等集成创新的重大问题,认为创新要素的融合是集成的本质内容,集成的源动力有两类:一类是系统按某种主导战略联结,另一种是按某种机制设置,演化成一种新的系统建构,以产生新的能力和效率。

张华胜、薛澜在分析集成要素、集成对象、集成平台、集成支撑技术、集成创新的网络组织等关键要件的前提下,提出了集成创新的理论框架。

基本理论是:"由于创新要素由不同的主体所掌握,因此集成首先是对占有不同创新要素的主体的集成。构成集成创新的主体包括单个人、群体以及共享特定知识和解决问题模式的组织等。对主体的集成在形式上表现为由创新主体所构成的某种组织形式。决定集成共同体大小的因素是创新复杂性程度的高低。集成共同体并非简单地捏合在一起,而是需要一个集成平台,使之受到约束,并按照一定的方向演进。平台反映了不同主体在物理上、等级上、关系上、流程上相互联系的机制或系统,从本质上看集成平台应被视为一种组织方式以及环境安排,包括硬件环境,也包括软件环境。对平台,需要一定的系统能力和组织结构对其提供支持。平台的形成使一体化集成组织拥有了核心能力,即异质的构成技术创新能力的知识和技能,包括系统整合能力和在某一领域进行研究开发的能力。但除此以外,组织还需要互补性资源以支持其核心能力拓展其功能。同时一体化组织还需要通过学习积累知识和扩展能力。这使得集成的范围大大扩展,超出一个组织外,而形成一个集成化网络,这一范围再进一步扩大,在组织形式可能形成一个市场网络(market network)或全球性虚拟性组织(global virtual organization),从地理结构上看会形成一个区域性网络(local innovation system),甚至是国家创新体系(national innovation

---

① 李正风、曾国屏:《走向跨国创新系统》,山东教育出版社 2001 年版,第 7～16 页。

system）。"①

2. 合作创新的理论体系

创新是一个多主体的复杂过程。主体间合作创新已成为重要的创新模式。罗炜运用系统论从更高的层次上对合作创新行为进行了研究,提出了一个完整的合作创新的理论体系。

按照合作创新的理论,合作创新是一个开放式系统,不同的组织之间形成合作创新网络,这些组织包括供应商、客户、竞争者、大学、研究机构、金融机构等。合作创新行为将直接或间接地受到外部环境的影响,包括科学技术环境、市场环境、产业环境、制度环境等,政府行为对合作创新起着关键的作用。

"合作创新网络反映了合作组织之间的关系,通过横向、纵向的联结,信息、技术、资源在网络内部流动和优化配置,合作创新的外部环境直接或间接地影响着合作创新网络的行为,合作创新网络与外部环境相结合,构成一个整体的系统,我们称为合作创新系统。在这个系统中,网络组织内部与外部环境之间是一种相互作用、相互依存、相互制约的关系。一方面外部环境的变化将影响组织之间的合作意愿及合作绩效;另一方面,组织之间的合作创新实践也会改变社会的技术发展状况、市场结构,并引导一国制度法律规范的相应调整。因此,从系统的观点来看,合作创新实际上是市场中各种不同组织之间以及各种组织与外部环境之间相互沟通、相互交流、相互作用,共同创造新知识和新产品的过程。"②

## 二、不同类别的创新系统研究

集成创新研究已经深入到社会生活的各个方面,各种系统的创新研究进入蓬勃发展期。从不同的层面来看,有企业、产业、地方和国家等不同层面的集成创新研究,并建立了各自的理论体系。

1. 企业创新系统

---

① 张华胜、薛澜:《技术创新管理新范式:集成创新》,《中国软科学》2002 年第 12 期。
② 罗炜:《企业合作创新理论研究》,复旦大学出版社 2002 年版,第 193~214 页。

曹青洲等对企业集成创新作了设计,①他们认为,企业创新体系的组成部分有:科技研究与开发、市场研究与开发、产品创新、工艺创新、服务创新、组织创新、管理创新、文化创新以及机制创新等。内核是产品与工艺创新,整体功能表现为持续创新。

陈劲提出了企业集成创新的理论模型:战略集成层面、知识集成层面、组织集成层面。"加强企业的战略集成,以提升企业的技术创新层次、把握正确的方向;开展知识集成,以增强企业的快速创新能力;不断实施组织集成,以提高企业的创新速度和效率。集成创新的实质,是在对企业全面变革与改善管理的条件下,实施发明到创新的新探索。"②

见图1-5-1。

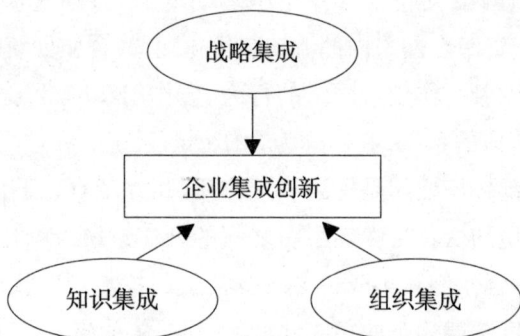

图1-5-1　陈劲的企业集成创新框架图

另外,周朝琦、侯龙文对企业创新管理集成化进行了探索,济南小鸭集团和青岛海尔集团等一大批企业也对创新系统管理进行了探索。这些研究对我们都具有启迪和借鉴意义。

2. 产业创新系统

学术界对产业创新系统的研究以往主要表现为产业集聚的研究。胡汉辉、倪卫红以集成创新的思路分析了产业集聚的路径,揭示了产业集聚

---

① 曹青洲、王志辉、王振江:《企业集成创新》,学林出版社2001年版,第221~230页。

② 陈劲:《集成创新的理论模式》,《中国软科学》2002年第12期。

过程的创新机理：

产业集聚大体经历三个阶段。首先是产业要素的趋向式集中，形成一个集聚胚，从集成创新的角度看这一阶段主要是同类技术的集中，还没有明显的组织集聚现象出现，更未形成明显的知识合作效应，因而只是一种初步集成。随着集聚胚的逐步发育，出现了较明显的企业和组织的集聚现象，形成了稳定的集聚核，从集成创新的角度看可以认为达到了中度集成程度。下一步的发展就是真正形成区域集聚效应，从集成创新的角度看它将是一种高度集成，即不仅在企业微观层面上集成，而且在区域性的网络层面上形成集成效应。[①] 见图 1 - 5 - 2。

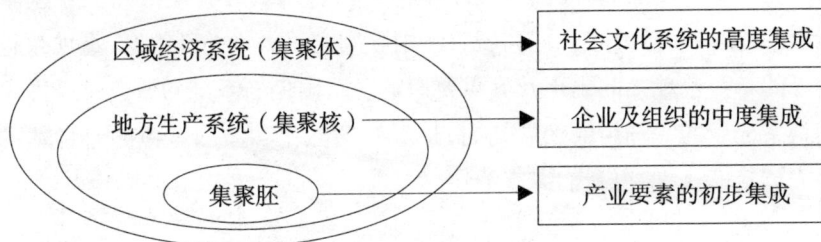

图 1 - 5 - 2 胡汉辉的产业集成创新路径图

3. 区域创新系统

区域创新系统是中观层次的创新系统，在国家创新系统中起着承上启下的重要作用。世纪之交，区域创新的研究逐渐兴起。1999 年，胡志坚发表了《关于区域创新系统研究》的论文；2002 年 11 月，黄燕主编的《中国地方创新系统研究》出版。他们分析认为，区域创新系统是一定区域内与创新全过程相关的组织、机构和实现条件所组成的网络体系，是由相关社会主体（政府部门、企业、高校和科研机构等）组成的一个社会系统。

随着区域创新理论的兴起，城市、农村、开发区、经济区等区域系统集成创新的研究正逐步深入。

---

① 胡汉辉、倪卫红：《集成创新的宏观意义：产业集聚层面的分析》，《中国软科学》2002 年。

#### 4. 国家创新系统

国家创新系统的研究取得了新的进展,弗里曼在最新的研究①中,将企业亚系统(包括科学、技术、创业活动、文化、政治等)之间的互补性集成引入国家创新系统的概念体系,积极的技术学习与相应的组织、制度变革被视为后进国家技术赶超成败的关键所在。

#### 5. 跨国创新系统

在经济全球化和知识化的背景下,联合国"全球治理委员会"提出了"全球治理"的概念,催生了跨国创新系统的深入研究。跨国管理与创新已成为潜力巨大的研究领域。② 在新的世界格局发生巨变的条件下,新的合作与竞争空间、新的国际分工不但要求各国政府高度关注国家创新系统的建设,而且要求人们高度关注国际间竞争力量的新组合,重视超越国界的新竞争单元的出现及其重要影响。跨国创新系统的研究是继国家创新系统后的一种新的发展动向,是应对国际化和激烈竞争的一种新的集成创新模式,值得我们高度关注。③

### 三、方兴未艾的自主创新研究

"自主创新"是中国目前的重要话题。人们对"创新是民族进步的灵魂,是国家兴旺发达的不竭动力"已经形成共识,认同这是对自主创新意义深刻而生动的概括。世界经济发展的事实证明,只有通过创新,一个国家的经济社会发展才会有不竭的动力,才能在激烈、复杂的国际竞争中占据主动。世界各国在现代化进程中,发展道路不尽相同。有的是发挥本国自然资源优势,有的是依赖外部的资本和市场,有的则是凭借自己的科技创新。新技术革命发生之后,在国际范围,创新是一个不断深化的主题。自主创新的确使不少国家走上了富足强盛之路。在和平与发展时代,科技自主创新能力明显成为国家竞争力的关键因素,当今许多国家都

① Freeman, C., *Technology Policy and Economic Preformance: Lessons from Japan*, London: Printer, 1987.

② 赵曙明主译:《跨国管理》,东北财经大学出版社2000年版。

③ 李正风、曾国屏:《走向跨国创新系统》,山东教育出版社2001年版,第7~16页。

纷纷把自主创新作为整个国家的基本战略。在我国,中共十六大提出了"推动科技自主创新摆在全部科技工作的突出位置"的要求。十六届五中全会又明确提出"科学技术的发展,要坚持自主创新、重点跨越、支撑发展、引领未来"。贯彻落实党中央、国务院的重大决策,推动自主创新事业发展,带来了中国新一轮创新理论的繁荣与发展。

近一个时期以来,理论界对自主创新的内涵、外延、重大意义、基本特征和基本要求以及创新目标、创新能力和创新体系等进行了大量理论探讨。普遍认为,自主创新必须重"自主",重知识产权,靠自己的智慧与力量,把原始创新、集成创新和引进消化吸收再创新很好地结合起来,大力提高原始创新能力、集成创新能力和引进消化吸收再创新能力。

自主创新热潮在各行各业的兴起和创新理论研究的繁荣,成为我们研究海洋经济集成创新的难得的发展机遇。海洋经济发展的战略研究必须抓住机遇,坚持以科学发展观为指导,大力推进原始创新、集成创新和引进消化再创新的研究,推动海洋经济发展切实转入集成创新发展的轨道。

总之,集成创新理论正在日新月异地发展。"创新已经成为各个公司、机构乃至国家优先考虑的事情。社会各界对创新的高度关注,引发了大量的研究活动。试图分析破译创新过程的奥秘,建立可靠的创新测度模型,使得公司和国家可以对各种创新行为进行评估,继而能够有效地管理创新活动。不过迄今为止,创新研究远未成功。""创新现在仍然是一个由工作、技能、灵感和环境等构成的神秘组合,破译创新尚需时日。"[1]随着视野的开拓和研究手段的提高,集成创新的研究必将进一步深入。从当前的实际情况看,各种学说已经显示出指导实践的重大作用。在已有的各种研究基础上,进一步推动符合中国国情的集成创新理论和具有区域特色的区域创新模式研究是一个方向。在信息化和全球化过程中,"海洋区域"已超越了企业概念,也超越了国家边界,海洋经济的特殊性表明,它应当有独特的创新系统。因此,以科学的创新观为指导,借鉴前

---

[1]  Robert Buderi 著,戴雪梅译:《破译创新》,《世界科学》2000 年第 8 期。

人集成创新研究的理论与方法,将集成创新引入海洋经济发展的分析研究,对于构建更高层次创新系统、丰富与发展集成创新理论、制定实施海洋经济战略,将具有重大意义。

# 2 海洋经济集成创新战略理论的建立

基于海洋经济理论和集成创新理论的最新发展,本章提出海洋经济集成创新战略理论。这一理论是站在学术大师的肩膀上提出的,是战略论、集成创新论在海洋经济分析中的应用。

## 2.1 海洋经济位与战略位理论

### 一、海洋经济位理论

海洋经济位理论是研究海洋经济集成创新的理论基石,是构建海洋经济集成战略思路和理论的前提。之所以提出海洋经济位理论,根源于海洋经济研究中主客体相互适应的客观需要。

如前所述,海洋经济作为开发利用海洋的各类产业及其相关经济活动的综合,是多维、多变量、多层次、多因素、纵横交错的立体网络系统,是整个社会经济系统的重要分支系统。按照经济系统的可分性原则,把它分为陆地经济与海洋经济两大系统。

作为与陆地经济相对应的海洋经济,是由海洋水体这一特定地理单元的存在而产生的。它与陆地经济一样,即具有系统可分的性质,这是由经济系统的基本特征决定的。按照经济系统所具有的层次性和全息性原理,经济系统可以划分为若干层次,它们各具有自己的特点和规律。但不同层次的经济系统往往具有相似的性质和规律。经济系统的层次性和全息性分别表现为经济系统的相异性和相似性。作为海洋经济系统,其各类分支系统的存在,就是相异性的表现;而其作为综合性经济的特征就是相似性的表现。

　　学术界之所以长期存在海洋经济到底是资源经济、产业经济还是区域经济的理论困惑，就是未能从系统经济的基本特征来认识这一问题，以至于在实践中往往讲海洋经济，却不自觉地谈起海洋产业或海洋区位经济、资源经济的可持续发展。在国家有关部门的统计分析中也往往这么做。这是人们在认识上缺乏系统性、整体性的缘故。当前，在理论与实践上进一步明确海洋经济分系统的相异性并进一步认清海洋经济大系统的全息性特征，树立整体、协调、集成的观念十分必要。

　　作者认为，海洋经济系统的分层系统的相异性主要是表明其在海洋经济大系统中的位置。因为作为大系统是由各经济系统及其相互关系构成的整体，作为大系统中的各经济系统是由特定功能组成的不同经济客体。正是由于这些分支系统有特定的功能，且表明了其在大系统中的位置，所以具有相异性。笔者把不同功能海洋经济系统的占位，定义为海洋经济位。海洋经济位是区分海洋经济系统的相异性的称谓。

　　按照社会经济活动的纵横结构规律和经济科学的分类要求，理论界和我在《现代经济学学科的演变与发展》①一书中就已经提出，所谓海洋经济活动，是全人类以海洋及其资源为劳动对象，通过一定形式的劳动支出来获取产品和效益的经济活动。所谓海洋经济学是在海洋空间范围内人类的经济活动与各种海洋因素之间相互关系的一门科学。现在，作者仍然认为，海洋经济是既含有特定属性（相异性），又全面反映本质属性（全息性）的综合性、整体性经济。

　　我们不妨对海洋经济活动作些具体分析。

　　海洋经济是以海洋为对象的，首先是开发海洋资源的活动。按照海洋资源专家的研究，海洋资源是相对陆地资源而言的，泛指海洋环境中存在的现在和未来能够被人类所利用的物质、能量和空间等一切资源。海洋是多维结构体，其资源是资源聚合体，属于复合型的资源系统。一般而言，海洋资源大体可分为海洋水体资源、海洋土地资源、海洋生物资源、海洋能源、海洋矿藏资源、海洋空间资源等六大类。相对于人类对海洋的认

---

　　① 郑贵斌：《现代经济学学科的演变与发展》，中共中央党校出版社1990年版。

识程度,通常认为海洋资源具有原位性。原位资源转化为流资源(资源产品)的行为被称为开发。技术意义上的资源开发就是开采、捕捞或加工等;经济意义上的开发就是投入或产出。从广义上讲,开发就是在一定时期和技术条件下,按一定社会需求和战略需要,对原位性的海洋资源进行开发和对新开发的或已开发的海洋资源进行重新认识和再开发。后者的含义是指在一种新价值观和发展观(如可持续发展)指导下对原来已经习惯的资源利用方向、方式、格局进行重新排列、组合,确定新的产业和部门,从而提高原有海洋资源系统的功能。就这个意义而言,海洋资源开发和再开发就构成了海洋经济。海洋资源开发与利用表现在空间上具有圈层性,中心圈层为海洋水体(含底土和上空),连接圈层为海岸带,外圈层为沿海地区。总之,海洋经济就是指对海洋及其空间范围内的一切海洋资源进行开发和再开发的产业活动或过程。海洋经济是包括海洋产品的生产、交换、分配和消费环节在内的再生产过程。由此可以看出,海洋经济既是区域空间经济和部门经济,又是资源经济,是海洋空间范围内由开发海洋资源而形成的海洋产业部门的经济活动的总称。海洋经济本质上是开发利用海洋资源的活动以及相关的经济活动,即为了满足人们对海洋资源产品的需要而进行的再生产过程。

　　以上分析说明,海洋经济客观上存在着"位"差,水体资源经济位、产业经济位、区域(空间)经济位构成海洋经济基本位。水体资源经济位的经济活动,主要表现为资源的经济问题;产业经济位的经济活动,主要表现为产业部门的经济问题;区域(空间)位的经济活动,主要表现为海洋区域空间的经济问题。不同位的经济活动,有不同的经济特点和规律。认识这些相异性,是我们把握海洋经济整体系统的前提。

　　随着人类海洋开发实践的发展和对海洋认识的深化,在海洋经济位的相异性认识的基础上进一步加深其相似性的认识,探讨海洋经济位的集成即海洋经济的三位一体,已经成为深化海洋经济研究的重要课题。

**二、海洋经济战略位理论**

人类指导海洋经济的发展必然表现在战略思维与战略指导上。在以往的海洋经济发展中,由于海洋经济位的客观存在,必然反映在海洋经济的战略上。不同的海洋经济位,一定产生不同的海洋经济战略位。战略位是经济位在目标导向的必然反映。因此,可以说海洋经济战略位是人类指导海洋经济活动中的主客观关系的反映,是战略研究的层次性特征的表现。

由海洋经济位决定,海洋经济战略位主要表现在三个方面:海洋资源开发战略位、海洋产业发展战略位和海洋区域布局战略位。目前我国学术界对处于不同"位"的这些战略都分别作了一些研究。

由于战略是对所涉及范围的全局作的根本性谋划和指导,所以在兼顾战略位的相异性的同时,更要重视战略研究的整体性或相似性,也就是相互联系的战略体系集成的研究。笔者把这种战略体系的集成战略称之为"集成位"战略,即海洋经济三位一体集成战略。这一战略是整体战略、高阶战略、长远战略、创新战略。总之,它是海洋开发与管理中集成创新兴海强国的战略。

由于海洋经济是相对于陆地经济提出的,海洋经济的内涵是非常丰富的,因此界定海洋经济及其战略不仅要反映其与海洋有关的特有本质属性,而且要全面反映其本质属性。海洋经济既然是以海洋为对象,应当是包括海洋空间、海洋产业、海洋资源在内的复合经济。海洋开发战略也就是三位一体集成创新的大战略。

## 2.2    海洋经济集成创新的理论框架模型

### 一、海洋经济集成创新的网络系统

1. 海洋经济集成创新网络系统的本质要素集成

海洋经济集成创新网络系统是指在特定的海洋开发背景下,创新要素层次、中介等相互之间构成的网络系统。由于海洋经济极具复杂性,其创新系统是复杂的网络系统。该系统主要由特定海洋空间、环境、资源和权益背景下的观念创新、战略创新、技术创新、产品创新、产业创新、制度创新、管理创新、组织创新等一系列组成。

为了研究的方便,我们把研究对象选定在具有"生产力、生产关系、上层建筑"三重性的创新体系方面,经过本质系统归类,我们确定一定时代背景下的目标导向系统创新(战略)、核心创新(生产力系统)、保障创新(生产关系系统)为基本的系统。

由于目标导向创新是创造性思维和行为下与历史时代相联系的观念与战略创新,因此把由海洋经济既是资源经济,又是产业经济,还是区域经济这一学科性质决定的三种基本的战略导向(海洋资源开发战略、海洋产业(工业战略)发展战略、海陆经济一体区域综合战略)创新归入其中。

由于海洋技术、产品、产业是紧密相连的基本的海洋经济生产力活动,因此同归入生产力创新系统。

由于管理、组织和制度同属于保障、保证系统,都是生产关系方面,因此同归入生产关系创新系统。

这样海洋经济集成创新就是由目标导向创新、核心创新、保障创新等系统构成的相互紧密联系、相互作用的有机创新整体。

三大基本系统具有内在联系:其中目标导向(战略)创新是创新的先导和灵魂;核心(技术与产业)创新是基础和基石;保障(制度、管理、体制等)创新是支撑和保证。三大创新系统相互作用、相互依存、相互协调,构成了海洋经济集成创新网络系统。三大创新系统既是创新的动力源,又是创新的本质要素的集成。这种海洋经济的创新系统的组合,我们把它称为集成创新三维系统。如图2-2-1。

该概念模型由目标导向创新维、核心创新维、保障创新维构成。该模型与外部环境有着相互联系,这里存而不论。可见,海洋经济集成创新三维系统是对海洋经济复杂的网络系统的抽象表述,可以帮助我们对复杂的集成创新问题作直观简便的分析研究。

2. 海洋经济集成创新系统的特征

由于海洋经济集成创新是一个有机联系的整体系统,它是在系统集成思想指导下,将各种资源有机地结合在一起所形成的各种功能相互匹配、整体功能实现倍增的高度协调的有机整体,所以除具有一般系统所具

目标导向（时代背景与战略导向）创新维

海洋区域经济战略
海洋产业发展战略
海洋资源开发战略

技术创新    组织创新
产品创新        制度创新
产业创新        管理创新
配套物质条件创新      文化创新

核心（生产力）创新维    保障（生产关系）创新维

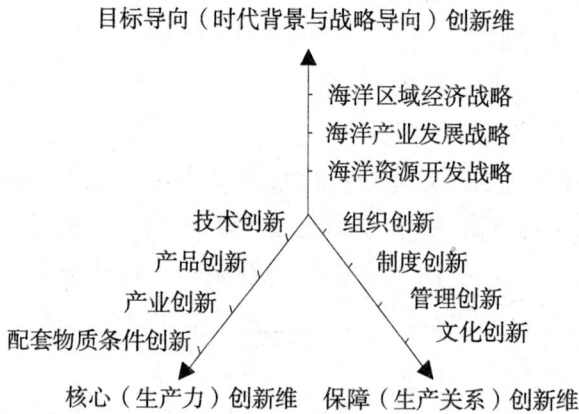

**图2-2-1    海洋经济集成创新三维系统的概念模型**

有的主体行为性、复杂性、层次性、多样化以外，还具有以下几方面的突出特征：

（1）综合集成性

海洋经济集成创新是一个复杂的系统工程，为了创新的目的把各种资源和要素都纳入集成的范围。既有战略创新的集成，又有核心与保障创新的集成。核心创新与保障创新又可分为更多个创新单元系统。随着社会生产力的发展，海洋开发与管理的创新要素进一步多样化，因此，集成创新将会涵盖更多的创新要素。集成创新是一个完整的有机整体，这个整体的某一方面功能不全会影响整个系统的运转。除此之外，集成创新活动还受到外部环境的影响，如海洋环境、海洋技术与产品的市场状况等，也会对创新产生直接或间接的影响。因此，集成创新，不仅要对系统内部的各类要素进行优化整合，而且要与外部环境结合起来，对外部创新要素进行有效的利用和整合。

（2）层次结构性

在复杂的海洋经济创新系统中，各集成要素组成的系统具有多样性，小的系统是大系统的构成要素。系统不仅具有层次性，而且可以形成纵横交叉。各要素、各层次对系统整体的影响并不相同，其发挥的作用也有直接和间接之分。作为系统要素及其联系总和的结构，具有整体性和稳定性,同时这种稳定性又是相对的,其在与外界进行物质、能量、信息交换的过程中会发生量的变化,在一定条件下还可以产生质的飞跃。系统是结构与功能的统一体,结构与功能是相互依存、相互制约并相互转化的。

(3)协同性

海洋经济创新是一个动态的过程,实现创新效益的目标贯穿于整个创新过程中。动态的创新需要创新系统各集成要素的协同作用。如技术创新的效益要发挥出来,以形成整体效益,必须同时进行制度创新,努力做好各种规制工作和制度性安排。因此,整体协同对海洋开发创新的整体效益具有至关重要的作用。否则,缺乏有效的建章立制和管理,各要素的协同作用无法发挥,整体创新的效益就要下降。

(4)高柔度性

海洋经济集成创新提出的背景是海洋开发进入新世纪的经济社会条件:科技发展日新月异、市场竞争异常激烈、消费需求快速多变、海洋权益争夺加剧、海洋环境日趋恶化。这就要求树立科学的发展观,强调人与自然、资源,人与经济、社会的动态协调,从全方位的角度来研究、实施创新,重视所有创新要素的整合。海洋经济集成创新的这种动态开放的特点,使创新系统能够依据外界变化,实现自适应和进化,以调整要素结构组成,淘汰更新不适应环境要求的系统要素。这种较高的适应能力和转换调节能力是迅速及时的,也是成本低廉的。因此,海洋经济创新是应变力较大的柔性系统。

(5)风险性

海洋经济面对广袤的海洋空间和连绵的海洋水体,需要较高的科学技术条件和其他各种支撑条件,其创新发展不可避免地具有一定的风险性。就创新过程和结果来看,一开始提出创新方案,就要立足于对现实经济技术基础和各种条件的把握。尽管人们总是非常谨慎地、认真地分析已知和未知条件,但人们不可能准确无误地左右海洋客观环境的变化和未来趋势,这样就使得创新具有一定的风险性。创新成功,创新效应就大,效益就明显;创新失败,往往造成无法挽回的损失。因此,海洋经济创新是一种高收益与高风险并存的经济活动。规避风险是创新的重要特点。

(6)智能性

在信息化高度发展的今天,大量的高科技成果应用于海洋开发实践,各种各样的管理创新方法也应用于创新活动之中,电脑和人脑的有机集成,实现了优势协同互补,从而产生更多更大的管理功能。由于集成创新对原来分割开来的诸多功能实行了有机整合,而在过程中高度协同,实现互补匹配,极大地提高了整个系统的运作效率和效果,从而在降低创新成本、提高创新效益方面具有更大的功能。特别是在高新技术的支撑下,创新管理的方法、手段、技术和工具有了惊人的变化,使得集成创新系统能自动监测其运行状态,并在受到外界和内部各种刺激影响时,能够自动调整其结构参数,以达到优化状态。[①] 也就是说,具有自组织能力的集成创新显示出智能化特征。

## 二、海洋经济集成创新战略的内涵

本研究认为,从海洋经济的创新系统和集成创新的基本含义来看,海洋经济集成创新是指:在海洋开发环境下,海洋经济发展中以海洋资源为对象的海洋直接产业和海洋间接产业在目标导向战略创新指导下,技术创新和制度创新等所有创新要素(系统)整合、匹配、协同,形成有机创新系统,共同促进海洋经济技术进步和产业升级,提升海洋经济系统整体功能和竞争力的过程。由于其目标导向是全局性的整体谋划和宏观导向,因此,海洋经济集成创新是一项全新的战略。

这一概念揭示了海洋经济创新的本质:创新系统的整合和创新过程的协同。一是从创新系统来看,指的是海洋经济创新要素(系统)创造性的融合、互补,形成有机系统,促使系统整体功能增强,以产生规模效应和群聚效应;二是从创新过程来看,指的是若干创新要素匹配、协同、协调的创新过程,以达到系统整体演化的最优化。

可以看出,海洋经济集成创新战略强调的是:在创新要素复杂、分离

---

① 海峰:《管理集成论》,经济管理出版社 2003 年版,第 81~86 页。

的条件下,注重创新的系统性、群体性,创新要素要实现匹配、整合,创新过程要协同、协调,形成一种创新资源优势互补、创造性融合的有机整体,实施科学的宏观指导,形成"1+1>2"的整体创新发展集成效果。

### 三、海洋经济集成创新的理论模型

由于海洋经济既是水体资源经济、海洋产业经济,又是区域海洋经济,因此制定海洋经济发展战略就有侧重。侧重点不同,就产生不同的战略,即资源开发战略、海洋产业战略和海陆一体化发展战略。我们把这种侧重点的不同称为战略位的差别。

以上战略三位是海洋经济创新发展的客观历史过程,也是海洋经济创新发展的三大主导战略趋向。由于战略主导着创新要素的连接和整合,因此,战略位不同,创新要素的连接和整合就有不同的特点,也就产生不同的创新效果。

依据以上研究,本书在此把由三位和三维构成的海洋经济集成创新研究范式称为海洋经济集成创新理论模型(模式或框架)①。(以下研究中有时使用三维三位的提法,是由于分析顺序的原因在表述时使用的,其本质是一致的。)如图2-2-2所示。

该框架模型由三维三位构成,突出体现了海洋经济集成创新的目标导向→实施→保障的一体化特性。它将海洋经济集成创新行为导向、技术、制度统一纳入到一个框架体系中,提供了在这一框架内研究海洋经济集成创新立体复杂结构的可能性,克服了长期以来科学研究"单打一"、"重局部"、"重平面"、"重静态"的弊病,弥补了战略研究、技术研究和制度研究中的不足和缺陷,克服了脱离时代背景的孤立研究弊端。

核心创新维界定了海洋经济集成创新系统的主要内容,体现了集成创新的目的性,主要是由海洋经济的技术、产品、产业和配套条件等创新

---

① 该模型的构思始于1999年,是一种思考模式。后来将集成的方法应用于海洋经济研究进行了系统化的表述,发表在笔者的"海洋经济集成创新初探"(《海洋开发与管理》,2004年第3期)一文中。在该课题研究设计构图时由框架模式改为模型。

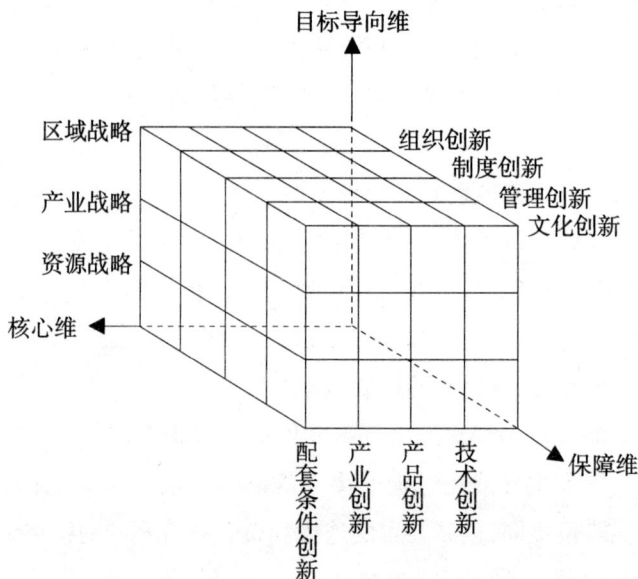

**图 2-2-2　海洋经济三位三维集成创新理论模型**

单元来构成,它们是海洋生产力形成的基本要素系统。

保障创新维是由保障创新的四种集成方式——组织集成、管理集成、制度集成、文化集成这些单元创新系统构成的,它们是形成海洋生产关系的"软"环境系统。

目标导向创新维确定了海洋经济发展中的战略三位。战略位是在海洋开发与管理的广阔空间中,行为主体所选择的主导海洋经济实践的目标导向行为或策略。由于行为主体认识水平和技术、管理能力的局限,战略位是有差异的,其差异即位差称为战略位位势。提升战略表明目标导向创新的提升,可以更好地指导海洋经济的创新实践。目标导向创新维描述了海洋经济创新的行为动因和行动结果,不同的战略位可以产生不同的创新内容和效果。如在资源战略位中,就有海洋资源开发技术、海洋资源产品、海洋资源产业和海洋资源开发条件等核心创新的集成;有海洋资源开发组织、海洋资源开发制度建设、海洋资源开发管理和文化发展的创新等保障创新的集成。海洋产业发展战略位和海洋区域经济战略位亦如此。每种战略位都有 8 种创新状态,其中核心创新维有 4 种,保障创新维有 4 种。由于战略位位势的差异,该模型在横位联系上一共包含着海洋经济集成创新的 24 种联系状态。

该模型同时也存在着纵位联系,不同位势之间的创新单元纵向联结会形成一系列创新联系状态。如果纵向联结中形成交叉互动集成,那就会形成更多的创新联系状态。所有这些状态,构成集成创新的立体结构整体。

需要说明的是,这一模型是参照创新进化论提出的技术创新和制度创新的融合理论,由各种创新单元系统进行本质归类提出的,它更多地是建立一种分析结构,指导本书后面的研究。其适用范围和可操作性有较严格的思维限定和假设条件,用于具体的操作指导和量化研究必须进一步掺入附加因素和条件。

## 2.3　海洋经济集成创新的机理

下面,依据系统论、创新论、集成论的理论与方法对海洋经济集成创新模型中集成创新的基本原理和机制作初步研究,以期进一步提高对海洋经济实施集成创新、确立集成战略的思路的认识。

### 一、海洋经济集成创新的基本原理

按照海洋经济集成创新理论模型,海洋经济集成创新是由三维三位构成的特定网络系统。这一系统除具有一般系统所具有的整体性、功能结构、有序性、相容性和相互作用原理外,还应当具有互动互补、功能倍增、集成界面、适应进化等原理。这些原理反映了海洋经济集成创新三维三位系统内各单元系统以及子系统间的内在联系、相互作用以及演进运行的基本规律。

1. 互动互补性原理

这一原理反映海洋经济三维三位创新模型内各单元系统的相互联系和相互作用的规律。

　　对海洋经济三维三位模型中的目标导向创新与核心创新、保障创新的互动,人们一般没有异议,但对核心创新与保障创新的互动,往往认识不尽一致。事实上,学术界对技术创新与制度创新的互动研究就属于这一类。技术创新是生产力创新的集中表现,制度创新是生产关系创新的集中表现。因此,生产力的核心创新与生产关系的保障创新,也可以从主导方面简化为技术创新与制度创新的关系。新制度经济学学者论证了两者创新的互动关系,认为技术创新与制度创新是两个不可分割的范畴。

　　马克思主义经济学,也论证了两者的互动关系。海洋经济中的技术创新在马克思主义政治经济学中属于生产力的范畴。"科学技术是第一生产力",科学技术只有通过技术创新和扩散,进入生产领域,和生产紧密结合,才会转化为现实的生产力。制度创新则是指能够使创新者获得追加利益的现存社会经济体制及其运行机制的变革,从而产生一种更有效益的制度变迁过程。制度创新属于生产关系的范畴。换句话说,它是生产关系的一种变革。技术创新和制度创新实际上就是生产力和生产关系、经济基础和上层建筑之间的关系。当技术创新引起的生产力的发展受到旧的生产关系(制度)的束缚时,就要求突破旧制度,建立符合它的性质、适应它的发展的新制度,这实际上就是制度创新。科学技术对生产力和社会经济的发展具有第一位的变革作用,因而技术创新较之制度创新对现代经济增长具有第一位的推动作用和更深层次的重要意义。同时,制度和制度创新又具有相对独立性,对技术创新具有重要的能动作用。技术创新和制度创新之间是一种相互依存、相互促进的辩证关系。从长期来看,技术创新会推动制度创新,制度创新则会保障技术创新的功能得以发挥与实现。两者可以实现互动互补。

　　海洋经济要获得可持续增长,海洋开发要取得更大的效益,必须同时进行技术创新和制度创新,实现互动互补,并使二者在目标导向创新的引导下步入良性循环的轨道。

　　2. 成本节约原理

　　成本节约也可称为聚集经济性。这一原理反映的是海洋经济三维三位创新模式形成与运行过程能量消耗小于各分系统各自的能耗总和的基本规律。

　　成本节约既是海洋经济集成创新形成的条件,又是海洋经济集成创新运行的结果。如果创新三维集成体的形成所产生的消耗大于各分支系统各自的能耗总和,则集成体就失去了形成的必要和存在价值。按照我们提出的集成创新是系统的整合和过程的协同的观点,成本节约表现为有效匹配带来的节约和运行中有效协同带来的节约两种。第一种,"三维三位"创新系统的匹配节约,即按创新集成的理论与方法,通过有效的集成方式将各系统聚集在一起,形成相互匹配、相互融合、相互支持的集成综合体,从而降低交易成本。它主要来源于资源内部聚集和外部聚集。内部聚集的经济性主要表现为市场交易内部化,可以降低资产专用性、市场不确定性、交易对手多和交易频率高等导致的较高交易费用;外部聚集经济性主要来源于互惠互利、优势互补基础上的合作形成的聚集和共生等,海洋经济创新的集成系统与陆域经济的集成系统的协作,完全能实现技术、人才、信息的共享,这就是外部聚集经济性。第二种,海洋经济"三维三位"创新系统的协同节约,即各创新系统在空间、时序、界面按照共同的行为模式集合而成的有机整体过程中所产生的协同效果。如纵向一体化、横向有效连结,都可以使海洋经济集成创新的整体的运行成本降低。成本节约是重要的海洋开发与管理集成绩效。

　　3. 功能倍增原理

　　这一原理反映海洋经济三维三位系统各分支系统功能、优势互补,实现整体功能倍增的基本规律。

　　海洋经济集成创新中的各集成要素,在形成集成体的过程中,相互作用,聚合重组,就会产生整体功能大于部分之和。从我们建立集成创新理论模式已知,集成创新具有一定的结构功能关系,结构与功能不是一对一的线性关系,而是复杂的非线性关系。所以,只要发挥好结构变革,功能倍增是可能的。依据管理集成论的研究①,产生集成系统整体功能倍增的方式有四种:(1)功能重组。指集成单元在形成集成系统过程中,在功

---

　　①　海峰:《管理集成论》,经济管理出版社 2003 年版,第 81~86 页。

能上以互补联系为基础而形成集成系统整体功能倍增或涌现的方式。(2)结构重组。指集成单元在集成过程中,通过重组集成单元间的空间结构及集成界面,形成集成系统新的功能。(3)过程重组。指通过时间秩序(流程)及界面功能的建立来实现集成系统的整体功能。(4)协调重组。指集成单元在空间、时序、界面上,按照某一共同的行为模式集合成有机整体的过程,所集成的集成系统呈现出高度有序的整体特征并涌现出新的整体功能。海洋经济集成创新之所以确立,正是基于这一原理的作用。

4. 界面形成原理

这一原理,反映海洋经济集成创新三维三位系统与环境中集成创新单元之间形成物质、信息和能量交换、接触方式及联系机制的基本规律。

海洋经济集成创新界面作为三维系统间相互联系、作用的媒介具有信息传输、物质交流、能量交换、功能转化、机制形成等众多功能。"界面条件是有机整体形成的必要条件。良好的界面,可以有效地进行信息、能量、物质交换。界面的形成及性质取决于创新集成单元的内在属性及是否存在能使创新集成单元之间进行信息、能量、物质传递的介质和其相互作用的关系。"①在海洋经济创新中,产学研管的一体化合作,中央政府、地方政府及沿海开发主体的合作,是集成创新的重要联系条件。如果没有相互信任、利益共享、风险共担的合作机制,这种集成体就不可能形成。海洋经济集成创新界面有内外之分。集成创新与环境间形成的界面,称为外界面;集成创新内各集成单元间形成的界面称为内界面。内外界面的区分是相对的。为了形成相对稳定的界面,需要建立有效的界面机制,以保障三维系统间的相互联系以及物质流、信息流、价值流的传输与交换的实现。从海洋经济创新的实际情况看,由于海洋经济没有形成一个职能较为普遍的实体化系统,其创新以及创新效益的取得就更需要建立有效的界面机制——创新管理方式和组织方式来实现。否则,就很难协调一致,界面功能就很难实现。这一原理要求海洋经济集成创新必须在体

---

① 海峰:《管理集成论》,经济管理出版社2003年版,第81~86页。

制和机制上认真做改革文章。

5. 适应进化原理

这一原理反映的是在海洋经济创新环境变化的情况下,集成系统及集成单元的进化和自适应发展的基本规律。

系统论认为,系统应是开放的复杂系统,具有动态的多层次和多功能的结构,在与环境的相互作用中往往表现出某种智能性,形成对未来的预期并产生超前性行为,这种行为就是系统的适应进化。环境与集成系统的相互作用,是通过集成界面来与集成系统中的集成单元发生联系,并导致集成单元的性质和功能发生变化。集成单元的变化与自适应具有自组织的特征。集成单元的变化使得集成系统中集成单元间联系的方式发生变化,导致集成系统整体进化与发展。因此,适应进化"既是集成系统的系统功能目标,也是集成系统适应环境变化发展的必然"。[1] 海洋经济集成创新系统的适应进化与一般集成系统的基本原理是一样的,这是集成创新发展的本质要求。

### 二、海洋经济集成创新的机制

在海洋经济整个集成创新网络系统中,任何一个系统的变革和相互作用,都会影响整个系统。整个系统运行的和谐、协调与否,决定着创新的绩效,从而决定了海洋经济创新的速度和质量。由于海洋经济发展实施的是集成创新,所以,分析研究其机制就离不开系统科学的机制观与创新运行机制论的指导。从集成创新是一个动态的过程来观察,海洋经济集成创新有形成、实现、稳定、进化四种不同类型的机制,以维系创新要素或子系统的相互联系或调节。海峰、李必强等对企业集成系统进行了深入研究,他们认为,四种类型的机制共同作用,使集成系统有效运转,实现其整体功能,并向着集成优化的方向发展。[2] 这一研究,可以应用到海洋经济集成创新的机制研究之中。如图2-3-1所示。

---

① Robert Buderi 著,戴雪梅译:《破译创新》,《世界科学》2000 年第 8 期。

② 赵黎明、冷晓明:《城市创新系统》,天津大学出版社 2002 年版,第 96～97 页。

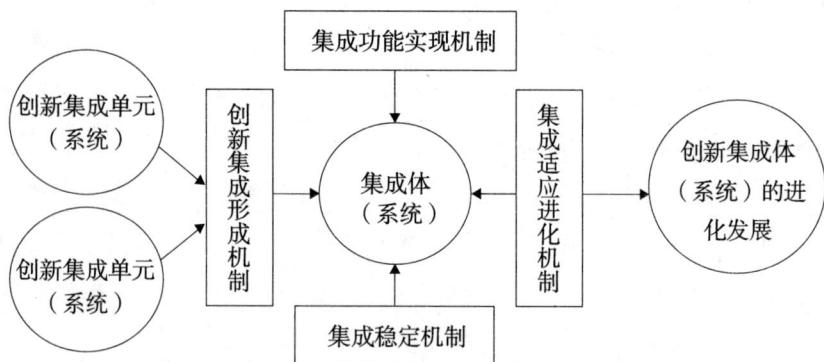

图 2 - 3 - 1　集成创新机制的相互关系

1. 形成机制

海洋经济集成创新由形成到功能实现,进而稳定和适应进化,是一个动态的过程。从形成机制来看,不是一个自然选择的过程,而是作为管理集成创新的主体适应环境而进行的有目的的行为过程。因此,环境对集成创新具有诱导作用,是集成创新形成的动力。在创新的主体行为上,可以作出创新的选择和进行创新效益的均衡比较及选择。因此,海洋经济集成创新系统的形成机制主要涉及环境诱导机制、选择机制与利益机制。从图 2 - 3 - 2 可以明显看出集成创新形成三机制的作用:

对于集成创新的环境诱导,学术界研究得比较多,其中要素稀缺诱导论、瓶颈诱导论、"N·R"假说以及不协调诱导论都具有分析研究的价值。[1]

希克斯在 1932 年出版的《工资理论》一书中,认为在过去的几个世纪中,创新主要是节省劳动的创新,创新的方向与生产要素相对价格的变化有关。后来他提出引致发明出于这样一个因果链:首先是一项在于获得利润的发明,这一发明引起一个冲击,在短暂的阵痛之后是利润率的上升、经济的成长,造成某种要素的稀缺。这时如果没有其他发明的出现,原有发明的冲击会逐渐衰竭。这种局面,就引致了节省那些变得稀缺的

---

[1]　赵黎明、冷晓明:《城市创新系统》,天津大学出版社 2002 年版,第 96~97 页。

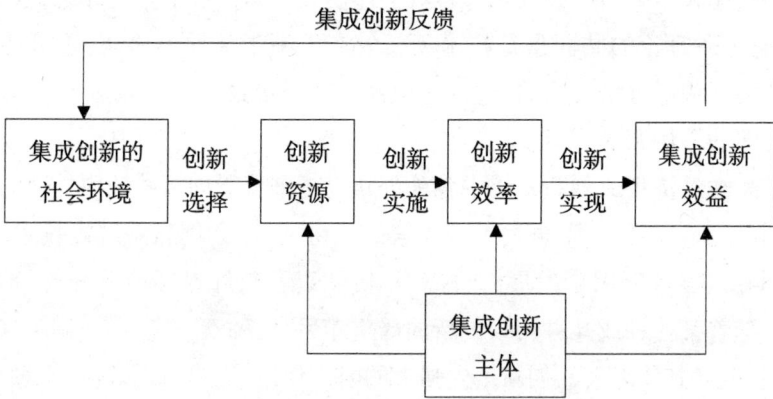

**图2-3-2 集成创新形成机制运行图**

要素的发明,从而形成源源不断的创新。如图2-3-3所示。罗森堡不满意希克斯的创新要素稀缺理论。他认为,诱导机制是存在的,但不是要素稀缺在诱导,而是技术发展的不平衡、生产环节和资源供给的不确定性形成生产的卡口,阻碍了区域经济的发展。这种障碍形成一种压力,诱导地区内围绕这些障碍进行创新,每一次创新都促进区域经济的不断成长壮大,同时也会造成新的瓶颈,诱导人们再创新、再成长,如此循环往复。"N·R"假说是日本学者斋藤优提出的技术创新动因学说。N表示需要,R表示资源。在R中,当劳动力资源不足时,便产生了节省劳动力的技术创新需要,来自这方面的刺激因素起了重要作用。推而广之,当满足某种需要的资源不足时,则发生N·R之间的差距。这时,为了弥补这一差距的压力,就会形成刺激因素而发挥作用,驱使人们产生技术创新的行动。当技术创新成功了,消除了N·R的原有差距,地区经济便得到成长。而消除N·R差距的措施,就是技术创新过程中的开发研究活动。

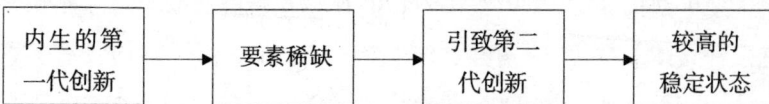

**图2-3-3 希克斯创新过程模型**

天津大学赵黎明教授等学者对上述诱导机制作了中肯的评论,认为:"上述三种理论的共同点是技术创新的产生源于某种不协调,这可能是生产要素相对价格之间的不协调、地区技术发展的不协调需要与资源供给之间的不协调等。"①

海洋经济集成创新系统中各种创新也是来自于创新系统内外部的不协调,但这种不协调不再是生产要素的不协调,而是创新系统内技术、产业、制度、服务等因素发展的分离、不协调以及与外界环境的分离、不协调。随着某一种或几种因素创新的严重滞后,这种不适应、不协调越来越激烈,就对其他因素的创新产生强大的阻碍作用,形成瓶颈效应;反过来,其他因素的作用力也加速了该瓶颈因素的更新,使其成为一定时期、一定区域的创新系统中最活跃和最关键的因素。一旦这种更新完成,创新系统又会开始孕育新的不协调。创新系统就是在"不协调—协调—不协调"的过程中螺旋式上升和发展的。这就是集成创新的形成机制。

2. 实现机制

海洋经济集成创新作为一种资源与区域性创新系统,属于中、宏观经济创新系统。它的结构功能的实现,除了运行环境的影响以外,主要是依靠海洋经济构成系统动态结构的实现机制。

前面已经讲到集成创新的结构与功能是相互依存与转化的,主要表现为:(1)系统的结构决定系统的功能,结构的变化制约着整体的发展变化。(2)功能又具有相对独立性,可反作用于结构。功能与结构相比,功能是相对活跃的因素,结构是比较稳定的因素。在环境的变化影响下,此时结构虽未变化,但功能首先不断地变化,功能的变化又反过来促进结构变化。比如,集成创新持续发展,创新的效益获得快速增长,首先会促进核心创新的发展,从而影响制度等各项创新之间的结构平衡,促使创新网络系统发生结构变化。(3)结构与功能存在互为因果的关系。结构与功能有四种具体关系:①同构异功或一构多功,即一种子结构具有多种功能。②同功异构或一功多构,即一种功能可由多种结构实现。③同构同

---

① 赵黎明、冷晓明:《城市创新系统》,天津大学出版社 2002 年版,第 96~97 页。

功,即相同的结构表现为相同的功能。④异构异功,即结构不同,功能也不同。

海洋经济集成创新结构的功能实现由动态结构的协同机制决定。协同机制是集成创新系统中各子系统通过相互作用,特别是核心创新维系统与保障创新维系统的相互作用,在创新主体的目标导向下发生的一种或多种共同的行为,并且在集成创新系统上呈现出特有的有序结构和功能模式。集成创新的协同机制既是集成创新子系统相互作用的结果,又是集成创新主体间干预与引导的结果。协同机制表现为横向一体化、纵向一体化及多元化的协同或同步。

学术界提出的"海洋综合管理"就体现了协同、统筹的思想。海洋综合管理是国家通过各级政府对海洋(主要集中在管辖海域)的空间、资源、环境和权益等进行的全面的、统筹协调的管理活动。海洋综合管理是海洋管理的高层次形态。它以国家的海洋整体利益为目标,通过发展战略、政策、规划、区划、立法、执法以及行政监督等行为,对国家管辖海域的空间、资源、环境和权益,在统一管理与分部门分级管理的体制下,实施统筹协调管理,达到提高海洋开发利用的系统功效、海洋经济的协调发展、保护海洋环境和国家海洋权益的目的。要提高海洋经济集成创新的绩效,必须发挥海洋综合管理的作用。

3. 稳定机制

海洋经济集成创新系统的稳定是指海洋经济创新要素整体的协调运行和统筹发展。集成创新整体功能的发挥,有利于提高创新绩效,促进海洋经济系统整体协调发展。

系统论认为,稳定机制是相对的。从系统角度来看,创新集成系统整体功能的稳定,需要负反馈机制的作用。负反馈机制是通过信息反馈机制来实现的。因此,海洋经济集成创新"三维三位"系统的稳定机制,要有顺畅的信息反馈机制,通过约束和调节创新集成系统中各集成单元的行为关系,使创新集成系统的整体功能得以稳定发挥。

4. 适应进化机制

海洋经济三维三位集成创新系统的形成是海洋经济创新集成单元为

适应环境发展而选择的结果,同样,创新集成系统又必须在环境的发展变化过程中不断地进化。这种适应进化的过程,实质上是创新集成体适应进化机制作用的结果。

海洋经济三维三位创新集成系统的适应进化机制包括竞争机制和自组织机制。竞争使系统或要素保持个性,协同使系统或要素之间保持一致性;竞争推动系统进化,而协同则确保系统稳定,竞争与协同的对立统一是系统稳定与发展的根本原因。海洋经济创新集成系统的竞争冲突主要表现为基本集成单元与集成系统、集成系统与环境系统(更高一级集成系统)之间的竞争与冲突。任何集成单元(系统)都有其特定的目标,这些特定的目标往往是集成系统组织目标所无法完全包容的;同时,在外界环境的影响下,目标又是不断变化的,因此竞争与冲突在不同层次上出现是必然的,竞争是导致海洋经济三维三位创新集成系统发展进化的内在动力。

海洋经济三维三位创新集成系统的自组织机制使集成系统在环境变化条件下能表现出适应环境变化的具有智能性的自我演化与优化。在生物进化过程中,物竞天择,适者生存,是自组织演化与优化的普遍现象,而海洋经济集成系统强调集成主体行为。尽管整个集成系统的形成本身就是适应环境变化的结果(自组织性),但集成系统的形成又具有明确的目的性,并且是在追求组织目标的过程中,不断地对系统进行优化的,即实现以最少的耗费获得尽可能大的成果。因此,集成系统是自组织与他组织共同形成的复合系统。在这样的系统中,自组织机制的作用表现为主动适应环境变化,自觉调整集成系统中各创新集成单元之间的相互关系(结构、机制),使集成系统在总体上呈现出新的功能,实现集成系统适应进化的目标,完成一个新的创新跨越。

总之,海洋经济集成创新作为一个三维三位大系统,其内因与外因相结合,使系统具有的多种可供转化的潜在功能,被综合地集成为系统整体的特定功能。海洋经济三维三位系统也正是通过动态机制驱动静态结构,并与海洋开发环境系统相互作用,从而体现出特定的功能,以取得较大的创新绩效,获得更大的发展。对这些原理的研究,会深化我们对创新整体和复杂性的认识,以提高我们驾驭海洋经济创新发展的能力,从而有目的地推动海洋资源开发、海洋产业和沿海区域经济的系统整体协调发展。

## 2.4　海洋经济集成创新的经济性

### 一、"三维三位"创新模式的绩效分析

"三维三位"创新的效应或效益体现在集成创新的经济性上。关于集成系统的经济性,包括经济学界已经提出的聚集经济性、规模经济性、范围经济性、速度经济性、网络经济性等内容(海峰,2003)。海洋经济集成创新系统还包括生态环境经济、人力经济、外部经济等内容。笔者把集成创新所取得的所有经济性的组合称为集成创新经济性。集成创新经济性是由创新带来的绩效组合。如图2-4-1所示。

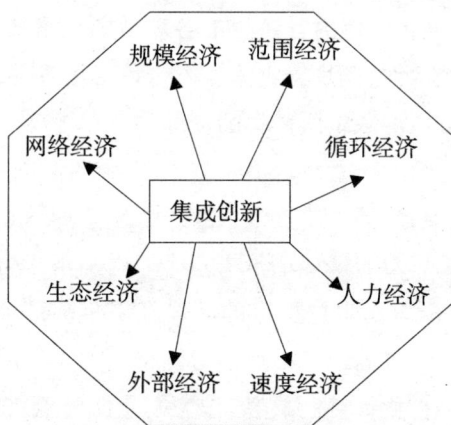

**图2-4-1　海洋经济集成创新绩效组合(集成创新经济性)**

所谓规模经济性,原是指经济主体通过大批量的专业化生产所获得的经济效果。"三维三位"创新系统规模经济性,则是指在海洋经济集成创新管理中,将三维系统有机集成在一起,通过达到一定的集成规模,使得各自系统既能发挥其功能,又能使集成体内各系统实现最佳配置,从而

达到功能倍增的集成整体创新效应。它有分系统规模经济性和整个创新集成体最佳配置带来的规模经济性之分。

所谓范围经济性，原是指通过拓展经营范围，实行多角化经营获得的经济效果。"三维三位"创新系统的范围经济性是集成创新的功能倍增性特征的突出表现，以集成功能或效益来体现。集成整体功能不是各创新要素或分系统功能的简单加和，而是大于这种加和，也就是"1＋1＞2"。它有创新协同带来的经济性和要素有效匹配带来的经济性之分。

所谓网络经济性，亦称联结经济性，指在信息网络化社会中，分属于不同经营领域的复数市场主体通过信息网络异业联手、协同合作，开发新产品，迅速地满足不断变动的多方面的消费需求，获得更大的经济效果。日本学者宫泽健一最先从企业组织角度对此进行了探讨，并把这种"复数主体通过网络连结产生的经济性"称为"联结经济性"。"三维三位"创新系统的连结经济性也是通过网络将各系统有机连结在一起，并且通过集成创新实现系统整体功能。它主要来源于两个方面：一是集成体内创新的联结经济性，即集成体内各系统的各环节的网络产生的提高效率和降低活动成本的经济性；二是集成体外部的联结经济性，即集成创新系统与外部系统之间形成的联结所产生的资源共享和优势互补的经济性。

所谓循环经济性，是指经济的可持续发展产生的经济效应。学术界对可持续发展已经扩展到从"自然—经济—社会"复杂系统的本质和运行轨迹来识别，揭示其内涵和实质，被公认为"经济学方向、社会学方向和生态学方向"三个方向。这里讲的海洋经济创新的循环经济性，主要是指经济学方向。该方向的集中点是力图把"海洋经济价值创造和区域海洋发展能力不因世代更替而下降"作为衡量海洋经济良性循环与协调发展的重要指标和基本手段。这一经济模式遵循三个原则，即："减量化"原则，以资源投资最小化为目标；"资源化原则"，以废物利用最大化为目标；"无害化原则"，以污染排放最小化为目标。海洋经济集成创新可以促进海洋循环经济的实现。

所谓生态环境经济性，原是指生态效益，在某些领域也称环境效益。在"三维三位"创新系统中，通过集成创新，对海洋生态经济系统的单元、结构和配置进行最优化设计,促进人与自然环境间、生态系统与经济系统间的协调,实现生态平衡和系统优化,以取得最佳经济效益。它包括总体结构的优化和动态演进的优化。

所谓人力经济性,是指人力资源开发利用的效益。人力资源是最重要的资源,一切资源开发利用都要以人为本。海洋经济的创新显示出智力资本密集的特点,知识经济特征凸显。因此,海洋经济集成创新一定能提高人力资源开发利用的绩效。

所谓外部经济性,一般是指私人收益和社会收益、私人成本与社会成本不一致的现象。海洋经济集成创新可以有效地约束外部不经济的发生。海洋资源是共享资源,集成创新管理有利于共享资源的合理利用和利益关系的均衡调节。

所谓速度经济性,是指依靠加速交易过程得到的流转成本的节约。若将海洋经济"三维三位"系统看成是一个资源集成与转化系统,则整个创新系统的经济效果不仅取决于转换资源的数量,而且取决于转换的速度,取决于靠加速交易过程而带来的成本节约。这是从资源集成与转化而言的,海洋经济集成系统的速度经济性还可以通过产业集成和区域集成来实现。

集成创新经济性就是上述众多经济性的绩效组合,是集成创新整体优化的集中表现。

### 二、集成创新经济性的本质在于多赢

集成创新的经济性,在许多人看来是不太可能的。主要理由是创新是一个多主体进行决策的过程,主体之间的相互作用在竞争或利益的驱使下,方向不可能一致,从而导致经济性不可能形成组合。这一观点乍一听似乎有道理,但从创新的最优化管理来分析,集成创新经济性是可以存在的,海洋经济活动中的双赢和多赢是有充分理论依据的。企业主体与政府主体在创新合作上可以双赢,创新主体的经济性组合也可以与创新整体系统的经济性组合实现双赢。在海洋经济实践中实施集成战略,可以处理好各种矛盾关系,利用好因果、局整关系,实现经济最优化、最持续

和社会福利最大化。

1. 不同创新主体的双赢博弈

海洋经济创新中的主体最主要的一是企业,二是政府,两者的理性决策可以通过博弈实现均衡。① 假定企业是技术创新的主体,政府是制度创新的主体。假定企业和政府均为理性经济个体,企业以收益最大化为目标进行技术创新,而政府以社会效益最大化为目标进行制度创新。另外,假定两者的创新收益如下:(1)政府制度创新有 3 个单位的成本支出,完善的制度环境可以带来社会效益的提高,令创新收益为 8 个单位,则政府进行制度创新的实际收益为 5 个单位;(2)政府不进行制度创新有 0 个单位的成本支出,社会效益不会提高,甚至有可能更差;(3)企业进行技术创新直接收益为 3 个单位,其中创新收益为 5 个单位,外部经济性为 1 个单位,创新成本支出为 3 个单位;(4)企业若不进行技术创新,直接收益为 1 个单位(这个单位是由外部经济性而导致的),直接成本为 0 个单位;(5)在完善的制度环境下,企业技术创新的直接收益得到保障,即完全取得 3 个单位的收益,在不完善的制度环境下,创新收益降低 1 个单位,则企业的收益为 2 个单位。

根据上述假定,企业和政府两个理性创新主体之间的博弈如图 2-4-2 所示。

| 企业<br>政府 | 进行技术创新 | 不进行技术创新 |
|---|---|---|
| 进行制度创新 | 5,3(A) | 5,1(B) |
| 不进行制度创新 | 0,2(C) | 0,1(D) |

图 2-4-2　企业和政府双赢博弈图

从图中看出,两者的均衡点为 A 点,即博弈的结果是政府和企业为实现自身利益和效用最大化,均倾向于进行创新。由此可得到结论:若要在创新中取得经济性,必须以技术创新引致制度创新,以制度创新保障技

---

① 赵黎明、冷晓明:《城市创新系统》,天津大学出版社 2002 年版,第 96~97 页。

术创新的顺利进行,以此形成政府与企业两个创新主体的双赢机制。总之,"技术创新和制度创新是一个双向互动的自身组织过程。在市场经济条件下,经济体系内既有可能出现'降低生产直接成本的技术创新',也有可能性出现'降低生产交易成本的制度创新'(诺斯),或者两者兼备,共同推动经济的发展"。①对不同创新主体特别是海洋开发主体与政府管理的互动,本书将在第九章详细分析研究。

2. 创新经济性组合的多赢分析

集成创新中有个体和整体之分,创新绩效也有某方面的绩效与整体绩效之分。创新个体的经济性与整体的经济性也可以实现双赢。万兴亚②分析了技术创新的双赢情况,推广、应用于海洋经济集成创新的分析中,会清楚地说明这一问题。设 C 为创新活动;设 g(c) 为创新个体经济性,即获得创新收入扣除创新成本的余额,再设 f(c) 为整体经济性,即 C 的整体收入扣除 C 的整体成本的余额。这样个体经济性 g(c) 和整体经济性 f(c) 的大小可有如下四种组合:一是 g(c)>0,f(c)>0;二是 g(c)<0,f(c)>0;三是 g(c)<0,f(c)<0;四是:g(c)>0,f(c)<0。将上述四组组合画在坐标图上,如图 2-4-3 所示。

图 2-4-3 给出了创新个体经济性和整体经济性的四种组合,其中第一象限是最为理想的组合,个体经济性和整体经济性都大于 0,都有正效益,即"双赢"状态;第三象限双方的收益都小于 0;第二和第四象限个体经济性和整体经济性则处于对立的状态。因此,创新政策的调控方向(如图中的箭头),是使第二、第四象限的状态向第一象限移动,争取"双赢",或者向第三象限移动,放弃对整体经济性不利的创新活动。一般情况下,处于第二象限的创新活动由于对整体利益有利,通常只是争取向第一象限移动,不向第三象限移动;但处于第四象限的创新活动,由于起点是对社会利益不利,因而在向第一象限移动不成的情况下只能坚决地转

① 赵黎明、冷晓明:《城市创新系统》,天津大学出版社 2002 年版,第 96~97 页。
② 万兴亚:《中小企业技术创新与政府政策》,人民出版社 2001 年版,第 213~214 页。

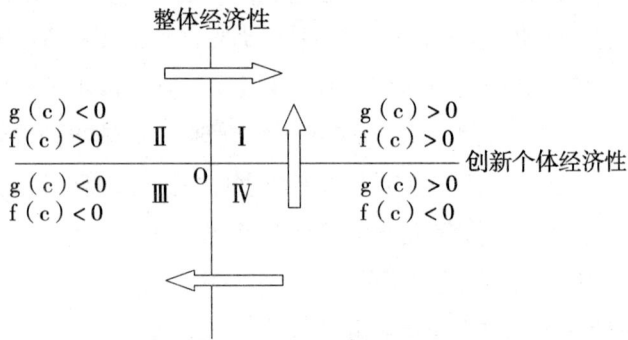

**图 2 - 4 - 3　集成创新活动的效益组合**

资料来源:万兴亚:《中小企业技术创新与政府政策》,人民出版社 2001 年版,第 213 ~ 214 页。

向第三象限,以维护整体利益。通过分析可以看出,从双赢、多赢到集成经济性的实现在理论上是立得住的。

### 三、集成创新经济性的特点

海洋经济集成创新经济性避免了单一的经济效益,综合反映了人与自然物质变换过程中的各个方面的关系和建立在社会化大生产基础上的新的经济时代的人类发展海洋经济行为的理智性、社会性、节约性、有效性、近期性、长期性、局部性与整体性的内在有机统一,社会经济活动价值创造与价值实现的多元统一,是叠生的价值目标追求。

首先,反映了海洋生态效益、经济效益与社会效益的统一。

海洋创新经济活动是在"自然—经济—社会"的复合系统中进行的,创新效应就应当符合各系统利益的和谐统一,特别是生态效益、经济效益与社会效益的有机统一。复合系统的不可分割性要求海洋经济活动必须文明、理智,善待自然和社会,不能为了单个利益对自然、社会效益造成危害。但是,由于人们进行经济活动创新一般是为了自身的切身利益,人们对这种利益的追求又是无限的,这就使得人们的经济行为容易对自然和社会效益造成危害。破坏环境、浪费资源、竭泽而渔等都属于这种情况,这些都对自然与社会效益产生了严重的破坏。集成经济性要求人们把发展海洋经济作为一个长久永续的过程,明确经济发展是具有继承性和相传性的。今天的经济是昨天的继续,明天的经济又是今天的继续。我们今天的经济行为只存在于整个人类历史长河中的一个阶段,可持续发展是海洋经济活动的基本准则。集成经济性的目标有利于实现经济活动与保护海洋自然资源、改善海洋环境与社会发展的有机统一。

其次,反映了海洋经济活动的数量与质量的统一。

集成创新经济性的量的规定性包括经济学上成本节约内涵的全部内容,即微观上节约单位劳动时间,宏观上节约社会总劳动时间。质的规定是指生产者耗费的必须是标准质量的劳动时间。所谓标准质量的劳动时间,就是指在一定社会生产力水平的基础上,生产符合社会需要的标准质量的使用价值必须具备的正常质量的物化劳动和活劳动。集成创新经济性不仅追求经济增长的数量,更重视经济增长的质量。只有追求质量,才能降低劳动占用和劳动耗费,生产更多的使用价值,促进社会财富的增长和生产力发展。集成经济性有利于实现"和谐海洋开发",有利于转变海洋经济增长方式。

第三,反映了海洋经济活动的近期需要与长远需要的统一。

人们进行海洋经济发展的创新活动,是为了获得更多的用于满足人们需要的物质利益。物质利益是通过资源转化形成的。马克思就把人类获取物质财富的劳动称为人与自然的物质交换。地球上任何一种资源都不是取之不尽、用之不竭的,这就要求人类进行经济创新活动必须具有理智的态度,尽量合理利用自然资源,以使有限的资源满足人类长远的需要。人类既要满足当前的需要,又不能危及子孙后代的利益。集成经济性有利于海洋开发中节约和保护海洋资源,实现近期与长远利益的统一。

第四,反映了海洋经济活动的微观与宏观的统一。

根据西方经济学提出的微观经济和宏观经济的概念,我国海洋经济活动也有微观和宏观之分。微观主要指海洋企业的活动,宏观主要指全社会的海洋开发活动,微观与宏观是紧密结合在一起的。由于利益的驱动和竞争的存在,微观活动往往与宏观要求出现不一致的情况。集成经济性就是将二者有机地融合到一起,实现其有机统一的经济组合效应。

第五,反映了海洋经济发展与人类自身发展的统一。

发展海洋经济的目的是为了满足人类自身的需要,以使人的自身得到全面发展。满足需要既包括数量也包括质量。集成经济性把保护环境、谋求环境经济性作为重要内容之一,就是为了改善人类生存的环境,提高生活质量。集成经济性还把人力资源的开发效益作为重要内容,也集中体现了开发海洋是造福于社会这一基本的要求。"以人为本"是国家发展经济、实现现代化的重要出发点。创新发展海洋经济,提高创新效益,实现整体优化,将更有利于人类自身的发展,有利于提高人类的自身素质和全面发展能力,有利于实现以人为本的最大社会福利。

# 3 目标导向维集成:海洋<br>经济战略思路创新

本章分析海洋经济目标导向维的集成创新。目标导向维系统在整个集成创新系统中处于引导的地位,起着导向的作用。由于目标导向维主要表现为海洋经济三位的演变发展与战略选择,所以,本章在剖析传统海洋经济发展的战略危机背景下,提出了海洋经济战略集成创新的思想,认为加快海洋经济创新必须实行战略整合和战略提升。

## 3.1 海洋经济创新的目标导向战略体系

战略概念及思想引入经济管理活动,经历了一个发展演变的过程。赵春明教授对战略思想的演变历程进行了系统的研究,提出战略管理有广义与狭义之分。① 广义的战略管理是指运用战略管理思想进行管理;狭义的战略管理是指战略的制定、实施和控制的管理。战略具有全局性、长远性、现实性、创新性、指导性的特点。笔者对海洋经济发展的战略研究,借用广义战略管理的含义。

从人类指导海洋经济活动的实践看出,各海洋开发行为主体事实上已经选择并实施了多种战略。这些战略的选择与形成是与社会历史发展紧密联系在一起的,是社会经济发展进程的必然反映。

社会发展按照进程经历了农业时代→工业时代→知识时代的转变,相应地,财富来源、经济特征、财富象征、生产力显示也不同,海洋开发与管理也就产生了不同的战略选择。如表 3 - 1 - 1。

---

① 赵春明:《企业战略管理》,人民出版社 2003 年版,第 1～29 页。

表3-1-1　不同时代的不同战略选择一览表

|  | 农业时代 | 工业时代 | | 知识时代 |
|---|---|---|---|---|
|  |  | 前期 | 后期 |  |
| 财富来源 | 土地 | 劳动力 | 资本 | 知识 |
| 经济特征 | 资源经济 | 劳力经济 | 资本经济 | 知识经济 |
| 财富象征 | 自然资源多寡为富有象征 | 雇工人数为富有象征 | 资本数额为富有象征 | 信息、技术水平高低为富有象征 |
| 生产力水平 | 自然资源状况与生产力成正比 | 工时与生产力水平成正比 | 资本规模与生产力水平成正比 | 知识竞争能力与生产力水平成正比 |
| 战略选择 | 资源开发战略 | 工业(产业)发展战略 | | 知识带动的区域综合发展战略 |

　　从上表看出,海洋资源战略产生的基础是农业时代,海洋产业战略产生的基础是工业时代,全球化区域海洋经济战略产生于知识经济时代。海洋经济开发与管理中相继选择与实施的发展战略集中表现为这三种战略。举例说明,就海洋渔业来说,传统的渔业捕捞战略属于资源开发战略。海洋工业中,海洋化工发展战略则属于产业发展战略,区位空间选择的海洋经济区战略就属于区域综合战略。海洋经济创新发展的目标导向维战略系统,是一个复杂的、有层次的战略体系。如图3-1-1所示:

## 3.2　海洋经济发展的战略危机及其成因

　　随着中国改革开放和现代化建设事业的发展,人们的海洋意识不断增强,海洋开发步伐明显加快。在海洋开发实践的推动下,海洋开发战略的理论研究也进入了繁荣发展期。虽然我国在国家层次的战略还未明晰,但沿海各地的海洋开发战略相继提出,对沿海发展海洋经济的创新实践起到了目标导向的作用,这在很大程度上促进了海洋经济的更快发展,成绩是巨大的。

　　但由于受人们认识能力的局限和科学技术水平的制约,加之市场经济的利益驱动和竞争法则的作用,海洋战略指导中,海洋经济的资源位、

```
                    ┌── 渔业战略
                    ├── 海洋远洋捕捞战略
      资源开发战略 ───┼── 海洋矿产开发战略
                    ├── 海洋能源战略
                    ├── 海洋石油开发战略
                    └── ……

                    ┌── 水产品加工战略
                    ├── 海洋化工战略
                    ├── 船舶制造战略
      产业战略 ──────┼── 滨海旅游业战略
                    ├── 海洋交通运输战略
                    ├── 海洋产业结构战略
                    └── ……

                    ┌── 海洋高新技术产业区域集群战略
                    ├── 海洋经济国家战略
      区域综合战略 ───┼── 海洋经济区战略
                    ├── 海洋经济全球化战略
                    └── ……
```

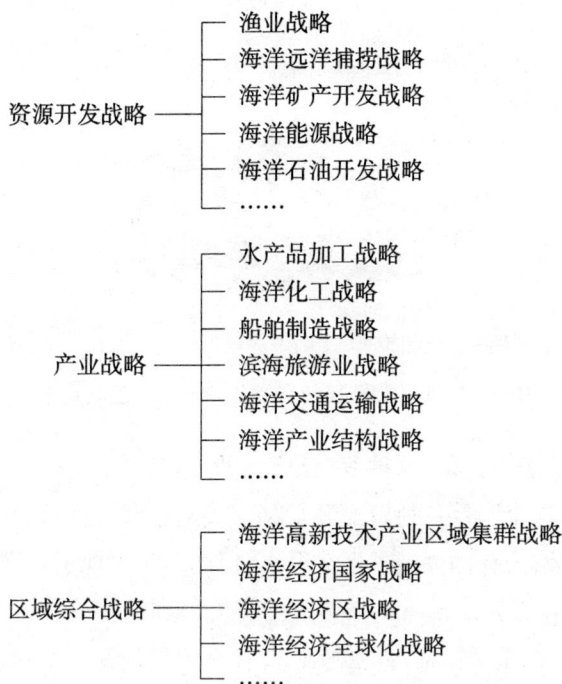

**图 3-1-1 海洋经济发展战略体系**

产业位和区域位都不同程度地出现战略导向的危机:

1. 海洋资源盲目开发战略误导下的危机

世界沿海各国(包括中国)以及沿海地区都不同程度存在这种危机。由于开发主体的自利性,使开发"无度、无序、无偿",争夺资源现象非常严重,大量的外部不经济存在。生态环境破坏严重,资源利用不合理,可持续发展能力减弱。近年来我国海域赤潮发生次数逐年增多,发生时间不断提前,主要赤潮生物种类增加。据中国环境状况公报公布的数字,2001 年全国海域共发现赤潮 77 起,累计面积达 1.5 万平方公里。而1999 年和 2000 年的这一数字分别是 15 起和 28 起,3 年间增加了 5 倍多。在各海区中,渤海发生赤潮 20 次,黄海发生 8 次,东海发生 34 次,南海发生 15 次。2001 年我国包括赤潮在内的各种海洋灾害共造成直接经济损失约 100 亿元,受灾人口约 1400 万人。近几年来,我国海域的海洋环境得到一定改善。但是尽管如此,近岸海域水质仍不容乐观,如图 3－2－1。

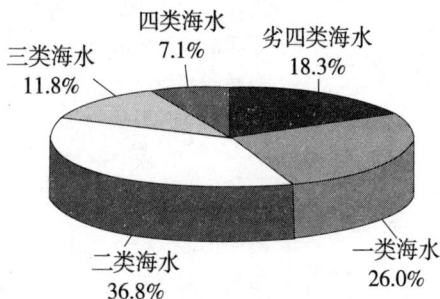

**图 3－2－1　我国 2006 年度近岸海域水质类别图**

以我国的渤海为例,这种危机显而易见。渤海是我国的内海,海洋资源非常丰富,在全国及各地资源开发利用战略导向下,渤海开发利用取得了可喜的成绩,为我国创造了巨大财富,但同时也出现了海洋环境恶化的严重局面。①

(1)水产资源濒临枯竭。据调查,昔日曾给沿海居民带来巨大财富的渤海,如今却是渔船帆影片片,船船空仓而归。实践证明,人类开发利用海洋的同时,不善待海洋环境,人类将自食其果。目前在辽东湾海域除了海蜇、毛虾之外,其他海产品都难以形成鱼汛。渔民们只能花几十小时,行船几十甚至几百海里"以时换鱼虾"。运气好,多的打几十斤小鱼、小虾,少的只能捕上几斤。

据统计资料显示,渤海底层的水产资源只有 20 世纪 50 年代的十分之一。我国独有的高经济品种——渤海的特产中国对虾,近 20 年产量已锐减了九成。原盛产于渤海的一些珍贵的铁钳蟹、比目鱼、黄花鱼、鲈鱼、鲅鱼、蛤蜊等特色水产品,相继出现了断档或灭绝。海洋渔业专家说,渤海水产资源 50 年后才能恢复到 20 世纪 70 年代水平。

(2)渤海肌体日益脆弱。据环保专家介绍,目前,整个渤海水体中,一种和多种污染物超过一类水质标准的面积占总面积的 56%。渤海的

---

① 张仁彦:《来自渤海的的警告》,《光明日报》2003 年 12 月 13 日。

一些海域海底泥中，重金属竟超过国家标准2000倍。这些污染源不断地侵袭着渤海日益脆弱的肌体。2002年《中国海洋环境质量公报》显示，渤海未达到清洁海域水质标准的占总面积的41.3%，较上年增加了16.7个百分点。今日渤海，海水已不再湛蓝可爱。站在渤海岸边放眼望去，昏暗的海浪，卷起层层灰色的泡沫扑面而来，一堆堆漂浮物由远及近推至脚下。若是大胆地跨入海水中，滑腻腻的海藻会缠住脚踝，气味难闻，令人作呕。沿岸217个排污口，伴随着大量生活污水沿地表、河口一起涌进渤海，年容留污水28亿吨，年接纳污染物超过70万吨，以上两项竟占据全国排海总量的三分之一以上。渤海已成为我国海域和内陆河流污染程度最严重的区域之一。海洋检测专家心情沉重地说，渤海环境污染已到了临界点，如此下去，10年后渤海将成为地球上第二个"死海"。到那时，即便不再向渤海排进一滴污水，单靠其自然与外界交换恢复生态，至少要用200年时间。

从渤海的开发看出，传统的海洋资源战略有严重的缺陷。这一战略认为，自然资源是一种自然的存在，没有附加人类的劳动，是没有价值的，它是"上帝"的赠品而无须付费，因而自然资源存量未被纳入传统的经济核算体系之中。国民经济增长的指标（GDP和GNP）既不反映经济增长导致的生态破坏、环境恶化的资源代价，也不反映自然资源存量下降及其缺乏的程度。因此人们只能看到财政赤字的影响，而看不到"渔类赤字"对经济和社会的危害。这样的战略导向显然已不适应时代的发展。海洋经济要走可持续发展的道路，就必须处理好经济增长与自然资源消耗的关系，采取各种措施，纠正自然资源价格扭曲和造成环境恶化的政策，将自然资源及其"折旧"纳入到经济当中，用于指导人们的经济活动，以消除人们对自然的无知或者因疏忽所造成的对自然的破坏，防止"公地悲剧"重演，使经济活动与自然生态运动协调起来，使经济的再生产与自然资源的再生产有机统一起来。

2. 海洋产业战略误导下的危机

在海洋产业发展战略指导下，海洋工业有了发展，产业体系越来越庞大，海洋经济有了跨越性发展，但在高速发展中，往往忽视了协调发展，导致了科技产业落后、结构畸形的情况。我国的海洋经济发展中明显存在这两方面的问题：

第一，海洋科技发展落后于发达国家，代表科技发展水平的新兴产业、未来产业发展缓慢。见表 3-2-1。

表 3-2-1　2000 年我国海洋传统、新兴、未来产业的产值构成

| 海洋产业 | | 总产值（亿元） | 构成（%） |
|---|---|---|---|
| 合计 | | 4133.50 | 100 |
| 传统产业 | 海洋水产业<br>海洋运输业<br>海洋造船业<br>海盐业 | 3108.78 | 75.21 |
| 新兴产业 | 海洋油气业<br>滨海砂矿业<br>滨海旅游业 | 1024.72 | 24.79 |
| 未来产业 | | | 1~2 |

资料来源：栾维新：《中国海洋产业高技术化研究》，海洋出版社 2003 年版。

海洋新兴产业是高技术产业，我国与世界发达国家相比，高技术化水平低，新兴产业规模小。美国、日本、英国等发达沿海国家新兴海洋产业的比重早已远远超过传统产业。我国与发达国家有较大差距。

第二，海洋三次产业结构演进较慢，产业结构不合理。如表 3-2-2。

表 3-2-2　2000 年我国海洋三次产业产值的构成

| | 海洋产业 | 各产业产值（亿元） | 总产值（亿元） | 构成（%） |
|---|---|---|---|---|
| | 合计 | 4133.50 | 4133.50 | 100 |
| 第一产业 | 海洋水产业 | 2084.34 | 2084.34 | 50.43 |
| 第二产业 | 海洋油气业<br>滨海砂矿业<br>海盐业<br>沿海造船 | 383.77<br>3.05<br>83.07<br>223.97 | 693.86 | 16.79 |
| 第三产业 | 海洋交通运输业<br>滨海旅游业 | 717.40<br>637.90 | 1355.3 | 32.79 |

2000 年,我国的海洋产业是一、三、二结构。三次产业之间的比例构成是 50.43:16.79:32.79,即 1.0:0.333:0.65,而世界的比例为 1.0:7.8:4.4(二、三、一结构)。我国海洋产业的发展还处于初级阶段,多属于粗放型或资源掠夺型,第一产业劳动力密集型的产业占很大比重,产业结构落后。跨入 21 世纪的最近几年虽有所改变,但却没有根本改观。

3. 海洋经济区域战略的危机

海洋经济区域战略诱导下的突出问题主要是海洋区域经济的非均衡。从全国沿海各省区来看,海洋经济发展悬殊很大,地区间发展不平衡,海洋经济在一些省区仍有较大潜力。见图 3-2-2。

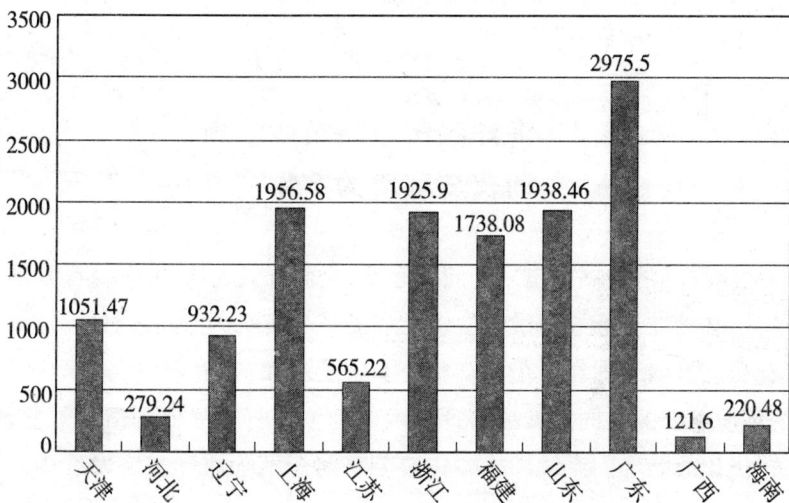

**图 3-2-2  2004 年我国沿海地区主要海洋产业总产值**
资料来源:中国海洋信息中心。

从上图看出,广东省海洋经济发展最快,已经突破 2000 亿元大关,位居沿海地区榜首。而有些条件较好的省区发展差距较大,不平衡发展比较突出。

4. 海洋经济传统战略危机的成因

海洋经济发展中之所以产生战略危机,主要原因是各种战略处于离散状态,与环境脱节且缺乏协调实施:

（1）战略导向与环境脱节。环境的变化与适应是战略导向的信号。资源环境、技术环境、市场环境的变化没有引起及时的战略变革。

（2）战略导向与时代背景脱节。工业社会发展和信息社会发展所需要的战略导向与农业社会是不同的。赶不上时代发展，就会产生落后的战略导向。

（3）战略提升较慢。各地乃至全国的海洋开发战略缺乏观念创新，未能实施有效的战略调整和提升。时至今日，沿海各地已陆续出台了一些战略，这些战略缺乏创新。国家层面的海洋经济战略仍处于学术研究阶段，一直未能作为国家决策出台。

（4）战略实施"单打一"，缺乏有效整合和集成创新，增加了战略实施成本，降低了战略集成效益。

## 3.3　海洋经济战略集成创新：时代与环境的产物

从海洋经济发展中出现的问题来看，全面、健康、协调、可持续发展海洋经济，必须在目标导向维的层面上解决一个战略选择问题，这一选择就是战略集成创新，即在一个符合时代本质要求和"自然、经济、社会"复合系统环境需要的共同发展战略理念的基础上进行多战略的组合与协调，完善、优化战略导向系统。战略集成创新对于消除海洋经济发展中的战略危机，确保海洋经济整体集成经济性，有重要的保证作用。

### 一、海洋经济战略创新的环境分析

由于集成经济性 = F(创新集成主体、环境)，集成主体的外部是一个巨变、多变、裂变的环境，内部则是一个耗散结构。集成经济性取决于集成创新主体能否适应外部环境的变化作出及时的有效战略决策和推进战略的有效实施。

战略导向创新系统是一个开放的系统，通过与外界不断地交换能量和物质，在一定条件下产生自组织现象，形成新的稳定的有序结构，实现无序向有序、较低的有序向较高的有序转化。这种非平衡态下的新的稳定有序结构,就叫耗散结构。这种有序稳定结构与平衡结构不同。稳定的平衡结构或不与外界交换物质和能量,或不改变内部的运动格局(保持变量数及变量间的关系),可以说是一种静止的稳定的平衡状态,没有生机,是一种永远不变的"死"结构。而耗散结构随时与外界交换能量和物质,其内部的运动格局也有所改变,可以说是一种动态的稳定有序结构,充满生机与活力,是一种"活"的稳定有序结构。战略导向创新系统就是一个远离平衡状态的高度有组织的有序结构,不断地适应时代要求和外部环境,吸收新观念、新的管理方式,开拓新的导向领域,指引战略方向。

目标导向创新是时代与环境变迁的产物,因此,集成创新的过程需要建立在能够充分掌握外部信息的基础上。所谓外部环境,是指存在于目标导向创新周围、影响创新活动的各种客观因素与力量的总体。由于外部环境的复杂性、不确定性,决定了目标导向战略选择过程中环境分析的重要性。本书上一章提出的集成创新理论模式,其外部就是一个宏观环境。

从海洋经济宏观环境分析的实际来看,涉及的内容和方面很多。如图3-3-1。

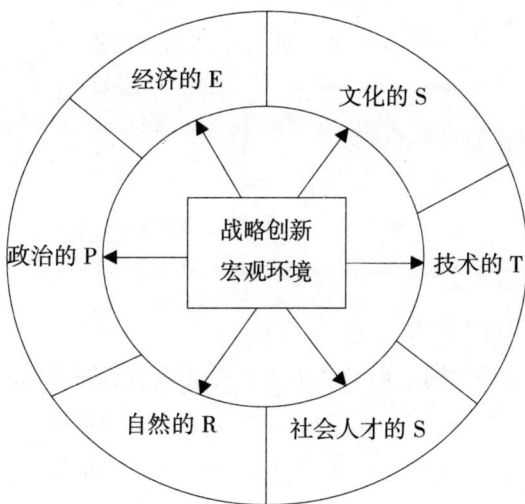

图3-3-1 战略创新宏观环境分析图

图 3 - 3 - 1 是依据国际上通用的 PEST 环境分析模型增加自然生态和社会人力资源环境而成的。国际上通用的 PEST 分析模型是指:政治的(环境保护法、政府政策、国家政局、外贸政策和政府的稳定性等因素)、经济的(商业周期、利率、通货膨胀、劳动力的供给、消费者的收入、价格指数的变化与钱的供给等因素)、社会文化的(人口的分布、收入分布、社会习俗、社会道德、社会公众的价值观、工作习惯、习俗、人们对工作和消遣的态度以及受教育程度等等)和技术的分析(新技术的出现、旧技术的淘汰、产品生命周期、技术变化速度和技术的转换等因素),这一模型主要是企业作战略分析时使用的。从海洋经济发展看,应增加生态的和人力的环境分析。生态的包括生态条件、资源丰度、资源供给,人力的包括人力资源条件、人才的数量质量、人才使用的有益制度与政策等等。海洋经济战略选择可以从以上主要方面来把握宏观环境分析。

由于外部环境变化是动态的,不确定性和复杂性是经常存在的,因此,环境分析还要关注环境性质。正确界定环境性质会对科学选择战略方向产生有益的影响。如图 3 - 3 - 2 所示:

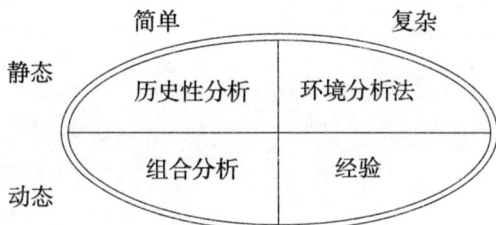

**图 3 - 3 - 2    环境性质界定**

资料来源:Johnson & Scholes, *Exploring Competitive Strategy*, Prentice Hall Europe, 5$^{th}$ edition, 1999, p. 101。

我国学者[①]对上图作了简明扼要的介绍:

在静态环境中,选择战略可以根据历史性的分析来预测未来。历史性分析包含两个部分:(1)将行为主体自身内部的资源和目前的发展与过去的经历作对比,从而来检测自己是否已经有所提高,或是具备了从前

————————

①    王革非:《战略管理方法》,经济管理出版社 2002 年版,第 28 页。

所不具备的竞争能力。(2)根据自己目前所取得的行业历史资源来对自己所处的行业进行历史性分析,从而根据分析的结果来对行业的未来进行预测。由于所处环境比较简单,比较稳定,因此根据这些历史性分析结果对未来所进行的预测会比较准确,也是可行的。

如果所处的环境是动态的,仅仅依靠对历史性的分析则显得不够。动态的环境有许多不确定的和动荡的因素,单纯地依靠历史性分析所得出的结果往往无法预测将来,因此要进行较为复杂的组合分析。组合分析是对将来进行几种不同情况的可能发生性假设。分析每种可能性假设所产生的"好的"和"不好的"两种可能结果,再将几种可能性假设进行组合,从而对将来进行预测。由于已经考虑到了将来可能要出现的几种情况,因此组合分析适合于不稳定的环境。如果所处的环境非常复杂,在分析时也许没有足够的能力对将来进行各种可能性的假设。同时,复杂的环境也限制了对未来进行各种假设。因此,完全可以为自己的不同部门配以相应的资源和权利,即将环境问题分解,化整为零,让各个部门自己去处理它们各自的环境问题,从而分解环境压力。比如说,市场部门解决自己的市场环境问题,人力资源部门解决自己的人力资源环境问题。这是分析复杂环境的有效(Effective)途径。

如果所处的环境既复杂又动荡,就只有根据多年建立起来的经验来对未来环境进行大胆的预测。这种经验也能帮助形成自己的战略能力,从而获得竞争优势。而如何确定环境的性质在很大程度上取决于调研能力和调研力度。

**二、共同战略理念:最经济、最持续发展、最大社会福利**

1. 共同战略理念的提出及含义

通过科学的环境分析,本研究认为,海洋经济战略创新的共同基点应当是海洋经济最经济、最可持续发展和最大社会福利。由于传统发展战略的孤立、离散状态,不能有效地创新集成,使海洋经济发展面临资源永续利用的危机,危害人类的最大社会福利。这一现实迫使我们对传统海洋经济战略的"单打一"状态进行反思,要求重新作出选择。为适应时代的要求,必然并且也必须抛弃传统发展战略的离散状态,而选择现代发展战略的高度集成统一状态,即建立在对经济效益、社会效益、生态效益和环境效益综合协调的基础之上,适合市场经济体制的新战略——集成创新战略,遵循海洋经济最经济、最可持续发展和最大社会福利战略理念,控制污染,恢复生态环境和资源,合理开发,优化区域产业布局,不仅是维持海洋生态系统健康与服务功能的需要,也是促进沿海地区社会、经济、文化持续发展,提高人民生活水平、维护子孙后代利益的迫切需求。

一是最经济。海洋资源是稀缺资源,对它的资源的优化配置必须进行成本和边际分析。从广义上讲,所谓成本是指所耗费的广义资源,亦称广义代价。最经济原理就是经济过程的广义代价趋于最小可能值。海洋经济发展所耗费的广义资源,利用率低,或导致无法再利用,就是广义代价太大。海洋经济发展战略的制定与实施,必须要有使广义代价趋小的最经济理念。

二是最持续。最持续就是最可持续。可持续发展的提出和发展是半个世纪以来围绕着什么是发展以及如何实现发展等争议形成的。可持续发展作为战略是在当今人类社会面临人口猛增、资源锐减、环境恶化的严峻形势下提出的,并受到国际社会的普遍重视。联合国世界环境与发展委员会在其重要报告《我们共同的未来》中指出:"持续发展是既满足当代人的需求,又不对后代人满足需要的能力构成危害的发展。"要求实现人口、经济、社会、环境与资源相互协调、共同发展的目标。海洋开发的目的是要充分、合理、和谐、有效和可持续利用海洋资源,发展海洋经济。

海洋经济战略集成创新之所以要选择最持续发展作为共同战略理念,正是针对传统海洋发展战略使海洋环境恶化、渔业资源衰退,从而在一定程度上制约了海洋经济的发展而采取的对策。海洋经济实施可持续发展战略,也就是要按照可持续发展理论保护自然系统以维护长久的发展这一主张,恢复和保护海洋生态系统,恢复原有的海洋生物多样性,坚持海洋资源的开发与维护并重,海洋环境的利用与保护并重,做到海洋资源的持续利用。坚决反对只顾眼前利益、牺牲长远利益的短期行为。经济发展速度宁可暂时放慢些,也要保护好海洋生态环境和资源,不能再重复过去先污染后治理的教训,确保海洋经济能够健康、永久地发展。

三是最大社会福利。海洋经济活动也要追求社会福利目标。所谓社会福利是指经济活动应以提高全社会的福利水平为目标,内容包括创造尽可能多的社会财富,依据供求关系的多样性、按对经济系统的管控和大社会化准则制定规范,分配财富,尽可能地提高经济系统的社会福利水平。在错综复杂的各种经济关系中,局部与整体的关系和因果关系是两种基本的关系形式,在社会财富分配中两种关系十分明显:怎么分配,存在局整关系;分配结果影响积极性与创造性,是因果关系。实施海洋经济战略要正确处理各种关系,谋取社会福利最大化。

当今的时代已进入知识经济时代,知识在推动着经济发展,深刻改变着我们的生产方式、经营方式、消费方式、生活方式乃至人类的思维方式。"知识经济"时代的到来,昭示着人类社会发展的又一鲜明的转折点。在海洋战略集成创新中选择最可持续发展、最经济和最大社会福利作为共同遵循战略理念,正是适应知识经济时代到来的需要,要求我们运用所掌握的现代科学知识和信息开发海洋,从传统开发向现代化开发转变,大体上有以下几个方面:从靠经验为主的管理转变为以科学决策为主的管理;由单纯掠夺性的消极开发变为保护、开发相结合的积极开发;从单纯扩大生产规模改为以运用先进技术和最新信息为主的智力开发;由单纯海洋资源开发转变为海洋经济社会的全面协调发展;由依赖型海洋国家建设转变为创新型海洋经济国家建设。

海洋经济战略共同遵循的理念包含三层含义:第一,海洋经济增长的持续性。海洋经济的增长是实现可持续发展的必要条件,但不是片面地追求速度、产值和规模,应把效益、质量和结构提升的同步作为衡量的指标。我们鼓励经济增长,其中包括合理的"技术—开发—保护"体系的重构。第二,保持良好海洋生态的持续性。良好生态的持续性体现在经济发展上应以保护自然为基础,不超越生态环境的更新能力,实现海洋生态良性循环。第三,良好社会效益的持续性。它以提高人类生活质量为目标,在当代人与代际人群间体现分配、消费、就业等方面的公平性。以上三个方面,海洋生态的持续性是基础,海洋经济增长的可持续性是目的,以上和良好社会效益与社会福利的可持续性三者融合和谐,统一构成海洋经济集成创新战略的整个内容。①

2. 共同战略理念应遵循的原则

——生态环境健康与经济发展目标相协调原则。以可持续发展的需求指导海洋开发与建设,突出体现海洋生态环境与区域经济同步发展为最终目标。改善经济布局与结构,牵动高新技术产业发展,构筑可持续发展的基础生产力与环境条件。

——开发利用适度原则。应以系统的观点综合考虑海洋的资源环境问题,高度重视承载能力。对可再生资源的开发利用以可持续和允许量为控制,保持在适度水平上;对不可再生资源,以海域使用极限为界限和替代资源发展的速度控制开发利用,延长使用时间。对环境的利用控制在中长期规划目标限度之内。

——综合利用原则。通过综合利用,特别是采用高新技术方法对海洋资源增加附加值,既可进一步提高资源的使用价值,增加经济效益;又可以节省对该资源的开发利用,减少该资源的消耗和浪费,有利于该资源的可持续利用;同时还因利废为宝,有利于该资源的可持续利用;利废为宝,还可以减轻对环境的污染,取得多方面的综合效益。

——统筹兼顾原则。从可持续发展战略出发,对海洋资源的开发利用,不仅要兼顾当代人和后代人的利益需要,还要兼顾当代人的各种需求。要处理好局部与全局、行业与行业、单位与单位、地方与地方、个人与集体等各种关系,争取更大和谐。对当代人有利但对后代不利的事不做。对当代虽无明显效益甚至有负效益但有利于长远发展、可造福于后代的事,看准了就要去做。

——资源开发调控与环境整治同步原则。海洋资源与环境的一体化、复合性、互为主客体性等特征决定了对环境与资源的整治需要同步进行,从而实现整体的转变。在海洋经济战略实施过程中,从环境和资源两个方面进行同步设计,既为资源持续利用奠定基础,也为生态环境健康的

---

① 王诗成:《蓝色的崛起》,海洋出版社 2002 年版,第 292～294 页。

维护创造条件。

——功能控制原则。海洋功能区划已成为新修订环境保护法规定的重要工作和监督管理海洋环境的基础依据。海洋经济发展必须遵循海洋功能区划的原则和要求,以功能区划为指导,进行生态环境治理、资源开发和生产力合理布局。

——法制与综合管理原则。海洋资源利用能力恢复和保护需有法律的保障。近岸海域的特殊性更需要严格的规定来规范对海洋的开发利用活动,需要有一个科学的管理体制和运行机制,通过综合管理协调处理行业管理和地方保护主义产生的问题,促进海洋经济可持续发展战略目标的实现,提高集成创新的效益。

### 三、多战略的组合与协调

1. 战略整合要符合中国国情

为体现可持续发展、最经济和最大社会福利的战略方向,必须对海洋经济三位战略进行整合,彻底改变其离散状态,实施海洋经济集成创新战略。

海洋经济三位战略的离散是有历史原因的,是中国经济社会发展滞后于发达国家且不平衡的基本国情决定的。对以上三种战略实施集成创新,进行纵向一体化整合是我国生产力发展的实际需要。由于我国目前农业经济、工业经济与知识经济同时并存,因此进行战略整合与协调具有非常重要的意义,是继续促进海洋经济高速增长的前提;有利于提高沿海经济发展的国际竞争力,促进沿海经济更快发展并率先实现现代化;是可持续发展的基石,有利于转变增长方式,协调"自然—经济—社会"的复杂关系,为海洋经济发展走上良性循环之路提供切实可靠的持续的支撑。

2. 实施战略整合的实证分析

在我国沿海地区,积极实施战略整合的实例有许多。山东荣成市就是其中一例。他们在多战略指导下,明确提出了由"渔业经济时代"向"工业经济时代"和"知识经济时代"转变的发展思路,集成创新效应十分明显。

荣成市位于山东半岛最东端,三面环海,是中国距韩国最近的地区。荣成市总面积1392平方公里,人口67.47万,拥有4个省级开发区和贸易区,石岛港和龙眼港两个一类开放港口。

荣成市是沿海开放城市,是山东省对外开放的最前沿。荣成是国家环保模范城市、中国优秀旅游城市和国家卫生城市,荣获中国人居环境范例奖,通过了国家园林城市验收。

荣成综合实力2005年位居全国百强县19位,山东首位,是全国第一渔业大市,工业经济基础雄厚,现已形成橡胶、汽车、造船、电机、建材、食品六大支柱产业。荣成市人杰地灵,繁荣发达,是全国社会治安综合治理先进市,全国城市环境综合整治优秀城市,全国科技工作先进市,全国文化先进市和全省精神文明建设先进市。

——做大做强现代渔业

海洋经济是荣成市最大的经济增长源,海带、鲍鱼、工厂化养鱼等多项养殖的规模、效益居全国第一,是全国最大的"海上牧场"。荣成现有海洋企业达420多家,海洋从业人员10余万人,荣成市渔业各项经济指标连续24年位居全国县(市)级之首,是名副其实的中国渔业第一市。

荣成市全面实施"海上荣成"建设战略,加快由传统渔业向现代渔业、渔业大市向渔业强市的跨越。跳出近海捕捞勇闯大洋捕捞,开辟竞争国际资源的新路子;跳出传统养殖抓好名优养殖,开辟以高新技术抢占发展制高点的新路子;跳出粗放加工转向精深加工,开辟集约化经营的新路子,把渔业内部结构调优、调高、调精。打破传统渔业的发展格局,拓展海洋经济发展的新领域,全力打造渔业经济增长新亮点,大力发展海洋运输业和滨海旅游业。发挥加工设施优势,推动海洋食品、海洋保健品和海洋药品等系列化产品的上档升级,建成了全国最大的海洋生物工程基地。围绕建设国家级"两大战略示范县"这一目标,不断加快海参和贝类、高档经济鱼类、对虾及水产品加工,水产标准化综合示范区的发展步伐。全市先后有94家涉渔企业获得了115个国际卫生、质量认证,为挺进欧、美、日、韩水产品市场赢得了"绿卡"。

——资本投入促进转型

　　荣成市 2005 年拥有工业企业 1300 多家,固定资产原值 66.3 亿元,从业人员 13 万多人。已形成了以机械、化工、食品、轻纺、建材、海洋生物等为主体的 28 大门类、70 多个行业、7000 多种产品的工业体系。荣成市确立了"攥紧拳头、靠大联强、簇群发展、规模竞争"的工业强市的思路,以制造业带动新型工业化的结构调整,培植地方特色产业群。把橡胶制品、食品加工、船舶修造、汽车制造及零部件、电机制造、石材制品六个具有一定规模的产业作为主攻方向。现在六大产业群初具雏形,每个群体都成长起一批体量大、实力强的骨干企业。成山轮胎股份有限公司综合经济指标居全国同行业第一位,世界轮胎行业 50 强第 13 位;华力电机集团生产能力达 350 万千瓦,在全国中小电机行业中位列第一;华泰公司引进的韩国现代特拉卡越野车,届时将成为韩国现代公司在中国的越野车生产基地。2003 年年底,全市销售收入过亿元、利税过千万元的企业分别达 54 家和 66 家。

　　——大力发展旅游产业

　　荣成市山清水秀,气候宜人,旅游资源极为丰富。全市拥有著名旅游景点 50 多处,一个融自然景观与人文景观为一体的千里海岸游乐园已初具规模。荣成已成为天蓝、海碧、地绿、鸟语花香的旅游胜地。成山头、花斑彩石、天鹅湖、圣水观、法华院等景区每年接待中外游客 300 多万人次。

　　荣成市位于祖国大陆最东端、是中国大陆伸向海洋最深入的独特区位优势,围绕海滨、沙滩、奇石、道观、花鸟、渔村、史迹等浓郁的海文化特征,积极开展滨海旅游。以建设胶东半岛滨海旅游度假基地为目标,以开展"旅游质量年"活动为主线,全面提升旅游服务质量,着力打造"休闲之都"的知名品牌。荣成市把旅游业作为国民经济的支柱产业进行重点培植,创新机制、放开搞活,使全市旅游业呈现出蓬勃发展的良好态势。适应市场经济的要求,吸引社会资金参与。按照"政府出资源、出政策,社会出资本、抓开发"的原则,吸引国内外各种经济成分参与旅游开发,有效调动了社会力量办旅游的积极性。近三年,全市新建改建旅游项目 50 多个,累计投入 5 亿多元,其中 95% 以上属于企业和社会投入。

　　——城乡建设全面繁荣

荣成环境优美,气候宜人,四季分明,是适合人类居住的范例城市,优美的旅游胜地,成功的创业乐园。近年来,荣成市努力建设生态化、国际化、人性化的现代精品城市,先后荣获山东省村镇建设活动先进市和"全国城市环境综合整治优秀城市",被列为全国8个乡村城市化试点市和山东省3个小城镇建设试点市之一,被评为"国家环保模范城市"和"中国优秀旅游城市",荣获中国人居环境范例奖。

围绕建设滨海生态旅游城市的目标,荣成市立足于"绿色形象、海洋韵味、开放特征、知识内涵"的总体思路,加大投入力度,全面提高城市建设品位和综合服务功能,城市人居环境质量得到了全面改善。在城市规划上,注重城市发展的先进性和科学性,突出了滨海生态旅游城市特征。在城市建设上,坚持提升城市品位与完善城市功能并驾齐驱的原则,投资4亿多元实施了城市绿化、道路改造、公益设施改造和生活小区建设等重点工程项目建设。在城市管理上,开展了持续时间最长、内容最广、力度最大、标准最高的城市环境综合整治活动,城市夜景五彩纷呈,绚丽多姿,增加了浓厚的现代化城市气息,并获得了"全国园林绿化先进城市"、"中国人居环境范例奖"、"山东省节水型城市"和本年度全省惟一一个"山东人居环境奖"的荣誉称号。最近又顺利通过国家园林城市和国家节水型城市的验收。根据2008年最新公布的排名显示,荣成综合实力位居全国百强县第10位,山东首位。

## 3.4　海洋经济目标导向创新的路径依赖及其超越

### 一、海洋经济目标导向战略的提升

海洋经济目标导向战略集成创新,就是在集成战略统领下的多种战略有效组合。这种组合是在动态中形成的。因此,战略组合是在提升中的组合。

海洋经济目标导向战略的提升,是一个历史的必然过程,既是生产力发展的要求,也是生产关系不断调整的要求。在较低的生产力水平下,不同自然资源的丰裕程度是决定一国或一个地区比较优势的基础,是衡量一国或一个地区发展水平的标志。因此,大力开发自然资源,走资源消耗型发展道路成为重要特征。随着经济的发展,技术结构和产业结构总体水平提升,资本的丰裕程度增加,新三产业特别是工业的各个门类发展起来,在此推动下,海洋第二产业有了较大发展。这时,劳动和资本对产业的贡献越来越大,再发展,全要素生产率对产业的贡献相应提高。可见,以资本和劳动代替纯资源消耗是经济发展的自然要求。而在信息时代,信息革命又更新了现存的经济体系,生产函数中的主变量又转向了知识和信息,海洋知识经济也就随之而来。可见,资源→资本→知识的财富来源和经济特征的变化,是一个国家和一个地区经济发展具有里程碑意义的变化,是衡量发展水平和阶段的重要标志。前后阶段是相互联系的,没有前一阶段的哺育,就不会有后一阶段的生成。发展阶段虽不可逾越,但可以缩短。

海洋经济目标导向战略创新的任务就是紧跟时代的变化,促使战略体系结构的提升,不断地改善海洋开发与管理的战略行为,提高目标导向的科学性,切实建设创新型海洋经济强国。

**二、战略结构提升的路径依赖特征及其超越**

1. 战略提升的影响因素

战略提升是海洋经济发展过程中对过去选择的目前正在实施的战略方向或线路的改变或者说是向高层次战略转变。原先选择的战略在实施过程中遇到下述情况时,会提出提升和调整问题:第一,社会生产力和发展的环境发生了重要变化。这种变化可能源自某种突发性的社会、经济、技术变革;第二,外部环境本身并无任何变化,但海洋开发主体对环境特点的认识产生了变化或经营条件与能力发生了变化;第三,上述两者的结合。不论缘自何种原因,能否及时进行有效的战略调整,决定着海洋经济的发展水平。海洋经济战略提升受多种因素影响,这些因素具有路径依赖特征。

路径依赖本是制度经济研究中的一个常用概念,意指经济发展与经济制度的演变通常受到人们以往选择的影响。海洋经济发展过程中的战略提升决策及其组织实施也表现出类似的特征。

战略提升是一种特殊的决策。这种决策受到海洋经济开发能力、经济主体行为以及历史文化等因素的影响：海洋经济是开发海洋能力的形成过程，能力的拥有及其利用不仅决定着经济活动的效率，而且决定着战略调整方向与线路的选择；决策的本质特征决定了战略调整和提升也是在一系列的备选方案中进行选择，这种选择在一定意义上说是经济主体行为选择的直接映照；传统海洋文化则对上述选择过程以及选择确定后实施过程中的经济主体的行为产生重要的影响。

2. 战略提升影响因素的路径依赖特征

影响海洋经济战略提升的因素明显地表现出路径依赖的特征：

第一，海洋开发能力的刚性特点。能力的刚性与这种能力调整的难度有关。海洋开发是一个专门的领域，开发往往局限于沿海地区。长期以来形成的开发手段和开发工具具有刚性特点。另外，长期的海洋开发实践形成了海洋开发领域相关的知识与技能，这种知识与技能的专门性也决定了海洋经济领域、方向或线路调整的困难。产业经济研究的理论告诉我们，人力资本和非人力资本的专门性决定了在特定领域的退出障碍。这种障碍反映的正是我们所说的经济开发能力的刚性特征。战略调整的路径依赖特征与开发能力的刚度成正比：能力的刚度愈强，战略调整的路径依赖特征愈明显；反之，战略调整受过去选择的影响程度愈低。

第二，海洋开发战略决策者的行为选择受过去经验的制约。海洋开发战略调整和提升是战略制定的决策者所确定的。从理论上来说，战略调整须以变化后的外部环境特征以及内部可调动的经营资源为依据。但影响决策的从来都不是客观的环境或资源，而是所认识到的、所为的环境和资源。决策者正是根据他们对环境特征及其变化的认识、根据他们对某个海区或某个海洋产业拥有的经营资源的质和量的认识来制定和比较不同决策方案的。决策者长期以来形成的海洋开发思维方式制约着决策者分析问题的角度，限制着海洋开发的选择空间。这在很大程度上影响着海洋经济发展战略的评价和选择。

第三,海洋文化的记忆特征。文化是一个历史的概念,是在经济活动的过程中经过岁月流逝逐渐积累而成的。在历史上形成的海洋文化反映了被海洋开发实践证明是成功的行为方式以及这种行为方式所体现的行为准则和价值观念。

### 3. 超越路径依赖

海洋开发能力的刚性特点限制着海洋经济战略方案的制订与选择,海洋开发决策者的职能或经验背景可能使其自觉或不自觉地以过去的经历作为今天行为选择的参照系,海洋文化则对上述因素产生着综合的作用,海洋开发战略调整可能因此而表现出明显的路径依赖特征。要超越路径依赖,使海洋经济的成长与发展摆脱过去的阴影,必须适应外部环境的变革,增强学习观念,促进知识创新,通过知识管理保证和促进战略决策者行为的合理化。

第一,努力适应外部环境的变革。外部环境如前所述,包括自然的、经济的、技术的、政治的、人文的。这些环境的变化集中表现为社会时代的变迁和重大环境的变革。在当前,跨入 21 世纪的中国,面临的最大的环境变革就是:经济信息化、经济全球化、世界多极化、技术高度发展和市场竞争日益激烈。海洋经济战略的提升以及指导海洋经济要适应这些变化的要求,必须远离"长期禁海"、"坐地观海、不争大洋"的年代和陋习。

第二,增强学习观念,促进知识创新。知识经济时代,知识更新大大加快,学习必须贯穿于海洋经济活动的始终。只有不断地更新旧知识,才能掌握并创造新知识。这是海洋经济战略选择的前提。对于海洋战略的制定者来说,仅仅靠学习知识是不够的,还必须要有知识创新的意识和能力,只有这样才能扭转路径依赖,促进战略提升,更全面地发展海洋经济。

第三,知识管理要提上日程。信息技术和网络技术的发展,引发了管理组织、管理模式和文化的一系列变革,影响着战略决策者的行为选择。知识已经融入海洋经济活动的全过程,成为经济增长的关键因素,对战略创新产生着重要又深远的影响。知识管理成为一种必然。在海洋经济发展中,要超越战略创新的路径依赖,必须对海洋知识资源进行有效管理,促进战略决策科学化、合理化的实现。

### 三、目标导向战略提升创新案例:将"海上山东"提升为海洋经济强省战略①

山东省是重要的沿海省份。2003 年,中共山东省委工作会议提出,要解放思想,赶超先进,继续推进"海上山东"建设,使其成为重要的经济增长点。这是山东省委依据省情作出的战略动员和工作部署,为海洋开发与管理带来新的机遇,对于加快山东省的现代化建设步伐有重要意义。目前,建设"海上山东"发展海洋经济面临怎样的形势? 如何才能上一个台阶? 如何使"海上山东"为全省的新一轮发展贡献更大的份额? 这些已成为全省上下都在关注的重大问题。就我们的研究,提出了以下观点:山东与广东等沿海省份海洋经济发展的差距明显增大。沿海省份广东、福建、浙江、海南、辽宁等,海域资源与开发条件虽远不如山东省,近几年来,他们紧紧抓住发展海洋经济的历史机遇,采取一系列措施,海洋开发事业有了惊人的发展。无论是发展速度还是运行质量,山东省与之相比,存在明显的差距。在中国沿海省份加快发展海洋经济咄咄逼人的态势下,为确保山东省新一轮发展目标的实现,必须树立以海兴省、以海立省、以海强省的新理念,向海洋进军,开发蓝色国土,大力发展海洋经济。鉴于"海上山东"跨世纪工程已经基本完成其历史使命,应不失时机地将其提升为海洋经济强省战略,以求海洋开发事业有实质性突破。

1. "海上山东"跨世纪工程,已完成历史使命。山东是最早提出海洋开发跨世纪工程的省份之一。随着"海上山东"建设的深入,山东依托自身的海洋资源优势,率先发展海洋渔业、海洋交通运输业等传统产业,使海洋渔业异军突起,连续 10 多年保持全国领先地位,但另一方面也导致了山东产业层次低、高新技术产业发展缓慢。近些年来,对海洋索取的多,真正投入的少。"海上山东"形成口号式工程,建设规划大部分纸上谈兵,海洋开发后劲不足,且规模和质量受到严重影响。山东的海洋开发最早是由政府启动,重大工程主要由政府确定,政府往往代替市场去配置

---

①　王诗成、郑贵斌撰写的研究报告,《内参特刊》2003 年第 4 期。

资源。随着市场经济的深入发展,这种模式的作用越来越弱化,民间发展的动力又不足,而且政府宏观决策指导明显不到位,相关的政策措施又不落实,这就制约了海洋经济更快发展。

2. 海洋经济是山东加快发展的增长点、动力源、助推器。山东海洋开发潜力巨大,加快其发展,为山东经济持续快速发展做贡献,既现实又可能。

首先,海洋经济是山东今后发展最重要的经济增长点。海洋是巨大的资源宝库,又是人类生存与发展不可缺少的空间环境。加强对海洋的研究、开发与保护,能极大地带动经济的腾飞。特别是海洋高新技术的发展,使大规模、大范围的海洋资源开发变成现实,海洋开发逐步贯穿于海洋以及以海洋资源为对象的社会生产、流通、分配和消费全过程。于是,相对于陆地经济而言的海洋经济迅速崛起,已经发展成为一个独立的经济体系,并在整个经济增长中发挥着越来越重要的作用。山东海岸线长达3100多公里,相邻海域约14万平方公里,近岸岛屿326个,浅海滩涂面积4280万亩,河口三角洲土地资源1161万亩。海洋生物资源、矿产资源、化学资源、能源资源、交通资源、旅游资源等种类齐全,丰度和品质在全国均属上乘,全省海洋科技人才占全国的比例最高,山东开发海洋的潜力巨大。向海洋的深度和广度进军,向海洋要财富、要产值、要效益,的确是山东经济新一轮发展的重要领域。

第二,海洋经济是山东经济快速发展的动力源。海洋经济是特色经济,产业关联度大,渗透力强,是海洋产业经济和沿海地区部分区域经济的总和,涉及100多个相关的产业部门。不管是哪个海洋产业,都可以形成较长的产业链。有些海洋新兴产业,具有相当高的劳动生产率和投资回报率。海洋经济的发展,可以有效地扩大全省的经济总量。2002年沿海七市以占全省36%的人口和43%的土地,创造了占全省52%的GDP,进出口总额分别占全省的82.3%和82.9%,青岛、烟台、威海三市利用外资占全省的77%以上,人均GDP沿海七市高于全省三倍。2006年,山东沿海7市国内生产总值也达到11491亿元,占全省GDP总量的52%,进出口总额也达到79%和74%。海洋经济涵盖面宽、产业关联度大、带动作用强的特点,可以为山东经济快速发展作出更大贡献。据我们预测,只要措施到位,到 2010 年海洋经济占国民经济的比重由现在的 7% 增长到 15% 甚至更大一些是可以达到的。海洋工业和第三产业的发展还可以大大提高全省经济的科技含量,为山东产业结构的调整和升级作出贡献。

第三,海洋经济也是实施经济国际化、带动我省西部发展的助推器。海洋活动在本质上是一种开放性、商业性的活动。山东半岛三面环海,山东要走向世界,与各国交往,必须高度重视经略海洋。目前,世界范围的资本、信息、技术大流动,经济重心在逐步转移,海洋经济的发展和各行各业的进步,已经使产业结构、科技格局、贸易态势和文化氛围发生划时代的演变。在全球陆海一体化开发的大势下,置身于太平洋经济圈的山东省,与世界的经济技术联合不断增强,海洋经济必将成为开拓海洋产业、发展海外贸易、促进经济技术合作与交流的重要推力。沿海充分发挥带动西部经济腾飞的龙头作用,必须突出服务腹地、联动发展的主旨,增强辐射功能,寻求腹地支撑和拓展大市场。"海上山东"的辐射完全可以通过全方位开放和联动使势能进一步增强,通过外引内联聚集势能,又通过联合开发和市场拓展辐射能量,形成相互增益的正馈发展态势,使东西部协调发展。

3. 海洋经济战略问题是关乎全局和未来生存与发展的核心战略。山东省继续加大海洋开发力度,可以为山东的对外开放、东西合作、产业升级和扩大经济总量作出更大贡献,这一战略选择的重大历史影响将日益显现出来。

4. 海洋经济强省战略要有新思路、新措施。海洋强省建设,要强化集成战略指导,以海洋新兴产业为重点,以半岛港口为轴心,以海域和海岸带为载体,以港兴城,以海促陆,陆海一体,梯次推进,全面发展。以青岛烟台为龙珠,以威海、东营、潍坊、日照、滨州为两翼,以科教兴海与依法管海为强力支撑,以海洋农牧化、临海工业、海洋大通道、滨海旅游四大工程为依托,搭起半岛海洋生态圈、半岛海岸带经济圈、半岛海岸带城市圈、半岛海岸带国际旅游度假圈的框架,昂起山东腾飞的龙头。为此,要树立以海兴省、以海立省、以海强省的新理念,从海陆一体化的建设全局出发,通过对山东相邻和相关海域资源的开发与利用,把海洋经济当作重要的经济增长点来抓,以求经济发展有实质性突破,争取海洋经济对国民经济发展的贡献率逐年增大,在 5~7 年内达到 15% 以上。

# 4 核心创新维集成：海洋生产力创新

本篇对海洋经济集成创新三维系统的核心创新维进行研究,主要探讨核心创新维的构成、创新模式、创新机制和集聚效应,可从中看出核心创新维的创新变革在海洋经济发展中的重大基础地位和对其的促进作用。

## 4.1 核心创新维系统构成及其相互关系

### 一、核心创新维系统的内涵及其构成

核心创新维系统是指在整个海洋经济集成创新网络系统中居核心地位的创新系统。核心创新系统是海洋经济创新的基石,它既决定着海洋经济创新发展的产生和存在,又决定着海洋经济创新发展的成败。这种核心地位是由它所代表的海洋生产力的地位所决定的。其他各项创新,包括目标导向创新和保障创新都要围绕核心创新维系统来实施运行,为其提供服务、支撑和配合其运转。

从海洋生产力发展来看,核心创新维系统由海洋技术、海洋产品和海洋产业创新等分系统构成,是海洋技术、产品、产业、配套条件等单元系统的集成。如图 4-1-1 所示。

### 二、核心创新系统各构成单元系统的相互关系

1. 核心创新系统各构成单元系统的相互关系结构

海洋生产力的发展,是由海洋技术、产品与产业形成的完整链条或系统整体的共同作用来实现的。其中,海洋技术具有基础地位,产品是技术的载体,一项技术可以制造出若干产品,技术与产品的扩散、演化可以膨

海洋经济核心创新维系统 ┬ 海洋技术创新系统

├ 海洋产品创新系统

├ 海洋产业创新系统

└ 海洋配套条件创新系统

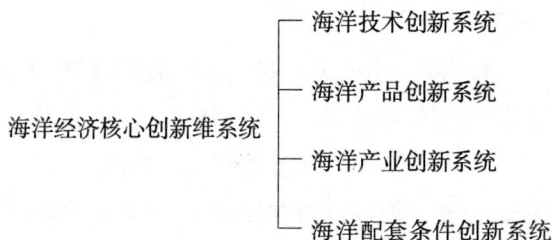

**图 4 - 1 - 1    海洋经济核心创新维系统构成**

胀为规模化的海洋产业。这种技术→产品→产业的链条延伸和价值膨胀,就成为海洋生产力的牢固基础。在海洋经济中,海洋技术、产品与产业等单元系统形成一个联系紧密的结构系统。在核心创新维系统中,各子系统有效整合与协同,产生更大的创新回报,获得更大的集成经济性产出,就是实现了集成创新。

如图 4 - 1 - 2 所示。

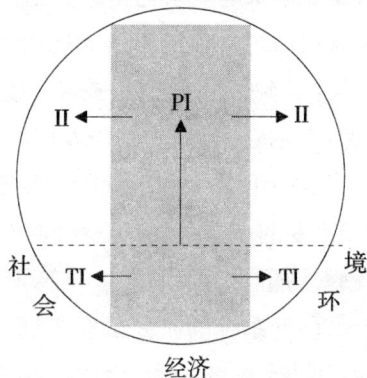

图示:TI——技术创新;PI——产品创新;II——产业创新
↑——扩散、拓展与联系方向

**图 4 - 1 - 2    海洋经济技术创新系统、产品创新系统与
产业创新系统关系结构图**

## 2. 海洋技术创新系统在核心创新中的地位

从内部联系及其相互关系来看,海洋经济的生产力系统创新是由海洋技术创新系统决定的,技术创新是海洋生产力(特别是产业)创新的前

提和基础。这是因为：

首先，科学技术是第一生产力。在经济发展领域，科学技术的作用是无穷无尽的。在世界一些发达国家，科学技术对国民经济发展的贡献率已达70%以上，科学技术日益成为现代经济发展的最主要的推动力量和生产力中最活跃的因素。海洋经济领域，由于其开发的难度和风险较大，因而对科学技术特别是高新技术的依赖性更大。所以，技术创新是海洋生产力创新的最主要的推动力量。

其次，科学技术的发展引发产业革命。就整个科学技术史和产业革命史来看，每一次产业的大变革都与科学技术的变化有关。从石器时代到信息时代，无一例外。进入近代社会，产业受技术的影响更加明显。先后爆发的三次产业革命充分说明，科学技术的发展和变化是产业形成和发展的必要条件。

第三，科学技术系统成为影响产业竞争力的重要因素。技术经济学认为，技术功能随社会发展越来越复杂化和高级化，具有独占性和渗透力强的特点，高新技术还具有高附加值的特点。这些特点决定了技术创新与变革不仅是产业形成的根本原因，而且是提高产业竞争力的重要因素。

3. 海洋产品创新系统在核心创新中的功能作用

在海洋经济的核心创新中，技术和产业的创新必然表现为海洋经济领域不断地推出被市场接受的产品，以满足社会的不同消费需要。因此，产品创新系统是核心创新的重要表现形式。

目前，学术界对产品创新系统的研究虽有进展，但仍存在观点分歧。产品创新系统的含义就存在不同的看法。美国学者科特勒的见解比较科学。他认为，产品应包括核心、形式、附加三个层次，它们构成了产品整体，现代企业产品创新是建立在产品整体概念基础上的以市场为导向的系统工程，是由多种要素组成的网络系统。从单个项目看，它表现为产品某项技术经济参数质和量的突破与提高，包括新产品开发和老产品改进；从整体考察，它贯穿产品构思、设计、试制、营销全过程，是功能创新、形式创新、服务创新多维交织的组合创新。

现代市场经济的竞争是激烈的，各种各样的竞争表现为以产品为载体的面对面的直接较量。需求的多样性、产品的精细化都要求海洋经济创新必须通过加速产品创新来实现。可见,产品创新不仅是海洋经济生产力创新系统生存的内在要求,也与海洋经济的生产力创新系统的发展和进步有着密切的相关性。

4. 海洋产业创新系统是海洋经济核心创新之本

在现实经济生活中,经济发展表现为产业的发展和产业结构的升级。在海洋经济中,生产力系统是由各种海洋产业来支撑的。一项技术经过创新扩散以后,会引起新产业的生成。因此,海洋技术产业化成为海洋经济发展中的关键。所谓产业化,就是将海洋经济中同属性的生产活动用专业化、商业化的方法达到规模化的过程。也就是说,产业化意味着用市场的方法来实现产品供给,向市场提供,由市场选择,每个产业都从事最擅长的活动,并使这样的活动规模化。科技产业化的后续发展是产业集聚的形成,经济规模和效应会随之增大,从而形成经济支柱。创新可以使支柱产业更稳固。由此可以认为,海洋产业创新的发展是海洋经济形成强大生产力的根本,是海洋经济强身固体的需要。

5. 海洋经济配套条件系统是海洋经济核心创新系统的重要条件

配套条件系统是海洋经济创新发展的必不可少的重要单元系统。配套条件系统除传统的物质基础条件以外,还包括信息等软条件。在经济全球化和信息技术革命的带动下,自20世纪90年代以来,信息网络经济有了飞速的发展。信息网络正经历从"个人电脑(PC)"到"因特网(IT)"、再到"电子商务(E-commerce)"三个发展阶段,电脑、通信与存储信息三者结合,从而产生出新的媒介——信息网络。在这种情况下,信息网络成为重要的生产力发展条件。在美国,网络的出现及其衍生的相关服务已经占了美国GDP的10%。海洋经济发展进入了一个新的知识经济时代,海洋信息网络系统为核心系统创新提供重要的前提条件,在海洋经济核心创新系统中具有极大的影响力,并促使海洋经济的生产方式、营销方式发生重大的改变。

## 4.2   核心创新系统的创新运行与创新模式

### 一、核心创新系统的创新运行

海洋经济的核心创新系统是一个多层次相互关联的大系统,创新运作过程就是创新主体衔接各子系统、各层次因素,从整体上去提升海洋经济的综合实力的过程。这一复杂的过程,包括创新知识的产生、创新技术的获取、创新要素的组织管理、创新成果的检验和扩散等一系列过程。

1. 创新知识的产生

创新知识首先是创新思想、是无形资产,是推动创新的首要环节。创新思想产生后,要变成实用技术和产品。创新思想的产生来源于对海洋经济创新活动的认识,是创新主体适应海洋经济环境变化的体现。由于海洋生产力是不断发展、不断提高的,因此,创新思想、智力、知识等的产生是无止境的。创新知识的产生,是海洋经济核心系统创新的动力。

2. 创新技术的获取

海洋经济的创新技术获取主要有三种方式,即自主创新获取、模仿创新获取和合作创新获取。就技术创新与知识产权的关系而言,它们可以创造出不同的知识产权。自主创新是自己创造出核心技术,并在此基础上进行创新,这是根本性创新,它所创造的知识产权属于原创型的知识产权;模仿创新是指在购买别人技术和知识产权的基础上的创新,它是在原有创新者已经提供的核心平台上所进行的创新,它所创造的知识产权是次生性知识产权;合作创新可以共同享有知识产权。不同类型的创新创造出不同的知识产权,具有不同的经济价值和功能。海洋经济的核心系统创新要形成国际竞争力,实现跨越性发展,一定要多选择自主性创新,享有自主的知识产权。

3. 创新要素的组织管理

创新要素的组织管理,就是把海洋经济发展的所有要素有机结合在一起以形成生产力的过程,这一过程是创新的实施过程。主要任务是按创新方向、创新运行程序组织好各类要素,实现产业集聚。组织管理中的关键问题是搞好资源要素的供给和创新需求的调节。实施过程如有偏差,要及时纠正。

4. 创新成果的检验和扩散

创新成果是否符合海洋开发的规律要求,是否符合客观经济社会状况的变化要求,是否具有创新的集成经济性,要受客观实践的检验。反映创新效果的经济指标,可以由集成经济性中的各种经济指标来衡量;反映创新效果的社会指标,可以由生态环境指标和社会福利指标等来衡量。各类指标可以互为补充,结合使用。

## 二、核心创新系统的创新模式

海洋经济核心创新系统中的各个子系统,相互结合、功能互补,才能实现由创新知识、技术到产业的集聚发展,使海洋经济体系成为独立的、强大的经济体系。在这一过程中,技术扩散对产业膨胀有重要作用。从技术扩散、转移的角度来看,海洋经济创新具有不同的模式。

学术界对此已开展了深入研究,其成果可以有针对性地应用于海洋经济的创新实践。

1. 熊彼特的技术创新模式

作为创新理论第一人的熊彼特首次提出了创新模型。在这一模型中,作为创新的主体是企业。企业的研究与开发是创新的起点,进而是创新性的投资管理、创新性的生产模式以及市场创新得到高额利润的回报,一个完整创新过程结束。在利益的刺激下,来自于创新的高额回报将部分地继续用作企业的 R&D 投入,创新过程不断地、广泛地继续着,有力地推动着企业的技术进步和社会的经济发展。

如图 4-2-1 所示。

熊彼特的创新模型告诉我们:企业是创新的主体,企业创新效率及创新的成败与否至关重要。企业创新的效率在很大程度上取决于一个国家的科技发明和科技进步状况,科学技术进步的速度、规模和方向决定着企业技术创新的速度、规模和方向。对于一个国家和地区来说,基础研究的投入就意味着为了企业技术创新更多地产出。正因为如此,熊彼特的创

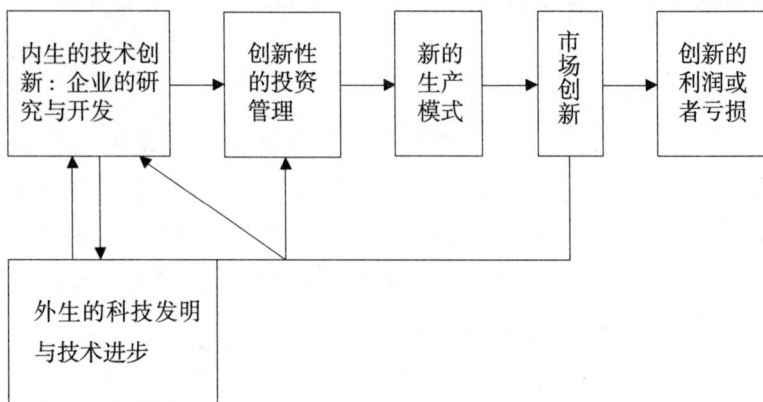

图 4 - 2 - 1　熊彼特的创新模型

资料来源:冯之浚主编:《国家创新系统的理论与政策》,经济科学出版社 1999 年版,第 43 页。

新模型又称为"技术推动模型"。[1]　其次,熊彼特认为,虽然创新的主体是企业家和企业,但是,创新实质上是一个社会过程,企业创新的成败,不仅取决于企业的内部因素,还取决于是否拥有一个良好的创新环境,包括市场的规范程度、政府政策、社会教育程度、公民对创新的认同以及所在地区的经济社会环境等等,总之,创新是一系列复杂的社会因素相互作用的结果,企业创新的普遍实现需要有良好的社会创新环境。

2. 新熊彼特学派的创新模式

以英国苏塞克斯大学弗里曼为首的"新熊彼特学派",提出了"创新—扩散"模式,分析了产业形成的重要方式。

这一模式认为,一项技术创新可以影响到几个产业,影响具有波动性。一个基本创新和一组小创新为许多产业提供了变革的机会,产业将呈现剧烈变化。有超额利润的新工业有显示效应,刺激出产业规模化,并通过过程创新和生产率提高使产业进一步得到巩固。在市场饱和以后,市场利润机会消失,创新浪潮消退。基本创新是经济波动掀起的原因,但扩散是经济波动转变的原因。

---

[1]　孙久元、叶裕民编著:《区域经济学教程》,中国人民大学出版社 2003 年版。

新熊彼特学派认为,技术创新呈现波浪前进的过程是创新—扩散—创新的过程,在创新—扩散过程中形成了产业,改变了产业结构,也形成了经济周期。

如图4-2-2。

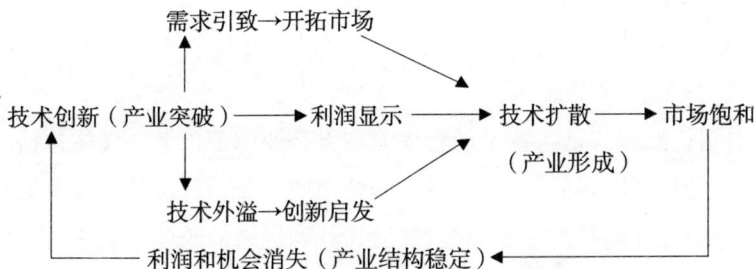

需求引致→开拓市场

技术创新(产业突破）———→利润显示———→技术扩散———→市场饱和

（产业形成）

技术外溢→创新启发

利润和机会消失（产业结构稳定）←

**图4-2-2　新熊彼特学派的创新模式**

资料来源:张耀辉:《产业创新的理论探索》,中国计划出版社2000年版。

新熊彼特学派的创新—扩散模式作为产业形成的方式之一,具有鲜明的特点:

(1)产业的形成是从某些重要的产业活动出现开始的,因为这些活动适应了需求的潜在变化,将需求中的强制性替代释放出来,并让消费者能够感觉到新的产品或服务对他的重要性,从而带动越来越多的消费者接受这一产品。相应地,产业是从技术突破到市场形成,再到技术扩散与产业独立,最后产业形成。

(2)产业通过技术创新获得突破,创新由一个或少数企业独立完成。企业创新的目标是获得独立的技术控制权,从而获得全部技术的垄断利润。企业这种立足于创造完整技术的路径,引导企业在创新活动中追求技术的完整性,获取所有可能的技术创新的垄断利润。

(3)产业的形成是分阶段的。每个创新企业都希望能够完全控制垄断利润,但事实上,这是不可能的。企业无法完全控制技术创新的外部性,垄断利润总会在扩散中消失。在获得产业突破,即成功地实现了技术创新以后,可能仍然没有脱离原来的产业,只有在出现大规模的技术扩散,产业才能完全独立出来,产业进入稳定期。

正因为如此,所以,学者们认为"创新—扩散模式是多数经济通常存在的模式,其重要的微观基础在于企业希望获得全部垄断利润;在创新者获得利润的同时,吸引了跟随者进入市场,创新者也可以将技术出售转让,在扩散之中形成产业"。①

3. 知识产权转让视角下的创新扩散模式

学术界将其归纳为三种类型②,下面分别介绍。

(1)内部扩散模式

内部扩散模式是指技术创新成果在大企业内部扩散。具体包括两种形式:一是让其所属的国内外分厂、分公司或子公司直接使用技术创新成果;二是通过并购扩大企业规模,然后让并购进来的企业之间采用其技术创新成果。

内部扩散模式的扩散过程表现为有界发散式形式。该模式有如下特点:①创新成果扩散有明确的边界,将创新成果控制在企业内部,使企业能在相当一段时间内,保持其在本行业的技术垄断优势;②技术创新成果在企业内部扩散没有发生知识产权的企业间转让,只是扩大了知识产权的使用范围,企业可以在交易内部化中独享该项创新技术的收益;③不需要任何中间扩散媒介;④降低了甚至不用付出技术创新扩散费用,提高了技术转移速度与收益。

(2)合资扩散模式

所谓合资扩散是指通过建立合资企业来扩散创新技术。采用这种模式一般是为了分散独家经营风险,或因受资源和条件限制而无法建立独资企业。技术创新成果通过合资扩散,往往是把创新成果折合成股份与其他公司分享,在这个过程中知识产权发生了部分转移。合资扩散一般采取两种形式:一是与国内企业合资,可以是与一家企业合资,也可以是同时与多家企业合资;二是与国外企业合资,同样可以是与一家企业合资,也可以是同时与多家企业合资。该模式的扩散过程呈直线式形式,如

---

① 张耀辉著:《产业创新的理论探索》,中国计划出版社2002年版,第61~62页。
② 金锡万主编:《管理创新与应用》,经济管理出版社2003年版,第193~195页。

图 4 - 2 - 3 所示。

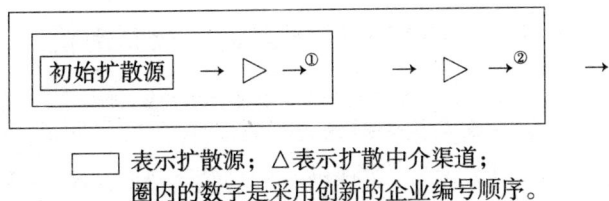

□ 表示扩散源; △表示扩散中介渠道;
圈内的数字是采用创新的企业编号顺序。

**图 4 - 2 - 3　合资扩散模式**

资料来源:金锡万主编:《管理创新与应用》,经济管理出版社 2003 年版,第 193 ~ 195 页。

该模式主要有如下特点:①可以在很长一段时间内享受技术收益,并分散了投资风险,但需与合资方分享收益;②仍可通过合资协议控制技术秘密外泄,但有一定风险;③因直接参加建厂与管理,技术效益能在很短时间内得到充分发挥,并能确保输出技术所生产的产品质量,保持企业声誉;④采用国外合资建厂扩散创新技术时,还要考虑所在国是否具备相应的技术基础和产业基础;⑤扩散源不断地增大,合资中需要强化集成管理。

(3)转让扩散模式

所谓转让扩散模式是指创新企业通过向外转让的方式来扩散技术。与一般普通商品相比,技术商品的一个最大的特征是拥有者可以多次转让,而接受者在得到被转让的创新技术后,不但可以自己使用,而且在改造创新的基础上可以向第三者再次转让。

该技术的扩散过程呈网状式形式。这种模式的特点是:①技术收益一般是一次性的,但无经营风险;②技术秘密难以得到保护;③为自己树立了竞争对手;④从形式上看,转让扩散模式是企业内部扩散模式与合资扩散模式的一种多维组合。

学术界一般认为:"企业技术创新扩散模式的选择,往往主要受创新供给主体的利益目标指向所制约,扩散供给主体的利益目标指向不同,所选择的扩散模式也会不同。值得指出的是,从国际技术创新扩散总的趋势来看,企业技术创新扩散的过程一般是先在企业内部扩散,然后是合资企业扩散,最后是向企业外转让"。①

## 4.3　核心创新维创新运行机制剖析

海洋经济核心创新维的创新动力机制,指的是在创新运行过程中,优化生产力各系统及其各要素,实现创新的持续不变的内在要求与适应外部环境变化的外在要求之间的互动。互动关系的总和就是创新的动力。海洋生产力要创新发展,关键是创新动力。只有解决好了创新动力问题,海洋经济才有活力,海洋经济才能创新发展。因此,建立和培育海洋经济核心系统的创新动力机制非常重要。

创新动力机制理论已经从传统的技术创新动力机制的研究扩展到区域创新动力机制的研究,从经济系统的创新是复杂的创新来看,创新动力已经扩展到运用系统动力学开展研究上。下面就简介几种重要的理论。

1. 传统理论

传统的创新动力研究主要是揭示技术推动、市场拉动、综合作用和需求——资源的矛盾运动这几个方面的动力模式。这些模式的创新主体虽然是企业,但对分析海洋经济创新体系及其活动的综合集成也有参考作用:

(1)技术推动模式。技术创新是由技术发展的推动作用而产生的,科学技术上的重大突破是技术创新的原动力,是驱使技术创新活动得以产生和开展的根本动因。通过技术创新,让科技成果走向生产,并因创新的成功而使这些成果转化为新产品,创造出新的市场需求。20世纪中叶以前的早期技术创新,多是技术推动型的。在市场竞争的日益激烈的背景下,这个模式无法解释为什么有些科学技术成果难以或根本无法转化为技术创新。现实表明,科技的突破与发展,确实给创新主体形成一定的创新动力,但它并非创新主体创新动力的唯一源泉,我们还应在市场中去寻找答案。

---

① 金锡万主编:《管理创新与应用》,经济管理出版社2003年版,第200~201页。

　　(2)技术规范——技术轨道模式。这一模式是英国经济学家道西提出来的,他认为根本性创新会带来某种新的观念。这一观念一旦模式化,就成了技术规范;技术规范如果在较长时间内发挥作用、产生影响,就固化为某条技术轨道;一旦形成技术轨道,在这条轨道上就会有持续的创新涌现。这个模式仅从科学技术本身去寻找技术创新的动因,并且不能提示最初的根本性创新缘于何因,因而也是不完全的。

　　(3)市场拉引模式。这一模式认为,技术创新缘于市场需求,具体讲就是市场需求信息是技术创新活动的出发点。它对产品和技术提出了明确的要求,通过技术创新活动,创造出适合这一需求的适销产品,这样市场需求就会得到满足。但这种模式无法解释某些产品创新并非由直接的市场需求所引起,也无法解释有些市场需求并未引起技术创新。

　　(4)综合作用模式。这一模式是在综合技术与市场两种模式的基础上提出来的,它强调二者的配合与协调,认为创新主体既要寻找技术上的可能性,即技术支持,又要确定市场机会的存在与否,即市场需求支持,技术创新活动是在这两方面的支持力量共同作用下的结果。这一模式比技术与市场模式发展了一步,但它忽视了技术创新主体自身的内在因素,仅仅注意到了一些外部因素,也是不完全的。①

　　(5)N·R关系模式。这一模式是日本学者斋藤优提出的,本书在分析集成创新形成机制时已经作了介绍。他认为技术创新的动因在于社会需求(Need)和社会资源(Resources)间的矛盾或"瓶颈"。N·R关系模式和市场拉引模式类似,都是从社会需求入手,认为技术创新是对社会需求的一种适应,显然也不能对持续的技术创新要求做出解释。

　　随着市场经济理论的发展,学术界对创新动力的认识进一步深化,动力机制理论有了新的发展,主要表现在对创新意识、利益驱动、生存压力、竞争作用和政府引导的分析上。金锡万主编的《管理创新与应用》有精炼的概述,现转引如下:

　　(1)创新主体的创新意识。在市场经济条件下的技术创新内动力机

---

①　金锡万主编:《管理创新与应用》,经济管理出版社2003年版,第200~201页。

制中,创新主体(包括企业家和科技工作者)的创新意识居于首位。因为企业家是现代企业技术创新行为的最高决策者,是企业的灵魂。优秀企业家不仅是企业技术创新的决策者,还是企业技术创新的组织者、指挥者,企业家的创新意识和创新思想直接影响着整个企业的技术创新行为。因此,企业家的创新意识和创新思想至关重要。企业家是企业技术创新的动力支柱,是内动力机制的重要动力要素。在科学技术面向经济建设主战场的科技体制改革以后,科技部门的创新意识同样是技术创新的动力要素。

(2)对经济利益最大化的追求。创新主体是否进行技术创新以及创新动力的大小,直接取决于企业对技术创新"纯收益"的预期。具体讲,是取决于企业对创新收益、创新风险、创新成本的预期或估算。据此,可建立技术创新动力机制模式:技术创新动力 = Σ技术创新预期收益 × 创新成功概率—技术创新预期成本。用符号表示为 $M = \sum RE - C$,其中 M 表示动力(Motivation),R 表示收益(Revenue),E 表示期望值或成功概率(Expectancy),C 表示成本(Cost)。这一模式被称为"创新纯收益最大化模式"。从式中可知,创新预期收益、创新成功概率与创新动力成正相关,创新成本与创新动力负相关;$\sum RE - C$ 之差越大,创新动力越强。

(3)创新主体间的竞争与生存压力。市场竞争是无情的,在经济全球化条件下,竞争已由国内竞争发展到国际竞争。企业要生存发展,必须靠技术创新、生产新产品来实现。但是一旦有了创新,别的企业又会纷纷仿效,企业获得的短暂超额利润马上就会消失。因此,需要企业保持一个持续的创新能力,形成市场竞争与技术创新相互推动的循环体系来保障创新的运行。

(4)政府引导的拉力。随着国家经济体制的改革和市场经济的深入发展,政府职能以宏观调控为主,企业创新主体的主动权和自由度逐步加大。政府对技术创新的调控作用,如国家总体规划、发展计划、重点工程、国防现代化、社会发展等 R&D 及其投入、产业政策等因素客观上都对技术创新产生推动和促进作用。①

---

① 金锡万主编:《管理创新与应用》,经济管理出版社 2003 年版,第 200~201 页。

我们大段大段地引用最新的有影响的动力机制理论，主要是希望引起大家对创新动力的深入认识和系统思考以及对这个问题的关注。

2. 系统动力学理论

海洋经济作为区域经济的一个特定研究领域，有关区域经济创新发展的系统动力的研究，对海洋经济创新有普适性。这里，借鉴系统动力学的研究方法，分析海洋经济生产力创新的动力机制如下：

在确定海洋经济创新"三维"时，我们将核心维分成技术、产品、产业与配套条件四大分支系统。其中技术创新子系统既是创新资源，又是创新的基础；产品创新与产业创新子系统表现为资源的配置能力、创新能力以及促进海洋经济增长的关键；信息网络、配套设施创新是创新发展的重要条件。创新系统内部的反馈作用主要体现在他们之间的互动上，其因果关系如图4-3-1所示。

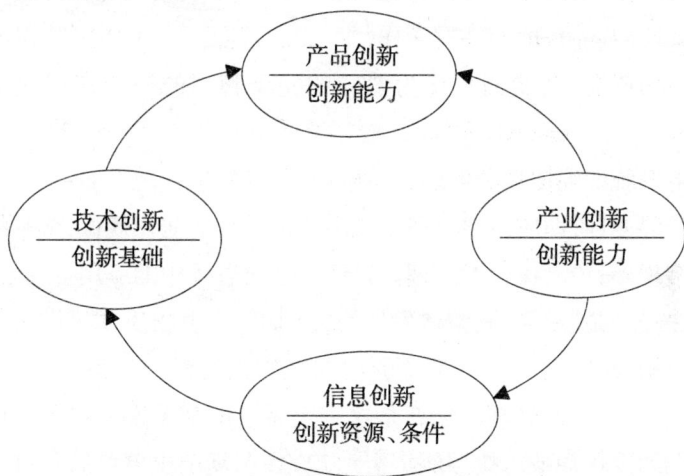

图4-3-1 创新系统因果关系图

从上图可以看出，创新资源、基础与条件系统为海洋经济创新能力系统提供信息、技术、条件方面的支持，促进创新能力系统有关变量的增长。创新能力系统有关变量的增长又改变着资源与基础系统的要素，反过来又进一步影响创新能力的变化发展。当资源、基础系统的变量能够满足能力系统的要求时,整个系统将呈现出良性运行状态。这是正反馈作用。当创新能力增长受到基础与条件制约时,为改变运行状态,能力系统就会对资源、基础系统的某些变量提出变革要求。这些要求得到满足以后,将使整个系统健康演进和实现良性循环。

依据创新系统的因果关系,可以进一步划分创新系统和要素,从这些系统和要素中确定系统涉及的主要变量,建立因果关系详细模型。通过分析研究反馈作用找出关键变量以及对整体系统的作用,从而实施科学的调控,以实现海洋经济创新系统的动态协调运行,达到促进创新发展的目的。

3. 复杂性科学理论

复杂性科学是当前世界科学发展的热点和前沿,是备受科学家和社会学家关注的交叉学科领域。作为复杂性科学理论之一的混沌经济理论,其研究与应用已经渗透到管理与创新的学科领域。美国管理学家汤姆·彼特斯(Tom Peters)在其著作《振兴于混沌之上》中指出:"混沌理论将导致一场革命,向我们自认为熟知的关于管理的一切知识提出了挑战"。①

经济系统的混沌现象的研究与应用,主要集中在两方面:一是研究经济系统的混沌性,即应用混沌理论探求经济系统的演化规律,解释纷繁复杂的经济现象;二是探讨混沌理论在经济系统管理中的应用。

海洋经济是一个受到整体发展目标约束,并由物质、能量、信息与人力的流通构成的综合系统,系统的内在结构由海洋经济活动的要素、层次、中介构成。海洋经济的创新是这一大系统的变革发展过程。创新是十分复杂的变革现象。按照经济混沌理论,在复杂现象背后是有规律性和有序结构的。在无序与有序之间、个体与整体之间有着系统辩证关系:"较为简单而又确定的系统可以产生简单确定的行为,如稳定平稳和周期性的行为,也可以产生不稳定的但有界的貌似随机的不确定行为,即混沌;当一个系统产生混沌现象时,其未来行为具有对系统初始条件的敏感

---

① 刘洪著:《经济混沌管理》,中国发展出版社 2001 年版,第 24 页。

依赖性,初始条件的细微变化将会导致截然不同的长期未来行为,因而本质上是不可长期精确预测的;混沌并非混乱,混沌中隐含着秩序,存在普遍性常数。"①这一方面说明简单事物可以产生复杂不确定现象,而复杂事物现象可以仅遵从一条简单的规则,从而使对复杂事物的认识成为可能。

按照经济混沌管理理论的分析,海洋经济创新系统作为经济系统的一种,其动态行为受到三种力的作用:系统内力、政策力和随机力。系统内力,由宏观的经济活动规律和经济系统结构决定;政策力,由人为施加并控制;随机力,属于一种外在不可控制力,包括可预见的和不可预见的,通常是随机的,不可预见的,也称外部冲击力。创新系统的变革动因就是:(1)内在结构决定的;(2)"外扰"诱发的;(3)系统结构的混沌。因此,海洋经济生产力系统创新变革的内在动力可以从自组织和他组织两方面来认识。就其具有的自组织性来看,其内在动力是其内部以及内部与外部之间的相互非线性作用;从他组织来看,系统的开放程度、内部差异、作用关系、作用方式等可以人为介入,通过控制指令,利用系统内部相互作用规律和调整序变量的办法控制创新系统运行,以期达到预期的创新发展目标。②

## 4.4　核心创新系统的集成效应

### 一、集群环境有利于知识和技术的传播与扩散

集群内企业、机构通过地理接近和相似的产业文化,便捷了企业间通过人员流动与私人交流等形式建立稳定和持续的关系,为组织内部及不同组织之间的隐含经验类知识的准确地传递与扩散提供了基础条件,从而有利于提高创新速度。另外,集群内可以提供一些来自于非正式渠道但对创新往往起重大作用的关键信息,克服了正式渠道具有时滞性的

---

① 刘洪著:《经济混沌管理》,中国发展出版社2001年版,第24页。
② 同上。

缺陷。

## 二、集群环境有利于知识的积累与学习的加强

集群内垂直联系的企业、水平竞争的企业、中介机构、教育与研究部门、有经验的顾客在地理上的集中,既用早于高度专业化的技能和知识的累积效应,为企业提供实现创新的重要来源以及所需的物质基础,又使创新各主体之间能够面对面交流,使学习途径更加方便。同时由于创新带来的财富效应,给区域内其他组织提供了直接的示范效应,激发其他企业的学习热情。另外,产业群内同类企业集聚,系统内竞争激烈生活方式远远超过分散的个体,优胜劣汰的自然选择机制在集群内充分展现。所以,创新主体设法通过持续不断的创新来获得竞争优势是一种绝对压力,包括竞争性压力、同等条件压力、持续不断比照压力。激励与压力并存,使创新主体不断加强自我学习来推动创新。

## 三、集群效应有利于降低创新风险

集群的集聚效应和外部效应使创新主体容易发现技术创新所需的基本要素,如集群内的生产服务业更加完备、本地供应商和合作伙伴可以紧密地参与创新的过程,确保与客户的需求一致。创新主体通过创新不仅获得源于技术上的超额垄断利润,而且通过集聚效应形成共同的技术标准,进一步扩大垄断优势。创新的模式实现了由过去的线形模式向网络化创新模式转变,这种多方合作参与的创新,既降低了创新的风险,又提高了创新的成功率,能取得明显的集成创新效应。

# 5 保障创新维集成:海洋生产关系创新

海洋经济三维创新的第三个维度是保障创新维。保障创新起着保障海洋经济力实现创新发展的作用。保障创新也是一个整体创新集合或网络系统。为了有效地配置海洋资源,促进海洋生产力创新发展,必须在经济发展的各个方面和各个环节,实施有效的组织、管理和作出制度安排,同时也要发挥海洋文化的创新整合作用,以保障创新系统的有效运行。

## 5.1 保障创新系统的构成及其特点

### 一、保障创新系统的内涵

海洋经济的保障创新系统是指调节与规范海洋经济运行中的各种关系,为海洋经济运行提供创新动力、活力,适应海洋经济核心创新系统高效优质运行的创新保证系统。保障创新也是复杂的系统。我们通常所说的管理创新、制度创新等都是具体的保障创新的内容。同类的保障创新构成了在某一领域的保障子集,而这些保障子集又构成了一个总创新体中的整体保障集合。组成保障和保障集合的各保障、保证系统不是并行排列和彼此无关的,它们都是从某一方面或某一角度来对创新的运行起保证作用的。而人类开发海洋、发展经济的行为是复杂和多元的,在目标、战略创新的统领下,各种保障创新必须在结构、功能、组成上加以密切配合,才能实现海洋经济集成创新的大目标。用系统科学和集成理论来审视保障创新系统就会发现,保障是一个非常复杂的系统。在这个系统内部,包括许多个相互作用和相互联系的保障子集,它们以某种特有的结合方式或构成形式连接在一起,并为实现某种功能而相互协同,由此形成一个有机的整体。总之,保障创新系统是由若干相互联系和作用的具体创新系统所构成的具有保障功能和目的的有机创新系统集合体。

## 二、保障创新系统的分类构成与集成内容

### 1. 保障创新维系统分类

依据不同的范围、功能、研究对象和研究目的,可以对海洋经济保障创新系统进行不同层次的分类。依据学术界近些年的常规研究,海洋保障创新系统有以下三种类型。如图 5 - 1 - 1 所示:

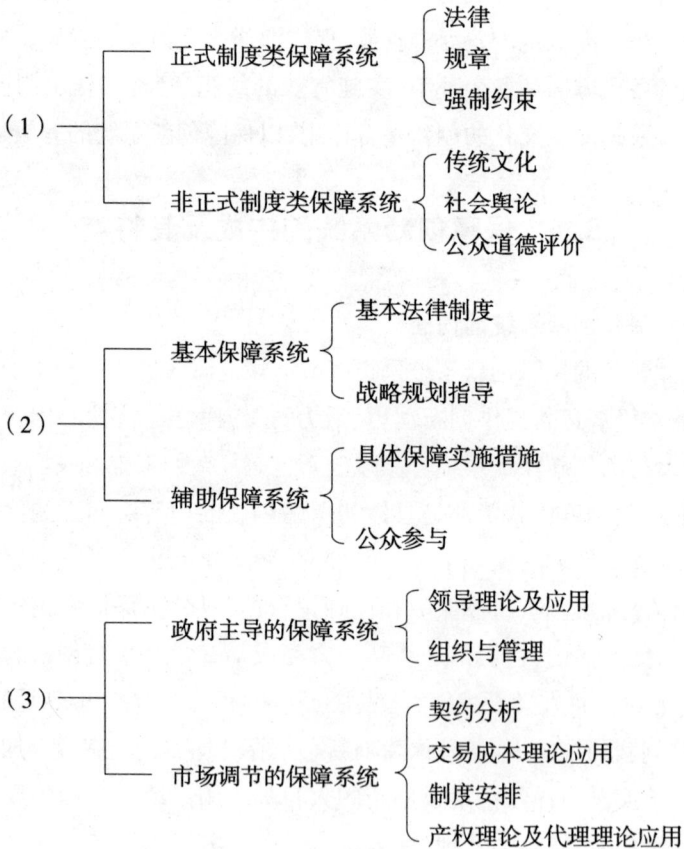

```
（1）── ┬── 正式制度类保障系统 ── ┬── 法律
        │                        ├── 规章
        │                        └── 强制约束
        │
        └── 非正式制度类保障系统 ── ┬── 传统文化
                                  ├── 社会舆论
                                  └── 公众道德评价

（2）── ┬── 基本保障系统 ── ┬── 基本法律制度
        │                  └── 战略规划指导
        │
        └── 辅助保障系统 ── ┬── 具体保障实施措施
                          └── 公众参与

（3）── ┬── 政府主导的保障系统 ── ┬── 领导理论及应用
        │                        └── 组织与管理
        │
        └── 市场调节的保障系统 ── ┬── 契约分析
                                ├── 交易成本理论应用
                                ├── 制度安排
                                └── 产权理论及代理理论应用
```

图 5 - 1 - 1  保障创新分类图

上述保障系统图示中的具体保障措施与保障方法,可以分别归入组织保障、制度保障、管理保障和文化保障之中,这就是本书所提出的四个保障创新单元系统。这四个保障创新单元系统的集成构成保障创新维的有机整体。

本书提出的海洋经济发展的保障创新维就是由相互联系、相互制约、相互影响的组织创新、管理创新、制度创新、文化创新等单元创新系统构成的集成整体。如图5-1-2所示:

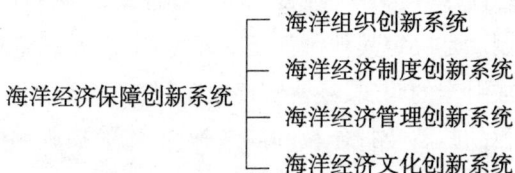

海洋经济保障创新系统

　　　├─ 海洋组织创新系统
　　　├─ 海洋经济制度创新系统
　　　├─ 海洋经济管理创新系统
　　　└─ 海洋经济文化创新系统

**图5-1-2　海洋经济保障创新维系统构成**

2. 保障创新维各单元系统集成内容

(1)海洋经济的组织创新系统

创新管理理论认为,组织是由人们建立起来的、相互联系并且共同工作着的要素所构成的系统。海洋经济组织分为企业组织和管理组织。不论是企业组织还是管理组织都可以分成相互作用与功能不同的子系统,即决策、指导、参谋与控制子系统。合理的组织行为,必须将组织系统建立在与外部系统保护动态平衡的基础上。面对知识经济的挑战,海洋企业组织应当变成终身学习和知识创新的基地,从海洋经济的高科技、高风险特点来看,更要建立智慧集成、跨学科与行业的合作研发环境以及界限模糊的生产、研发、市场营销系统,打破农业经济和工业经济时代企业组织条块分割的界限。从管理组织看,由于海洋经济是新兴的经济体系,在过去的很长时期内没有形成完善的管理组织。自国家建立海洋局以来,全国沿海各省区才相应地成立海洋管理机构。海洋经济虽是综合性产业,但其管理组织却与海洋口分离,许多管理职能仍由各产业主管部门管理,海洋经济并未形成实体管理系统。随着知识经济的发展,海洋经济管理组织的创新非常迫切。

(2)海洋经济的制度创新系统

美国制度经济学集大成研究者道格拉斯·C·诺斯认为,制度是指一系列被制订出来的规划、守法程序和行为的道德伦理规范,它旨在约束主体福利或效用最大利益的个人行为①。海洋经济制度则是在海洋经济这一特定经济体系内形成的各种正式和非正式规则的集合,它提供海洋经济活动成员间的相互影响框架,约束海洋经济活动中追用效用最大化的行为。为了实现海洋经济全面、协调与可持续发展,必须协调与各种外部资源的关系,并在财产关系、经营机制和管理规范等方面作出一系列制度安排。产权制度是决定其他制度的根本性制度,它规定着海洋经济主体对海洋资源或财产的归属、经营管理的权利、利益和责任。所谓经营规范是有关经营权的归属及行使权利的条件、范围等原则规定。所谓管理规范是行使经营权的日常活动中各种具体规则的总称。海洋经济的制度创新就是实现海洋经济制度的变革,调整和优化海洋经济活动中各种权、责、利关系,使各种资源、要素合理配置,发挥最大的集成效益。制度创新是管理创新的重要基础。

(3)海洋经济的管理创新系统

管理理论认为,管理创新是指管理者利用新思维、新技术、新方法,创造一种新的更有效的资源整合范式,以激发管理系统的管理效益的不断提高。按保罗·罗默(Paulo Romer)的思想,管理创新是在创造和掌握新知识的基础上,主动适应新的环境,提高组织时代效能,推动生产要素在质和量上发生新的变化和新的综合的过程。海洋经济管理创新具有以下特点:①管理创新的思维必须以海洋资源开发、整合为对象;②管理创新具有更强的集成性,资源整合范式具有更强的综合性;③由海洋开发的风险性决定了海洋经济管理创新具有不确定性和风险大的特点。海洋经济管理创新在海洋经济保障创新中起着综合统筹、协调指导的作用。

(4)海洋经济的文化创新系统

海洋文化是与陆地文化相对应的文化,是海洋的生态环境所提供的

① [美]道格拉斯·C·诺斯:《经济史中的结构变迁》,上海三联书店1991年版。

对人们的生产生活、价值观念、性格、习俗的物质和精神的总体文化现象和表现。有的学者认为:"海洋文化,就是人类缘于海洋而生成的精神的、行为的、社会的和物质的文明化生活。""一方面,作为人类实践客体的海洋对人类创造的物质和精神财富发生影响和作用;另一方面,作为主体的人类在征服、改造和利用海洋的实践过程中,也同时不断地改变了人类自身和人类的内在世界,诸如观念、情感、思想、能力等等。总之,作为主体的人类与作为客体的海洋在实践中的统一,就是海洋文化的本质。"①海洋文化的结构包括物质文化、行为文化、制度文化和心态文化等多个层次。海洋文化创新是海洋经济保障创新的重要内容。加快海洋文化建设,弘扬海洋先进文化,可以大大推动海洋经济的创新步伐。

### 三、海洋经济保障创新系统的特点

1. 保障创新的主体呈多元化趋向

在现实的海洋经济发展实践中,实现海洋经济保障系统的集成创新,形式是多种多样的:既可以由政府来从事宏观调控,如采取综合管理措施;也可以靠建立海洋经济开发区来从事创新集成,开发区这种形式本身就是组织、制度、管理与文化的创新集成;还可以靠海洋大型企业、行业协会来整合创新资源。可见,创新主体是多元的。首先,海洋经济的开发主体是企业,企业在海洋经济创新中具有主体地位,这是不容置疑的。但由于海洋开发是一项综合性很强且又政策性很强的发展领域,海域管理特别是专属经济区管理等又受到国际海洋法的制约,需要在相邻海域处理有关的海洋权益关系,因此,政府也是保障创新的主体。同时,一些公共部门、行业协会、产业组织也起着协调创新的作用,也在保障创新中发挥着积极作用。

2. 保障创新的目标是保证核心创新维系统的功能发挥

保障创新,是海洋经济"三维创新"中的保障。没有保障创新,核心创新很难取得预期的创新效益。保障创新维的各创新系统进行集成创新

① 管华诗主编:《海洋知识经济》,青岛大学出版社1999年版。

活动,目标就是为了有效地运用各种资源,实现海洋生产力的创新发展。作为生产关系范畴的保障创新系统,其调节职能与传统的生产关系的调节职能有所不同:传统的职能主要是计划、领导、控制等,一般具有相对稳定性。而创新系统则不同,它是一个将创新作为资源进行整合、使用的过程,是通过创新活动来表现自身的存在与价值,对生产关系进行变革以适应生产力的发展的。保障创新的原则是集成经济性原则。创新行为和活动应当是在成本收益比较的基础上进行,以切实起到保证作用。

3. 保障创新是知识密集型的,应重视人力资源的开发与应用

海洋经济发展进入知识经济时代,对传统的保障创新提出了严峻的挑战。知识时代要求保障创新向知识方向发展,也就是要通过知识的获取、传递、利用与保护等一系列过程,来满足海洋经济发展的保障和支撑需要。因此,保障创新也是知识密集型的。由于保障创新中的创新知识归结于人的创新。因此,海洋人力资源的开发与利用是保障创新中最值得重视的因素。

4. 保障创新具有社会性和公共性,协作配套极为重要

在经济全球化时代,保障创新具有社会性的特点:一是要重视社会资源的整合,包括各产业部门以及各主管部门的整合;二是重视社会环境的整体创新,包括海洋经济发展良好氛围和社会环境。同时,保障创新还有公共性的特点,保障作为一种生产关系创新的基本要求和内在规定,无论是它的"生产",还是它的"消费"都具有"公共性",是一种"公共物品"。在保障创新的"生产"上,公共性表现在保障系统的建立、实施与维护都是一种公共努力的结果,对某种保障的创新选择就是在各种利益冲突条件下的一种公共选择过程。在保障创新的"消费"上,公共性表现在各经济主体对保障的"消费"具有非排他性。任何主体既可以用它来保护和发展自己的利益,又都必须受到它的制约。正因为保障创新具有社会性和公共性,所以,其中各子系统的创新必须相互协调,只有这样,才能实现保障互补,发挥其应有的作用。

## 5.2　保障创新系统的创新
## 运行与功能效应

### 一、保障创新系统的创新运行

海洋经济保障系统的集成创新从提出到取得成功的整个运行一般要经过以下四个阶段：提出创新目标阶段、创意产生阶段、创意评估与筛选阶段、创新实施与修正阶段。这一系列进行过程如图5-2-1所示。

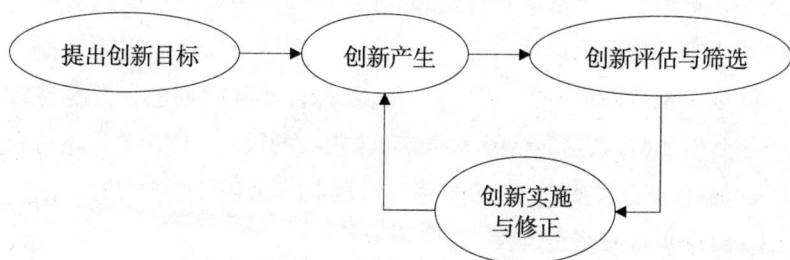

图5-2-1　保障创新网络系统运行轨迹

1. 提出创新目标阶段

创新目标是创新行动的指南。进行创新行动，必须首先明确创新目标。海洋经济保障创新的目标是：建立适应核心维创新的保障集成创新系统，促进核心创新的优化和顺利实施，从而推动海洋生产力的更快发展。脱离这样的目标，保障系统的创新就会产生很大的盲目性，创新就不会收到好的效果。由于保障创新是多个系统集成，有时为了提高集成效果，也需要把调整、优化集成结构作为创新目标。创新中也有"木桶效应"。决定创新整体水平和效益的"木桶容量"，既不是最长的，也不是平均长度的，而是最短的那根木板。这就是说，必须推进所有的创新子系统齐头并进，实现同步。因此，优化创新结构也是集成创新的目标之一。

2. 创新产生阶段

有了明确的创新目标之后，就必须有科学的创意。有新观念、新思想、新方法的创意才会有创新，能否产生创意是关系到能否进行保障系统创新的根本。保障系统的创意必须坚持"生产力出题目,生产关系作文章"的思路,努力在调整、变革生产关系上出更多的创意。要产生好的创意并非一件容易的事情,它受到人们的素质、阅历、知识积累及当时各种因素的影响和制约。

3. 创意评估与筛选阶段

产生了许多创意之后,还需要根据海洋经济的现实状况与资源条件、外部环境的状况对这些创意进行评估与筛选,看其是否有实际操作意义,是否能达到预期目标。在这个过程中,参与创意评估人员的选择十分重要,这些人员需要有丰富的管理经验、好的创造性潜能以及敏锐的分析判断能力,否则极易扼杀优秀的创意。同样,在评估最高创新管理者提出的创意时,如果没有外部专家参与与评估,不符合实际的创意会很容易地通过,并进入实施阶段,这会给经济发展带来极大的风险。因为如果不符合生产力发展的生产关系变革通过并付诸实施,会阻滞或破坏生产力的发展。

4. 创意实施与修正阶段

创意的实施是整个创新过程中一个极为重要的阶段。经评估与筛选后的创意,通过一系列具体的操作设计,变为一项有益于海洋经济创新与发展的举措,而且确实在创新实践过程中得到了验证,就是一件好的创意。许多好的创意往往由于找不到合适的具体操作方法而最终无法成为创新。因此,集成创新,要很好地研究集成的方法。集成的方法有多种,要综合考虑使用。特别是管理方法和制度方法,近些年有了很大发展,要努力将这些新方法应用到创新实践中去。创新的实施过程中,还要努力做好跟踪分析,及时修正创新中的偏差。总之,集成创新是复杂而又艰难的工作,要切实精心组织。

**二、保障创新系统的运行模式**

按照不同的标准,保障创新系统运行模式可以有不同的分类。按照创新范围的大小,创新系统运行模式可以分为局部创新和整体创新;从制度供求的角度以及制度变迁过程的角度来划分,创新的模式可以分为强制性创新和诱致性创新;按调节机制,可以分为体制创新和机制创新等。

## 1. 局部创新与集成创新模式

局部创新是指只在保障创新系统的局部(某个方面或某个子系统)实施的创新。集成创新是指在整个范围内实施的各系统合成的总体性创新。局部创新又可以分为增量式局部创新和存量式局部创新。增量式局部创新原是指原有机构外成立一个新机构,率先采用新的创新模式。这是企业创新中常用的,海洋经济的保障体系创新中也可采用这一模式。它的实施阻力小、成本低,具有示范效果和学习功能效应的特点。存量式局部创新是指在现有的系统中选择某个机构率先实施创新。存量式创新与增量式创新相似,其特点略有不同。其实施阻力、实施成本略大于增量式创新,因为现有机构中要受到传统势力的阻挠,需要克服旧制度、旧管理的阻力。二者的示范功能效应和学习功能效应相似。存量式制度创新所积累的学习经验更容易推广。

局部创新有优势,也存在不足。由于创新是一项系统活动,其内容涉及产权制度、领导组织制度和管理制度等内容。而局部创新可能只涉及这些内容的一部分,其经验的积累不一定对全局有效。因此,在局部创新活动中,经常有"局部有效、整体无效"的现象。正因为如此,才有必要实施集成创新。

集成创新模式则与局部创新不同,这种模式的特点是:(1)实施阻力大。全面实施创新会遇到较大的阻力,特别是旧制度下既得利益者的阻挠。但阻力一旦被克服,实施创新往往会更加顺利。(2)实施成本高。这种集成的转换必然存在着较高的实施成本。如果集成运行顺利,又可以降低边际成本。(3)会产生较大的波动。这种波动必须足以打破旧有的平衡,方能建立起新的平衡。(4)系统全面的创新有助于积累创新的知识和经验。(5)符合创新的系统性要求。(6)集成创新对于海洋经济的全面、协调、可持续发展有重要影响。

## 2. 强制性创新和诱致性创新模式

按照有关专家的分析①,强制性创新是由政府命令或法律引入而实

---

① 李有荣:《企业创新管理》,经济科学出版社 2002 年版,第 182～185 页。

现的。国家在强制性创新中扮演供给者的角色。作为垄断者,国家在使用强制力时有很大的规模经济,由其推行某种制度或管理的实施,组织成本较其他组织低。而且由政府推动创新,还可以弥补供给不足的矛盾。强制性创新有以下优势:(1)可以克服创新的外部性和搭便车而造成的供给不足。(2)可以用最短的时间和最快的速度完成创新。(3)创新成本低,尤其是组织成本低。(4)在供给方面具有规模经济优势。(5)政府拥有信息优势。(6)政府的风险承受能力大。(7)有利于成功模式的推广扩散。当然这种模式也存在不足:(1)如果不能从实际出发,或者认识不够,那么会遇到较大的阻力。(2)容易产生"一刀切"的不科学的决策。(3)在长期内缺乏稳定性。(4)会抑制经济主体的自主创新的合理要求。

诱致性创新是指保障创新的实施是由创新主体自发倡导、组织和实行的。诱致性创新的必要条件是在制度环境和其他外部经济条件给定的制度安排留下的空间和边界中,存在外在利益和制度安排。诱致性创新的特点可以概括为:(1)收益性。即只有当制度创新的收益大于预期成本时,创新主体才会选择新的制度安排。(2)自发性。诱致性创新是在外在利润的诱发下的一种自发性的反应。(3)渐进性。在创新过程中逐渐实现收益。局限性主要有:取得的成本较高;制度创新存在"外部性",会降低创新主体创新的积极性;组织的信息不充分;容易形成路径依赖;等等。

总之,强制性和诱致性两种模式各有利弊,在海洋经济保障创新的具体实施过程中应当根据具体情况进行合理选择。从目前来看,仍然应当以强制性创新模式为主。随着我国改革的深入,市场经济体制的逐步确立,诱致性创新将会逐渐占据主导地位来发挥它应有的作用。

### 三、保障创新系统功能效应

海洋经济保障创新维系统包含若干单元系统,而它本身又是整个海洋经济"三维系统"的一个子系统。因此,保障创新必然会引发系统功能效应。这些系统功能效应包括群聚功能效应、加速功能效应、时滞与过程功能效应、学习功能效应、示范功能效应、外部功能效应等。认识这些系统功能效应,会有助于我们更好地把握保障创新网络系统的运行,更好地从事保障创新的实践活动。学术界对创新效应的分析①,同样适用于海洋经济保障创新的研究。

1. 群聚功能效应

熊彼特曾经指出,一旦社会上对于某些根本上是新的和未经过试验过事物的各种各样的反抗被克服之后,那就不仅重复做同样的事情,而且在不同的方向上做"类似的"事情就要容易多了,从而第一次的成功就往往产生一种群聚功能效应。在海洋经济创新的过程中也同样存在着群聚功能效应。在我国开发海洋的过程中就广泛存在着"群聚功能效应":如果某一地区或某个企业率先进行了某项制度创新,那么"类似"的事情就可能重复发生,从而产生群聚功能效应。"海上山东"、"海上辽宁"、"海上海南"、"海上苏东"的战略规划相继提出并实施就是如此。

2. 加速功能效应

所谓加速功能效应,是指随着社会经济科技的发展,新的创新不断出现,创新的速度越来越快。加速功能效应与整个社会的知识积累、社会科学的进步以及社会知识的积累有关。当进行一次创新之后,社会的创新知识存量就增加了,并促进了社会科学的进步。从制度创新角度来看,知识的积累和社会科学的进步扩大了制度的选择范围,减少了与某种制度安排相联系的成本,可以提高人们发现制度不均衡、设计制度以及认知制度的能力,从而使制度创新更为容易,因而制度创新也就更为频繁。海洋经济的其他各项保障创新也是如此。

3. 过程与时滞功能效应

由于创新系统运行有一个过程,从实施创新到实施绩效的产生和形成也有一个过程。研究创新的一些专家已经提出,在这个过程中,既需要依赖自组织作用逐渐磨合,也需要对整个过程进行合理的管理和控制。否则,任何一个环节出现问题都会影响创新绩效,这就是过程功能效应。如果创新产生的绩效滞后于创新的实施,这就是时滞功能效应。认识这

---

① 李有荣:《企业创新管理》,经济科学出版社 2002 年版,第 178 页。

一现象有利于合理组织制度、管理等保障创新的活动。预期收益大于实施成本是实施创新的前提。如果迟迟看不到收益,就会失去创新的动力,导致创新的失败。充分认识这种"时滞"的存在,提前做好准备,对顺利完成保障创新有重要的保证作用。

### 4. 学习功能效应

海洋经济保障系统集成创新同样也存在着学习功能效应。从一个较长时期来看,由于管理经验以及知识积累方面的逐步成熟和完善,会使创新的长期平均成本降低。用学习曲线来描述学习功能效应,可以反映创新的成本与运行时间的关系,如图5-2-2所示:

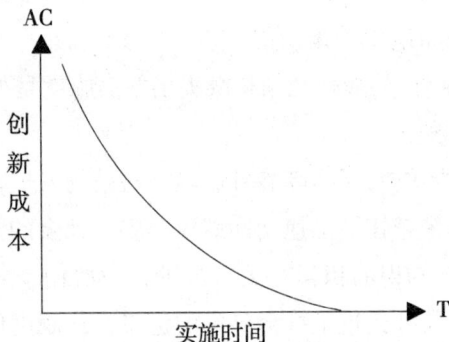

图5-2-2　学习功能效应图

### 5. 示范功能效应

对创新有带动或示范作用,称为示范功能效应。示范功能效应可以分为两种:一种是非企业示范功能效应,一种是企业示范功能效应。非企业示范功能效应是指政府部门、研究机构等在预见到某种新的创新模式的实施效果时,向企业推荐。这种示范作用对于改革之初的企业或对外部信息了解不充分的企业来说具有重要的意义。由于这些情况下的企业对外部世界缺乏了解,或者是收集信息的成本太高,因此由政府部门或研究机构来发挥示范作用有一定的优势。企业示范功能效应是指某些企业率先进行创新,从而发挥示范作用。这种示范作用的效果明显,容易为企业所接受。不论哪一种示范功能效应,在具体模仿学习时,都应当结合自身的实际加以创新。

### 6. 外部功能效应

海洋经济实施保障创新的效果不仅表现在经济体系内部,而且对于塑造外部环境也有着积极的作用,可称之为创新的外部功能效应。从企业角度来看,一个建立了现代产权制度的企业,其产权关系得到明晰,自主经营的法人地位得到确立,企业成为真正的市场竞争主体。其意义不仅仅在于企业本身的效益改善,而且对于整个市场经济体制的建立也有促进作用。企业是市场经济的活动主体,企业建立现代产权制度也是市场经济体制的有机构成。另外,建立现代产权制度的企业,出资人的权益得到有效的保护和保障,因此,外部投资者会更愿意向该企业投资,这实际上是改善了企业的融资环境。这就是制度创新的外部功能效应。这符合系统科学中的"环境互生共塑原理",即不仅环境对企业制度有塑造作用,企业制度对外部环境也有影响作用。从政府角度来看,宏观保障体系的创新,同样也有外部功能效应。在经济全球化的今天,宏观管理有效,也会更好地促进国际海洋经济技术合作的发展。

### 7. 倍增功能效应

倍增功能效应是指由保障创新的群聚、示范、加速扩张和影响外部而产生的"滚雪球"式创新动力和有利影响。从海洋经济保障系统创新的释放过程来看,首先释放具有调动作用的示范、学习与群聚功效,再逐步释放加速和外部影响功效。在这一过程中,同时要注意过程和时滞功效。通过集成和整合,就会释放倍增功效。这种倍增功能是一种动态的、复杂的创新要素与集成经济性构成要素间的新组合和变化,表现出海洋经济核心创新的更巨大动力和活力,使海洋经济力进一步增强。

## 5.3  保障创新维集成创新的策略"保障"

促进保障创新维集成创新运行,需要相应的策略对策,即也需要"保障"。基本的"保障",应从保障创新的需要和现实缺陷中寻找。目前的保障缺陷主要是保障制度缺失、保障方式方法不当和保障创新运行质量不高。因此,保障维创新的策略保障就主要是弥补制度缺乏、推广科学方法与提高创新学习力三个方面。

## 一、确立海洋经济科学发展观和整体优化的宏观调控观弥补制度缺乏

海洋经济全面、协调、可持续发展观,是在学术界讨论可持续发展观的基础上提出来的。笔者曾在 1999 年出版的《蓝色战略》一书中作过系统研究。当时认为,协调发展与可持续发展观是从经济、社会、科技、环境相互影响、相互作用的大系统整体视角提出来的,海洋经济可持续发展观就是可持续发展观向海洋经济的拓展。[①] 这些观点至今仍有现实意义,故在此不再赘言。

## 二、发挥纳什均衡在保障创新中的方法论指导作用

纳什均衡作为现代博弈理论,为分析与解决资源、经济、社会领域的诸多现象提供了方法论,无疑也给海洋经济的保障创新的实现以有益的启示。借鉴纳什均衡,避免或减轻海洋资源开发以及海域利用中的外部性现象和"公地悲剧",是促进海洋经济生产力持续提高的重要策略选择。

"纳什均衡"(Nash equinbrum)即 1994 年度诺贝尔经济学奖得主——美国经济学家纳什(John F. Nash, Jr.)定义的"均衡点"(Equilibriumpoints),人们为了纪念纳什提出和发展这个重要概念的贡献,将它称为"纳什均衡"。从纳什均衡在 1950 年正式诞生到现在,先后有多种博弈均衡,纳什均衡只是其中之一。所谓纳什均衡,是指在给定条件下,N个参与人各自选择自己的最优策略所构成的一个策略组合。就是说在这样的一个策略组合中,任何人的决策在个人理性下都是最优决策。[②] 纳什均衡的经典例子是"囚徒的困境"(Prisoners dilemma)。在现实生活

---

[①] 郑贵斌:《蓝色战略》,山东人民出版社 1999 年版,第 201~221 页。
[②] 杜爱平:《从博弈均衡引发的思考》,《行政论坛》2002 年第 3 期。

中，还有许多与"囚徒的困境"类似的博弈问题，它们也都存在纳什均衡。

格雷特·哈丁在1968年成功地将"囚徒的困境"与资源耗竭结合起来，从而进一步揭示了生态环境问题的产生与囚徒的行为具有极为相似之处。哈丁在其论文《公用地灾难》中说:"在信奉公用地自由化的社会中，每个人都追求各自的最大利益。这是灾难所在。每个人都被锁在一个迫使他在有限范围内无节制地增加牲畜的制度中。毁灭是所有人都奔向的目的地。"①无论是"囚徒的困境"还是"公用地灾难"，都告诉我们:人类行为的自利性与不合作，必定导致相互损害，产生对大家都不利的结果。后者则进一步表明，在有关"公共性"的问题上，类似"囚徒的困境"与"公用地灾难"的情况更容易产生。

2005年获诺贝尔经济学奖的托马斯·谢林和罗伯特·奥曼注重博弈论的现实应用，通过分析显示出长期合作关系的重要性，认为利益冲突者之间构筑长期的信赖关系会比争一时之利获得更大的利益。这又提供了博弈的新策略。

海洋资源本来是"公共物品"，在消费时具有非竞争性和非排他性的特征。非竞争性指一使用者消费该物品并不会减少对其他人的供应;非排他性指任何人不能排斥他人同时消费该物品。由于公共物品的这些特征，因此总有人希望"搭便车"而享受收益。一旦人人都这么想，"公用地困境"便会出现。总体上看，海洋生态环境是一种公共物品。那么，在自由放任的情况下，人们的自利行为必然导致生态失衡、环境退化的后果。戴维·皮尔斯与杰瑞米·沃福德指出许多生态环境问题其实是这样产生的:"第一，许多可再生资源都不归私人拥有，所以存在着许多个实际上的或潜在的使用者;第二，每个个人都有利用更多资源的积极性，因为这样可以得到更多的个人利润，这就是支配策略问题;第三，如果所有用户都用这种行为方式，资源就会面临过度开发的风险;第四，由于这种背叛

---

① 邓集文:《纳什均衡对我国公共管理的启示》,《湖南师范大学社会科学学报》2003年第8期。

行为的刺激作用,任何协议的风险都是不稳定的。"①因此,要解决占用资源与生态环境问题,必须建立一种依靠公共权力来规范、约束个人自利行为,促进人们相互合作的制度。

　　在海洋经济中,个人与企业之间以及各自之间存在这种博弈,在地方政府之间以及地方政府与中央政府之间也存在这种博弈。许多个体的、微观的策略抉择往往导致非理性的宏观恶果,从而出现"地方主义"、"部门利益",这也是一种"公地悲剧"。总之,在市场机制下,生态环境等公共物品的效益问题无法得到解决,进而需要政府用制度保障干预、介入。这启示我们,为了实现海洋经济的可持续发展,政府必须积极制定正确的创新保障政策,有效地加强生态环境的保护,避免"公用地灾难"的发生,以实现可持续发展。

### 三、依靠创新主体的学习力提升保障创新的水平

　　实施海洋经济保障创新,促进海洋经济发展,必须加强政府以及地方政府间的公共事务管理能力和协作精神,努力提高组织、制度、管理与文化的集成创新能力。要达此目的,必须靠提高创新主体的组织学习力来实现。

　　1. 学习型组织理论的提出及其发展

　　1992 年,美国学者彼得·圣吉首次提出学习型组织五项修炼之后,学习型组织理论受到了各国政府与企业的广泛关注。所谓学习型组织,是指通过集中学习,借助知识管理,培养整个组织的学习气氛,充分发挥成员的创造性思维能力,而建立起来的一种有机的、高度柔性的、横向网络式的、符合人性特点的、能持续健康发展的组织形式。在学习型组织理论中,有一个著名的公式,即 $L \geqslant C$,其含义就是在知识经济社会里,学习(Learning)速度要大于变化(Change)速度。换一个角度说,现代竞争首先表现为学习速度的竞争,如果一个组织内部学习与变革的速度赶不上

---

　　① 邓集文:《纳什均衡对我国公共管理的启示》,《湖南师范大学社会科学学报》2003年第 8 期。

外部变革的速度，这个组织就没有生机活力甚至会消亡。据统计，20世纪80年代，世界500强企业，已经有1/3销声匿迹，国外大企业平均寿命为40年，而我国企业平均寿命为5年。究其根本，在于企业的学习力不够，企业变革速度赶不上外部变革的速度。这个公式具有普遍性，对个人、团体、区域和社会，具有同等的指导意义。

目前，学习型组织理论已经得到广泛重视与运用。1997年，世界管理科学大会在预测未来管理变革十大趋势时，就明确指出"学习型组织是未来成功企业模式"。许多国家、地区已经将建立学习型社会和学习型区域列为长期发展战略与目标。如1991年，美国在制定教育战略时，明确指出，"把社会变成大课堂，把美国变成人人学习的国家"。欧盟在世界之初，就提出建设学习型社会；新加坡政府提出建立学习型政府；世界前100强企业，已经有40%进行了学习型组织改造。近年来，国内许多地区和企业也开始创建学习型组织。1999年9月，徐匡迪市长就积极倡导创建学习型上海市；2001年2月，北京市人大决定，将北京建设成为学习型城市。国内外许多地区与企业，正在创建学习型组织，以应对日益激烈的国际竞争。

目前，学习型组织理论仍在发展完善之中。在学习型组织理论提出并进入初步实践以后，又进入了组织学习与知识管理的整合阶段。日本学者野中郁次郎提出了"创造知识的公司"的理论，补充了圣吉等人只强调吸收知识、很少谈创造新知识的问题。1999年，狄伊·哈克提出了浑序组织，使学习型组织理论实现了很大范围的整合，进入了新的发展阶段。所谓浑序组织，是把组织学习、知识管理和复杂性科学整合在一起的组织。有人认为这是自工业时代400年以来仅见的超越管理智慧性组织，它把组织学习者将知识"是什么"（know-what）的知识与"知道如何"（know-how）的知识结合起来。但为了使两者关系继续，还需要经受时间的检验，双方都必须有一个它们能达成一致的认识论——一个关于在人类组织中学习是如何发生的理论，而不只是有一个价值的共同信念就够了。在这里，复杂性理论正好提供了一个稳固和广泛认同的关于生命系统在人类组织中据以演化的方式。因为复杂性理论本身涉及人类组织中知识与学习的本质和作用。

2. 创新组织学习力的构成要素与整体功能

一般认为,组织学习力是学习型组织的警觉变化、预估影响、作出反应、调整安排的自创未来的能力,是组织所拥有的比竞争对手学习得更快的自我创新能力,是创新组织所具有的竞争力的核心要素。因此,也必然是实施保障系统集成创新的不可替代的管理能力和创新能力。海洋经济集成创新是创新内容的丰富和创新系统的协调,依靠组织学习力才可以实现保障创新的聚集、整合、倍增等功效。

组织学习力的构成要素可以从不同层面认识。从知识经济和网络经济的发展中信息所具有的重要性来看,信息层面的分析十分必要。从这一层面来分析,组织学习力的构成要素表现为对各种内外信息的认知与反应能力,即预警能力、认知能力、传递能力与调整能力。这些要素的含义、功能作用是:

预警是组织学习力形成的"视觉",是组织学习力形成的信息触觉环节,预警能力是对各类信息的敏感和警觉程度。预警能力强,对来自各方面的信息的敏感性就高。因此,预警能力是创新主体对各类信息的敏感程度的一种表述。

认知是组织学习力形成的"头脑",是组织学习力形成的信息掌握环节,认知能力是对各类信息的认知程度的一种表述。

传递是组织学习力形成的"手脚",是组织学习力形成的信息共识环节。传递能力是保证信息沟通畅通的能力。

调整是组织学习力形成的"人",是组织学习力形成的信息能量释放环节。调整能力是应变是否及时的能力,是组织对变化的克服力度的一种表述。

以上四要素及其相互联系,是产生适应或改变环境,或改变创新的实施计划与安排的能力,是创新主体的组织学习力的整体功能。为了推动创新实践的开展,必须要求组织学习力的要素发挥作用,即预警要早,认知要全,传递要快,调整要科学果断。只有这样,才能保证组织学习力的整体功能的发挥。

3. 创建学习型组织、提升组织学习力的关键在培养创新人才

创新人才资源是创新的第一资源。海洋经济创新主体要创造学习型组织、提升组织学习力,必须重视创新人才资源。为此,要在创新实践中努力做到:(1)落实"人才强国"战略,树立"以人为本"的现代人才管理新理念。把人才的开发利用看作保障创新管理的重心,注重挖掘创新人才的潜能。(2)加大海洋经济创新人才资源的规划与开发,不断提高人才的存量和综合素质。人才资源规划是人力资源管理和创新的基础,创新人才的有效获取、利用和开发离不开科学合理、周密可行的人才资源规划。(3)变传统的人事管理为现代人才资源开发管理。改变海洋界传统的人事管理模式,变封闭的、与外界隔绝的、有限的管理模式为开放的管理模式,积极鼓励、吸引各类创新人才为海洋经济的创新发展出力。(4)大力促进海洋教育事业的发展。在整个教育事业中,优先发展海洋教育、充实海洋经济专业,提高办学层次,扩大招生,努力为海洋经济创新发展奠定坚实的后续的人才资源基础。

# 6 导向三横面之一:海洋资源位集成创新战略

在对海洋经济三维创新模式的各维系统分别作了分析研究以后,现在展开对三位三维创新空间的研究。为了更好地作立体研究,必须展开对由位差不同而形成的资源位三维系统、产业位三维系统、区域位三维系统的平面分析。这一章在概述的基础上首先对资源位系统的集成创新战略进行研究。

## 6.1 海洋经济集成创新系统结构概述

海洋经济"三维三位"创新,是一个复杂的立体空间结构。它是众多创新单元在横位和纵位上的连接、聚集而成的,是立体的。

所谓创新单元,是指海洋经济在创新战略导向下的核心创新与保障创新形成的集成创新的分系统,如技术、制度、管理等创新系统。它们在创新集成中只是集成中的一个单元或一个小系统。

所谓横位,是指在立体空间结构中,三位系统按照位差所形成的横向平面体。在资源位上,形成资源战略导向下的核心与保障创新三维平面,简称资源位三维创新;在产业位上,形成工业战略导向下的核心与保障创新三维平面,简称产业位三维创新;在区域位上,形成区域战略导向下的核心创新与保障创新三维平面,简称区域位三维创新。本书把这种资源开发的生产力与生产关系的适应、产业协调发展的生产力与生产关系的适应、区域一体化创新的生产力与生产关系的适应三种状态,称为"导向创新三横面"。

所谓纵位,是指在空间结构中创新单元按照位差所形成的纵向(纵面)联系。除导向系统外,核心创新系统和保障创新系统也会形成纵位联系,它们中的自各创新单元都可以形成纵位,它反映了不同历史时期和不同战略导向下的各单元的集成创新的发展。我们称之为"创新单元纵构面"。

所谓全立体,是指由三维三位创新构成的整个复杂空间结构图像。不仅是由24种单元创新状态构成的整体,而且是24种状态互动、集成而构成的整体。它是三位在三维连接上构成的平面进而形成的立面的综合体。

限于本书篇幅限制和抽象研究的需要,我们先对横位的三位三维"导向创新三横面"作些分析,然后在下一章中对创新单元在纵位(立面)的状态稍加解剖,并在此基础上展开整个三维三位创新空间的立体研究。

## 6.2　海洋资源位三维创新分析

资源位三维创新,是指资源位上形成的资源开发战略导向下的海洋经济核心系统与保障系统集成创新的平面结构。如图6-2-1所示。

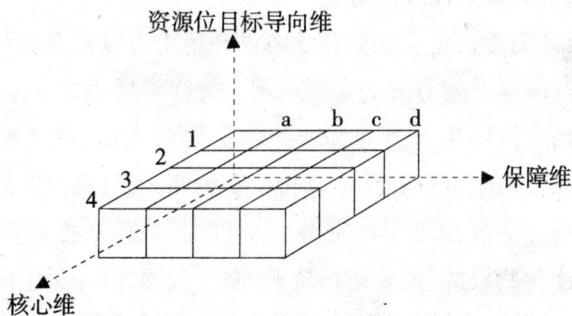

图中:1.技术创新;2.产品创新;3.产业创新;4.配套条件创新
　　　a.组织创新;b.制度创新;c.管理创新;d.文化创新

**图6-2-1　资源导向三维创新横面图**

在海洋资源位三维平面创新中,从生产力核心创新维上,按创新单元就产生出海洋资源开发的技术、产品、产业、配套条件的创新;从海洋生产关系这一保障创新维上,按创新单元就产生出海洋资源开发的组织、制度、管理与文化创新。以上共产生出 8 种创新。再从生产力与生产关系的互动机制分析,还可产生出海洋资源开发的技术创新与制度创新的互动、产品创新与管理创新的互动等相互交叉互动集成的情况,这种交叉可以产生 16 种创新状态。限于篇幅,笔者不对各单项创新进行分析研究,只对资源战略导向下的生产力与生产关系创新三维集成平面作集成研究,对重要的共性问题提出几点看法。

本课题认为,要搞好资源位三维平面结构集成创新,最重要的是明确海洋资源的价值,尊重海洋资源的规律和理顺资源开发上的生产关系适应生产力发展的集成创新思路。下面就展开论述。

# 6.3　海洋资源价值观

本课题认为海洋资源价值观是资源位三维平面创新的思想基础,因此,实施海洋经济集成创新战略必须树立海洋资源价值观。

## 一、海洋资源内涵及其分类

海洋资源通常被定义为储存于海洋环境中可以被人类利用的物质和能量,以及与海洋开发有关的海洋空间。海洋资源多种多样,根据资源有无生命来分,有海洋生物资源和非生物资源两大类;按资源能否恢复来分,又分为海洋再生资源和海洋非再生资源两大类;根据资源能否直接提取分类,又可分为海洋可提取资源和不可提取资源;按照资源的属性划分,又有海洋生物资源、海底矿产资源、海水资源、海洋再生能源和海洋空间资源。在现代社会,海洋资源还应包括极其重要的海洋知识资源。海洋资源的分类如表 6-3-1。

表6-3-1 海洋资源分类

| 资源分类 | 开发内容 | 重要设备 | 最终结果 | 有关产业 |
|---|---|---|---|---|
| 海水化学资源 | 淡水 | 淡化装置 | 为海岛、船只或近岸缺水区提供淡水 | 矿业、化学、电力、机械 |
| | 海中常量元素提取 | 各种常量元素提取装置 | 提取食盐、镁、溴、钾、重水等,供作各种工业原料 | |
| | 海中微量元素提取 | 提取微量元素的各种吸附装置 | 提取铀、碘等,供作国防工业和医药原料 | |
| 海底矿产资源 | 石油天然气 | 石油钻井平台、海底钻探装置 | 提取石油和天然气 | 矿业、石油、造船、土建、钢铁、金属、电机 |
| | 锰结核矿 | 开采船只或其他开采 | 从海底采出的锰结核矿中,提炼出锰、铁、铜、钴、镍 | |
| | 其他矿物 | 各种采掘装置和大深度挖泥器 | 提取铁砂、金砂、锡砂、磷灰石及其他金属 | |
| 海洋动力资源 | 热能 | 海水温差发电站 | 热能变成电能 | 电力、土建、电机 |
| | 海水运动的势能和动能 | 波力发电站、潮汐发电站、海流发电装置 | 海水运动的能量转变为电能 | |
| | 其他能量 | 压力差装置 | 用深层海水压力差进行海底钻探 | |
| | | 浓度差发电装置 | 发电 | |
| 海洋生物资源 | 植物 | 各种养殖设备 | 生产海带、紫菜、巨藻等 | 水产、造船、电机 |
| | 动物 | 各种船只、网具 | 猎获鱼类、虾类、海龟、鲸类、海豚类及其他海兽 | |
| | | 人工渔礁 | 鱼类在渔礁附近聚集、生息,形成天然渔场 | |
| | | 海湾人工养殖场 | 人工养殖鱼类、贝类 | |
| 海洋空间资源 | 空间利用 | | 提供生产、生活与休闲空间 | 空间产业、休闲娱乐等 |

续表

| 资源分类 | 开发内容 | 重要设备 | 最终结果 | 有关产业 |
|---|---|---|---|---|
| 海湾资源 | 港口 | 港口运输设备 | 海洋交通运输 | 海运业 |
| 海洋旅游资源 | 旅游<br>度假<br>休闲 | | 生活服务 | 旅游业<br>服务业 |
| 海洋知识资源 | 海洋技术、人才与文化 | | 发展海洋科技、教育、文化 | 科技、教育、文化事业 |

资料来源:栾维新等著:《中国海洋产业高技术化研究》,海洋出版社2003年版。

### 二、海洋资源价值观

1. 海洋资源价值观是自然资源价值观发展的表现

　　传统的价值观认为,自然资源由于存在于大自然中,没有劳动参与,因而是无价值的。随着生态学研究的深入及可持续发展思想的崛起,这一传统的观点日益为人们抛弃,人们逐步认识到自然资源是有价值的。有关学者对这一过程作了概括分析,①认为早在100多年前,恩格斯就曾指出:经济学家说,劳动是一切财富的源泉。其实劳动和自然界一起才是一切财富的源泉,自然界为劳动提供材料,劳动把材料变成财富。在这里,恩格斯对自然资源为劳动提供材料,劳动把自然资源变为财富和价值的辩证关系作了精辟的分析。在现代工业社会中,随着科学技术的发展,使人类同自然资源相结合形成财富的规模大大扩大,社会生产力的水平大大提高。这也同时造成社会再生产对自然资源需求的不断扩大,使很多自然资源相对于这种不断扩大的需求而言,现实存量和再生量表现出日益增长的稀缺性。在这种情况下,就迫使人类投入劳动逐步形成新的人工自然资源产业,一方面防止经济对自然资源的污染,使自然资源保持其作为使用价值的必要的生态环境质量;另一方面要投入劳动使可再生

---

　　①　金锡万:《管理创新与应用》,经济管理出版社2003年版,第20～28页。

资源得以更新,用人工方法使其再生量逐步等于或超过其耗用量。"因此,人类为自然资源的保护和发展所耗费的劳动,就构成了自然资源的价值实体。所以,不是因为自然资源的稀缺性使得资源具有价值,而是在自然资源稀缺的迫使下,人类必须对自然资源投入劳动,形成新的资源产业,维护或产生新的人工自然资源。正是因为耗费了劳动,才使这种进入生态经济系统运转的自然资源具有了价值。自然资源具有价值,把自然资源看做一种财富也就顺理成章了。就自然资源讲,直接或间接地参与人类物质资料生产过程的矿物质、能量、土地及动植物无疑都是财富。当今社会经济发展及生态状况也要求我们必须树立自然资源的价值观、财富观。"①

海洋资源是最重要的自然资源之一,海洋资源价值观也就随之确立,并且得到了广泛的认同。

2. 资源价值观与劳动价值论

我们承认资源的有价性会遇到一个基本的问题,这就是,资源的价值是怎么产生的。前面刚刚谈到,人类为资源的保护和发展而耗费的劳动构成资源的价值实体。这一观点得来是不易的。根据马克思主义的经济理论,价值就是凝结在商品中的一般人类劳动,交换价值则是价值的表现形式。一种东西如果是天然存在的,即便它具有重要的使用价值,也没有价值。劳动价值论是社会主义经济理论的基石。如果承认未经劳动的自然资源有价值,地租的剥削性就成了疑问,而利润也就顺理成章地成为资本的产物。由此造成的理论混乱是不难想象的。因此,学术界对资源价值进行了长期的争论与研究,才逐步形成了共识。

那么,当人们承认资源的价值时,是否真的会与劳动价值论之间产生互不相容的矛盾呢?复旦大学戴星翼教授认为:"对此,仅仅根据马克思的只言片语或对劳动价值论的表面理解而下结论是不够的。《资本论》的体系博大而完整,在资源价值的问题上,首先应研究的是马克思的资源观,然后研究其资源观与劳动价值论之间的联系,这样才有助于正确结论的产生。"他通过全面研究马克思关于资源价值和劳动价值的理论体系

---

① 金锡万:《管理创新与应用》,经济管理出版社 2003 年版,第 20~28 页。

得出以下结论：

"首先，各种自然资源可以是有价值的，也可是无价值的。价值的大小有无决定于物质和劳动对某种资源的投入强度。

其次，随着经济发展，有越来越多的资源需要投入。其中，有的是出于扩大再生性自然资源的需要，相应的过程相当于生产过程，有的投资则是为了修复生产条件遭到的损害，性质相当于基础设施的建设与运营。在当代，资本对土地和其他自然资源的渗透已是一种甚为普遍的现象，许多自然物现在之所以是我们看到的样子，或多或少地已是劳动的产物，因而具有了价值。

其三，自然资源的价值与它的稀缺性没有直接关系，稀缺的作用在于推动对资源的投入增加。这一过程在价格杠杆下进行。"①

这一观点正确解释了资源价值与劳动价值的统一性，对推动资源价值观在理论上的确立有很大作用。

3. 海洋资源价值观的应用

在现实生活中，要实现海洋资源的有效创新管理，关键在于运用好资源价值理论。由于海洋资源价值不仅体现于其现有的市场价值，更多地体现于其再生和永续利用的价值，海洋资源价值是一个综合系统。因此，建立科学而规范的价值核算与评估系统及价值的保值增值系统，是非常必要的。当然，这在实际工作中会遇到各种理论与技术难题。近几年来，学术界对此开展了深入研究，有各种不同的见解，也在实际工作中作了应用探索。有些学者曾经运用收益还原法、逆算净价法等方法，研究我国海洋渔场、浅海和滩涂资源及其他海洋资源的价值。其研究结果是：1992年中国海洋渔场价值为 1208 亿元人民币；1992 年已养殖的区域总面积 49.9 万 $hm^2$，价值总量 8936 亿元人民币，宜养而未养面积 67 万 $hm^2$，价值约为 11998 亿元人民币。对海洋石油和天然气资源的价值进行核算，当时以 25 美元 1 吨石油计算，1992 年中国大陆架石油可采储量的价值是 27 亿元人民币。对渤、黄、东、南海进行估价，得出四个海区每年提供

---

① 戴星翼：《环境与发展经济学》，上海立信会计出版社。

的生态服务价值 1813.6 亿美元,约为 15047 亿元人民币。孙吉亭博士认为,在我国海洋经济体制和经济运行中存在严重的"产品高价、原料低价、资源无价"的不合理的价格扭曲状况。这种情况不仅影响海洋资源开发部门的生产积极性,阻碍这些部门的技术改造和技术进步,而且导致已生产出的有限资源的滥用和浪费。造成这种问题的重要根源之一是由于海洋资源无价的观点和定价方法的不明确造成的,从而使自然资源陷入无偿使用的状况。价格是价值的表现形式,只有通过制定可以反映海洋资源价值的价格,才能改变资源无偿使用的问题,促使海洋资源的合理利用。由此,他提出了一些具有应用价值的观点[1]:

一是关于非再生资源价格的确定。考虑到资源存量随开采过程而减少,资源初始存量给定,开采成本随资源存量的减少而上升,资源价格不能超过由替代品价格决定的一个价格上限的约束条件。根据简单的霍特林定律,开采的资源价格的增长率必须等于贴现率,即 k = r。

其中,k 为资本价值的增长率,r 为贴现率。

霍特林定律的基本思想是:把埋藏在地下的资源看做是特殊形式的资本财产,即把全部资本财产分为资源和其他财产。如果资源资本收益的增长率等于其他财产的利率,所有者就会对把资源保存在地下和开采出来这两种选择没有偏好,对两者无所谓。这种情况下,资源就会以最优路线来消耗。因此,合理的最优价格是给所有者合理保存(从而合理开采)资源的激励。

二是关于可再生资源价格的确定。根据张帆的研究,与非再生资源相比,可再生资源往往由社会占有,模型的优化目标为社会利益最大化,由社会效用函数导出社会需求曲线,用社会需求曲线和供给曲线围成的面积表示社会利益。贴现率变为社会贴现率。资源开采无中止时间限制。增加可再生资源自然增长率变量。这样,模型为

$$y(\overset{max}{t}) = \int_0^\infty [\int_0^{y(t)} p(q)dq - c(s(t))y(t)]e^{-rt}dt$$

① 孙吉亭:《海洋资源可持续发展研究》,2003 年鉴定。

约束条件:$x = g(x(t)) - y(t)$

$x(o) = x_0$

$dc(x)/dx \leq 0$

$p(y(t)) \leq \bar{p}$

式中,r为社会贴现率,p(y)是社会需求曲线。积分上限是无穷大,因此减少了控制变量T。该模型确定了可再生资源的最优使用率,由这样一个规划问题,可以确定出资源的影子价格,即资源价格。

三是确立海洋资源价格的影响因素。海洋资源供需会出现一些不确定性,给市场价格机制的建立带来一定的困扰。海洋资源作为稀缺资源进入市场,其价格由供需关系来决定。随着海洋资源的过度利用,会逐渐变得稀缺,在市场机制的作用下,其价格会不断提高,需求量下降,它会使人们在对它的利用中,从原来那种过度利用变得不经济而改为保护和合理利用的生产方式。市场价格在市场供求信息完全清楚时才能决定,但由于海洋资源供需数量是不确定的,所以就难以确定海洋资源的市场价格,也给市场机制的建立带来困难。

其一,从海洋资源的供给角度来看,供给的不确定性主要由以下因素造成。一是随着科学技术的发展,过去没有发现的海洋资源现已发掘出来,过去认为没有经济价值的海洋资源现在也发现了其利用价值,使海洋资源的供给数量发生变化;二是由于受到资金、人力、物力的影响,对资源勘查不可能进行普查,只能抽查,从而难以确定资源供给量。对海洋可再生资源来说,其供给量主要取决于其再生能力,而再生能力又与周围的环境以及人们的使用状况、人工增殖的数量有关;对海洋非再生资源来说,其供给量则取决于勘探、开发和采集三阶段的价格与成本。

其二,从海洋资源的需求角度来看,需求量也是在变化的。一是取决于人们的消费习惯,消费变化引起产品需求的变化,这种变化趋势在每一个时期都是不确定的,它要受到总体经济环境、个人收入以及预期收入等因素的影响;二是生产技术发展会使对资源的单位产品所需的资源量降低,但这种新技术出现的时间不确定,它能节约的资源量也就不确定。再者海洋资源替代技术的研究,可能延缓对海洋资源的使用需求,但这种技术的出现也是不确定的。

其三,海洋资源的生产供给及消费需求与政府的政策有关。有时政府限制某种资源的开发,比如规定渔业的禁渔期会使渔业资源的消费减少,而资源的供给量则会增加。

其四,海洋资源对于代际之间的效用不一样,也会出现资源供给与消费的不确定性。因为在当代人认为效用很大而尽量留给下代人的海洋资源,在下代人看来也没有什么效用;而当代人认为效用不大的资源,或许下代人会认为效用很大,因而使当代人在资源的消费上难以做出取舍。

以上观点,对我们应用海洋价值观促进可持续发展有重要的参考价值。

## 6.4 海洋资源开发规律集成

本课题认为,尊重海洋资源开发的规律是资源位三维平面创新的可靠保证,因此,要认真研究海洋资源开发的规律及其规律体系的集成。

### 一、认清海洋资源开发的特点

海洋资源开发是指人类采用各种技术和方法把蕴藏在海洋中的矿产资源、生物资源、再生能源和空间资源开发出来,用于社会发展的整个行为,以及把海洋的潜在价值转化为实际价值和社会效益的各项活动。海洋开发活动繁多,根据它的发展进程可分为传统的海洋开发、新兴的海洋开发和未来的海洋开发;按所开发资源的属性,可分海底矿产资源开发、海洋能利用、海洋生物资源开发、海洋化学资源开发和海洋空间利用等方面;按其开发的区域地理位置,有海岸开发、近海(大陆架)开发和深海开发三大类。目前,世界上已有140多个国家和地区从事海洋开发活动。由于海洋是一个独特的自然地理单元,决定了海洋开发具有与陆地资源开发所不同的特点。据国家海洋信息中心李桂香研究员的研究①和笔者

---

① 苏纪兰:《海洋科学和海洋工程技术》,山东教育出版社1998年版,第100～108页。

在《蓝色战略》一书中的研究,海洋资源开发具有以下特点:

(1)立体性。海洋资源是由多种资源要素复合而成的自然综合体,具有多层次、多组合、多功能等特点。由海洋环境和海洋资源的特点所决定,海洋经济具有立体结构的特征。海洋既有广阔的面积,又有深邃的立体空间。海洋开发既在水体中进行,又可在水下底土和水面以及上空进行。现代的海洋经济是开发利用多种海洋资源,在同一时间、同一海区内进行多种形式的生产经营活动。海面可以行船,海中可以捕鱼和养殖,海底可开采石油,海床可以开矿,海水可以淡化,海面波浪可以发电,海洋滩涂可以开发,海岸可以旅游,海湾可以建港。

(2)风险性。海洋开发投资多、风险大。海洋环境严酷、开发难度大、技术要求高。现代海洋开发技术不能简单搬用陆地的现有技术,而要从材料、原理、方法和设计制造工艺上重新创造、建立海洋开发特有的技术体系。例如,现在海上油气开发中已经建立了从勘探、钻探、采油、输油、水下作业、救捞、环境服务等一整套新的工程技术体系,形成了海洋高技术群。目前,还有许多的海洋资源未能实现商业性开发,如深海矿产资源、海水化学资源的提取,海洋热能利用等,其主要原因就是开发技术难度大,许多方面尚未取得突破。

(3)综合性。由于海洋是一个立体空间,海洋资源具有复合性特点,是一个资源聚合体,同一个海域往往可以同时进行海洋生物、矿产、海盐、航运、海洋能等资源的开发。例如,在某特定海域,海面是海运通道,海中可以捕鱼,而海底可能有石油天然气资源,这样海洋开发就形成一种立体的、综合的开发格局,资源的利用率高。但它们之间也会存在着一定的相互制约、相互影响的关系。另一方面,海洋开发还要合理利用海洋资源。要注意保护海洋环境,避免污染和破坏海洋生态平衡。尤其是在海洋开发密度大、开发程度高的海区,各种资源开发之间、开发和保护之间的矛盾和冲突更为明显。因此,海洋开发是一项综合性很强的系统工程,需要强有力的协调管理,以求获得最佳的经济、环境和社会效益的统一。

(4)互补性。海洋资源在功能或作用上具有差异,可以互补;具有相似性,可以互代。比如同一海域有海湾和沙滩资源,养殖和旅游可以互补,各种鱼类资源可以互代。在一定海洋区域,海底矿物资源的数量总是有限的,而且海洋资源开发受到科技水平限制。但海洋生物资源具有再生性及可更新性,合理利用和加强保护可以达到永续利用。海洋经济与陆域经济也可以互补。海洋渔业可以为人类解决食物来源,提高膳食质量和营养水平。海洋石油的开发可以大大缓解陆地上的能源危机。许多稀有金属的开发可以缓解陆地金属矿业的不足。总之,海洋经济与陆域经济是密不可分、互补性很强的两个经济体系,陆域经济是海洋经济的基础和阵地,海洋经济是陆域经济的延伸,依托海洋经济可以带动沿海和内陆经济的发展。

(5)产业关联性。海洋经济的各个产业之间是相互影响、相互制约的,它与陆域经济的某些产业也是相互影响、相互制约的,发展海洋经济,可以联动陆域经济。如发展海运业能带动造船业和港口建设,同时可以以港兴市,带动沿海城镇和工商业发展。正因如此,海洋经济具有增长快、效益高、市场占有率高、产业带动性强的特点。

(6)区域性。整个海洋巨大辽阔,由于海洋地理环境和气候条件不同,其资源要素在不同海域的组合差异构成海洋资源的区域性特征。

(7)海洋开发具有广泛的国际性。对沿海国家来说,领海及专属经济区的边界是有明确范围的,然而在有些方面却不受这些边界的限制。例如,洄游性鱼类、海上污染物的流动以及国际海底矿产资源等,都是跨国界或共享的。因此,一些具有国际性或涉及国家之间权益和国际关系问题的海洋开发活动,需要国际之间的协调和合作。例如,在200海里经济区重叠的海域或公海渔场生产,涉及各有关国家的利益,有关国家必须协商解决资源分配和保护问题。此外,相邻国家还有共同维护海洋环境的责任。

## 二、把握海洋资源开发的趋势

(1)海洋资源的永续利用与可持续发展。海洋作为独特的自然地理单元,其可持续发展是一个客观存在的发展系统。发展的最终目标也是保证社会具有持续发展的能力。在这里,可持续发展一方面是要求本代人实现资源在区域空间上的有效配置;另一方面是代际间的公平,即给后代人以公平利用资源、享受优美环境的权利,实现社会财富在代际间的合理转移。社会发展则以改善和提高人类生活质量为目的,与社会进步要求相适应,满足人们不断增长的物质、文化需求。而这一切都是以海洋资源的开发和利用为原始基础的,没有海洋资源的保证,一切发展都是空谈。

(2)海洋资源利用的数量减少、依赖程度降低的趋势。就其经济观而言,海洋经济的可持续发展的实质是集约型的生产方式和节约型的消费方式。这是一种在生产中少投入多产出、在消费中多利用少排放的发展模式,从而实现经济持续、稳定、协调的发展。经济发展应同时兼顾数量增长和质量提高两部分。经济数量的增长是有限度的,而依靠科学技术进步去提高经济、社会和生态效益才是可持续的经济发展。所以,相对于过去的以过多耗费资源为主要特点的粗放增长而言,海洋经济创新发展当中,减少海洋资源利用的数量、降低依赖程度是一种趋势。

(3)海洋资源与经济、社会、环境的相互协调越来越重要。海洋资源的作用是在经济、社会、环境和资源相互协调的基础上,既能满足当代人的需求而又不对满足后代人需求能力构成危害的发展。就其自然观而言,海洋经济发展主张人地关系的协调,保护资源与环境,实现人与自然的和谐共处。海洋资源的永续利用和生态环境的保护是保障社会经济可持续发展的物质基础。因此,海洋经济创新发展是一个融经济发展、社会进步与环境保护、资源合理利用等内涵为一体的新型发展模式,以谋求社会、经济和环境的协调发展,维持新的平衡,这其中资源和生态是基础,经济发展是条件,社会发展是目的。这几方面的协调、全面发展是海洋资源开发利用所应当也必然引致的结果。

### 三、尊重海洋资源开发的规律以及规律集成体系

由于海洋经济具有资源经济、产业经济、区域经济的三重性质,因此我们对海洋资源开发利用的规律作宽泛理解,它既包括资源开发利用规律,也应包括海洋资源经济运行的若干规律。依据我们的思考,这些规律

至少有以下 10 条:资源利用是海洋经济发展基础的规律;海洋资源的价值规律;海洋资源优化配置规律;海洋水体生态环境保护规律;海陆相互作用规律;海洋资源利用中的级差收益变化规律;海洋资源利用与三次产业升级及协调发展规律;海洋科技主导海洋资源开发与经济发展规律;海洋资源开发的国际合作与竞争规律;海洋资源可持续开发利用规律。这些规律既涉及海洋生产力,又涉及海洋生产关系;有些是自身的规律,有些是延伸或交叉规律;有的是自然规律,有的是经济规律。下面对海洋资源开发的规律体系及其集成分别进行研究。

首先研究海洋资源开发的规律体系,主要的有 10 个:

(1)海洋资源利用是海洋经济发展基础的规律

各国管辖的海域,已经成为国土的一部分。其作为国土,在经济学意义上就是土地,其开发利用首先是与农业紧紧联系在一起的。在我国这样一个人口众多、耕地较少、经济仍不很发达的农业大国,从广义土地角度开发利用海洋国土资源,对农业发展意义极大。海洋国土开发利用直接关系到养殖业发展,直接关系到水产业发展,直接关系到水利事业的发展。海洋资源经济的运行、海水资源的开发利用,本身就充分体现了农业是国民经济基础这个重要规律的运用,是农业基础规律在海洋资源开发运行中的扩展。

(2)海洋资源的价值规律

海洋资源是有价值的,其价值决定与实现是有规律的,这包括海洋资源的价值决定、价值构成、价值流程、级差价值等。这是商品价值规律在开发海洋资源中的体现。

(3)海洋资源优化配置规律

海洋资源既是生命赖以生存的基础,又是国民经济各部门存在与发展必不可少的自然资源。在过去一个相当长时期内,海洋资源一直被人们当作是一种取之不尽、用之不竭的自然赠品,因而在对海洋的开发利用上存在着严重的浪费和污染,经济增长中的资源环境成本代价太大。随着社会生产力的进一步发展及人民生活水平的进步提高,对海洋资源的需求量会增长,供求矛盾日趋突出。因此,如何合理配置资源,以海洋资源的开发促进对其他资源的开发,就成为必须解决的重要问题之一。这就表明,合理配置海洋资源作为海洋资源开发与经济运行的重要规律之一,是海洋开发大课题中的应有之义。

(4)海洋水体资源生态环境保护规律

海洋水体资源是人类宝贵的财富,海洋水体生态系统是人类重要的生态系统。人类在大规模开发水体的同时,如果不能有效地保护水体,就会使这些宝贵的财富逐渐变为有毒有害的"包袱"。目前经常出现的赤潮,已经造成了很大危害。为此,海洋水体的开发与水体的保护必须相结合,即在保护的前提下进行开发,在开发的基础上进行保护,从而维持水体生态系统的良性循环。这就是水体资源运行中的水体生态环境保护规律。

(5)海陆相互作用规律

海域是海岸带向海一侧包括内海、领海在内的由水面、水体、海床和底土所构成的空间资源,这是海洋资源开发利用的基础。但任何海域都与陆域相连,都是由水盆体(水体主体)与盆沿体(水体次体)两部分组成,其中盆沿体又包括潮汐地和滩涂地,即沿海海岸陆域。从这个意义上讲,海洋本身就是水体盆体与水体陆地二者的结合体。由于水体盆地与水体陆地之间存在着广泛的物质与能量的关系,以水体为中心,水体及与之有生态经济联系的邻近陆地之间必然构成相互依存、相互制约的有机统一整体,形成海陆相互作用系统。这种海陆相互作用系统作为地域系统的一种类型,具有生态与经济、自然与社会的双重属性,其实质是一种海陆结构。由此可以说,海洋资源的开发利用过程必然也是海陆相互作用的过程,海陆相互作用的规律自然而然也就成为海洋资源开发利用的客观规律之一。正因如此,陆域经济的一些规律也会作用于海域经济之中。

(6)海洋资源开发利用中的级差收益规律

在海洋开发利用中,由于海洋资源丰度的不均衡性,资源分布的不均匀性,位置和环境状况的差异性,各经济部分、各产业和各企业对海洋资源的利用率、循环使用率的悬殊性等,实行不同形式的开发利用,最终形成的收益多寡、收益等级是大不相同的。它表明，海洋资源的开发利用如同土地、矿藏资源的开发利用一样，级差收益规律毫无例外地起着重要作用。近海与远洋，渔场与非渔场，穷海与富海，级差收益的差别非常明显。

（7）海洋资源开发利用中的三次产业升级与协调发展规律

海洋资源是一种具有特殊性的综合产业资源。在不同产业、行业开发利用之间存在着共济性，其开发利用过程客观上是个产业协调的过程。首先，从资源本身考虑开发利用的产业协调，是海洋三类使用价值之间和每类使用价值内部各种具体使用方式的协调。所谓海洋资源三类使用价值，是指消费价值、利用价值和排废价值。其次，从宏观的或海洋资源开发的经济活动角度看，开发利用的产业协调，还应包括产业结构与海洋资源分布状况的协调，产业发展与海洋资源供给状况的协调。海洋经济运行自始至终就体现了上述三次产业协调发展的规律。在科学技术的推动下，海洋三次产业不断地在协调中升级，由此，产业结构成为不断优化的上升结构。

（8）海洋科技主导海洋资源开发与海洋经济发展规律

在海洋资源开发的历史上，海洋生产力总是随着科学技术的不断进步而不断发展的。海洋经济发展依靠科技进步，科技进步依靠科技创新，科技创新依靠人才，这是海洋开发实践得出的三点重要启示。随着经济全球化和知识化的发展，海洋科学技术主导海洋资源开发与经济发展越来越明显。没有人才，缺乏创新，就不会有科学技术的进步和经济的发展。由于海洋资源开发艰巨性的存在，对科学技术的要求更为迫切，更为严格。总之，海洋科技主导海洋资源开发与经济发展，是在知识经济日新月异的发展条件下人们对海洋开发的客观规律认识的又一突破和深化。

（9）海洋资源开发的区域合作与竞争规律

由于海洋按照《联合国海洋法公约》分属于不同的国家或地区，或属于公海，因此，开发海洋就存在着区域间的合作与竞争。区域合作，是指不同海区的海洋开发主体，依据一定的协议章程和合同，将海洋生产要素或资源在海区之间重新配置与组合，以便获取最大的经济利益和社会利益的活动。根据合作范围的不同，可以划分为不同主权国家之间的国际合作和一国范围内不同地区间的区域合作。根据合作对象和内容的不同,可以划分为开发合作、技术合作、信息合作、资源保护合作等等。在经济国际化大发展的条件下,区域合作也有了大发展,特别是国际化合作成为大势所趋。同时,由于海洋权益和经济利益的诱使,国际间海洋开发的竞争也愈演愈烈。不仅是资源竞争,而且是海洋技术和人才的竞争。因此,海洋资源开发的竞争博弈成为普遍规律。

(10)海洋资源可持续开发利用规律

可持续发展是人类总结工业革命以来的经验教训之后取得的重要共识。海洋资源虽然也可以说是取之不尽、用之不竭的资源,但这是针对它的资源丰富性而言的,并不是说其资源就能确保可持续利用。随着这些年来海洋开发力度的加大,海洋资源的污染加重,已经严重影响可持续利用。从中国来看,人口众多,资源相对贫乏,工业化刚刚迈进中期阶段,资源、环境与人口等问题显得格外严峻。在海洋开发上,如果不尊重自然规律,不转变资源利用与开发方式,那就不仅影响当代,而且殃及子孙后代。可见,海洋资源的可持续开发利用,是一条人与自然协调发展的规律,是整合了自然运行与经济运行两大系统的客观规律性的规律。

在研究了以上海洋资源开发规律体系后,现在再来研究海洋资源开发规律间的内在统一与集成。

(1)海洋资源开发规律是具有内在联系的整体

在上述海洋资源开发利用若干自身规律中,各有其作用,但它们又有密切联系,构成一个体系。

这些规律按其与海洋本身的关系,大体可以分为三类:

一类既是海洋资源,又是其他资源开发利用的共同规律。如资源价值规律,合理、优化配置资源的规律,级差收益规律,均是市场经济运行的规律,只要是市场经济运行,就必须存在上述规律。因此,这类规律可以说是海洋经济运行的基本规律。

另一类是海洋资源开发与经济运行的特有规律。如海洋资源是海洋经济发展的基础规律。海洋资源首先是农业资源,那么农业在国民经济中发展的地位和作用规律,不能不优先起作用。再如,海洋资源的生态环境保护规律。不论是海水体的生物资源、交通运输资源，还是海岸带的海岸带资源，底土的矿产资源、空间资源等一切资源都要注重开发与保护的统一，经济效益与生态效益的统一。由此可见，农业的基础作用规律与生态规律等，必然是海洋开发所特有的规律。

再一类是介于上述两类情况之间的规律。如海陆相互作用规律，三次产业协调发展规律，科技主导经济发展规律，区域竞争与合作规律等，既是海洋经济发展的规律，也与陆地经济息息相关。

海洋开发的诸种规律，各不相同，不能代替，但有共同点，发挥着客观调节作用，具体表现在：其一，配置资源规律、级差收益规律和价值规律，是水体经济运行的基本规律。海洋资源开发作为资源经济，决定了资源价值规律、合理配置资源规律和级差收益规律的首位作用。资源开发与创新发展的目标不仅仅是经济效益，而且是经济效益、生态效益和社会效益。

其二，海陆相互作用规律、三次产业协调发展规律和区域合作竞争规律，是处理海洋资源的开发与其他产业开发之间关系的规律。海洋资源的各功能特征固然有利于发展多个产业，同时又不免导致各产业开发之间的矛盾。要解决上述矛盾，只有按海陆相互作用规律和三次产业协调发展规律办事，充分、合理而又有效地开发利用各种资源。

其三，资源是海洋经济基础规律、生态环境保护规律和可持续发展规律，是处理资源的开发利用及全面开发利用与生态环境保护之间关系的规律。对海洋资源进行充分合理的开发利用，以发展渔业、港口运输业、采矿业和其他产业，这是对的，问题在于开发要有一个"度"，即以不影响生态环境保护为前提。这样，既通过开发利用体现了资源是海洋经济的基础，同时又切实做到了生态环境保护，实现了海洋生态系统的良性循环和海洋资源的永续利用和可持续发展。

（2）自觉把握海洋资源开发规律间的内在统一和集成

实现海洋资源的合理开发和可持续利用，已经成为人们的共识。在理论和实践上已经推进到必须树立与落实科学发展观的今天，尊重海洋开发的规律已经不是新鲜提法。在这里，强调把握海洋开发规律的交叉集成和体系的内在统一,更好地为开发海洋服务,却是鲜为人知的。从海洋资源开发的规律体系整体看,已经突破了按海洋自然规律或海洋经济规律办事的局限,扩展到统筹人与自然的和谐发展,统筹人与社会的和谐发展,统筹海域与陆域的发展,统筹海洋开发的国内区域合作和国际合作与竞争。经济规律与自然规律交叉集成、科技规律与经济规律交叉集成、海洋规律与陆地规律交叉集成、国内发展与国际经济交叉集成,成为海洋资源开发与海洋经济发展的众多规律的相互联系特征。通过对海洋开发规律的分析研究,拓展了规律体系的内涵与外延,不但将海洋资源开发这种物物转换关系深化为人与人的关系,而且涵盖了人与自然的关系、人与社会的关系。这应当是对海洋资源开发与经济发展的规律认识的一个飞跃。

对海洋资源开发规律体系的内在联系与交叉集成的认识,对指导海洋资源开发的研究与实践有重要应用价值:从理论意义来看,它进一步完善了海洋经济理论,特别是海洋生态经济理论和海洋可持续发展理论,填补了海洋资源价值理论和资源开发规律体系理论的空白。开展各种规律的交叉集成的研究,可以促进相关学科的交叉和互进,对于海洋学与经济学的边缘学科的兴起与发展将起重大的促进作用。从应用价值来看,提高对经济规律与自然规律之间内在联系的认识,对海陆相互作用规律的认识,对经济发展与社会进步的良性循环的认识,自觉把握海洋开发规律的集成,为海洋经济创新发展提供了科学的实践指导。还为各类海洋经济创新主体,不管是政府、企业还是科研机构,制定海洋资源开发、管理政策和从事开发活动,解决和处理各种矛盾和不协调,提供了理论依据和实践指导,对推动海洋资源合理开发和海洋经济科学发展具有重要的现实意义,并将产生深远的历史性影响。

## 6.5　资源位三维创新的集成思路探索

从资源位资源战略导向下的核心创新与保障创新的集成要求看,集成创新思路应是"资源价值观指导下,尊重资源开发规律的资源技术、资源产业创新与资源制度、资源管理创新的系统整合与协调"。具体分析，主要是以下五方面：

### 一、改进海洋资源产出的衡量指标，建立新的指标体系

在海洋经济中，衡量经济增长一般是用 GDP 指标。所谓经济增长，其基本含义既指经济的量的增长，又指经济的质的提高，由此看出 GDP 增长不等于经济增长。衡量经济增长的"质"，从生态资源方向，就必须看环境资源代价。二战之前，研究核心集中在应用"人地关系"原理去概括经济行为同土地与资源间的相互作用，从而去解释传统生产力。为了反映环境资源代价，联合国设计出了 EDP 指标。[①] EDP，在我国一般称绿色 GDP。绿色 GDP，是指在传统 GDP 数量的基础上，扣除或增加环境、资源和生态变化的因素。绿色 GDP 可以客观反映经济增长在环境、资源、生态方面付出的代价或增长的同时这几方面得到改善的情况。绿色 GDP 的增长，是经济发展的重要基础。由于绿色 GDP 中的环境资源量化估价是个世界性难题，并没有形成成熟的指数，所以目前衡量经济增长仍然普遍采用 GDP 指标。这样，经济增长就往往归结为 GDP 的增加。正因如此，经济增长就出现了仅反映量不反映质、仅反映生产发展不反映要素效率和生活改善的局限性。特别是在片面追求 GDP 增长中，往往存在资源代价和社会成本太高，增长往往是低效的、无价值创造的增长，甚至是负增长。为改变这种状况，就必须要采用多种指标更科学地考察经济发展，特别是对资源消耗和环境污染要设立约束性指标，强化海洋资源的节约和保护。

### 二、建立完善的海洋资源开发与保护规划，优化资源合理利用

以海洋功能区划和海域使用规划为基础，制定科学、详细、涵盖面宽的规划，通过对海域空间资源的合理配置，实现对海洋资源开发保护的科学调控。实施海洋环境保护规划及重点海域整治规划，确保在海洋资源

---

① 联合国统计委员会：《综合环境与经济核算手册》1993 年。

开发的同时保护海洋生态环境。(1)搞好海洋自然资源与社会资源综合调查。中国的海岸带资源调查在 20 世纪 80 年代搞过 1 次,但时间已长,一些资源已发生变化,应再进行调查。(2)完成海洋功能区划。现在各省的海洋功能区划已通过省级人民政府审核,并正在报国务院审批,县(市)也应进行海洋功能区划编制。(3)做好海岸带与重点海湾开发总体规划与详细规划。对已遭破坏的海区进行整治规划,在科学的基础上对海洋功能区重新划分。(4)建设海洋自然保护区的规划。人类对自然的认识是有限的,由于科学和技术的原因,也许人类对海洋的认识还存在很大的盲区,一些潜在的资源还有待人类去认识和发现。所以,我们在对海洋土地资源和空间资源规划利用时,设立预留区是很必要的。建设海洋自然保护区,营造优美舒适的生活环境,为子孙后代留下一片碧海蓝天。

### 三、正确使用国有海洋资源性资产,建立产权制度①

对现有的海洋资源性资产,积极推进制度创新,提出新的管理思路,作出新的政策设计。

在建立适合市场经济的现代企业制度过程中,要求国有资产同其他社会资产一样平等参与竞争。而企业使用的国有海洋资源性资产,也必须按建立现代企业制度的要求做好产权界定、资产评估等工作,使企业所占用的海洋资源性资产管理的原则与方法同现代企业制度的要求相一致,主要应该明确海洋资源性资产是企业法人财产的一部分,企业拥有包括海洋资源性资产在内的所有出资者投资形成的法人财产权。海洋资源性资产应按其市场价值标准,参与企业经营活动。对海洋资源性资产进行的评估应该由专门的机构和人员依据国家有关规定进行操作,并且应该模拟市场进行,评估的结果时效性很强。评估的一般步骤是:确定评估对象——制定评估计划——选择评估计价标准和评估方法——处理数据资料——评定估算——修正评估结果——提出评估报告。

企业可以按以下方式得到海洋资源性资产:"一是海洋资源性资产

---

① 郑贵斌:《蓝色战略》,山东人民出版社 1999 年版,第 365～367 页。

以投资的形式进入企业,成为企业的资本金;二是海洋资源性资产不作为资本金,而是由企业向海洋资源所有者承租海洋资源的使用权,并定期向海洋资源所有者支付租金;三是通过一定法律程序取得资源性资产的占有权、使用权等。"①

### 四、大力发展海洋循环经济,探索新的循环经济模式

海洋循环经济,已经成为海洋开发的重要趋势。从海洋资源开发的整体看,人类已经突破了按海洋自然规律或海洋经济规律办事的局限,扩展到统筹人与自然的和谐发展、统筹人与社会的和谐发展。在海洋开发中实现海洋自然资源、生态环境和社会发展的和谐统一,是海洋经济增长的重要前提。人类在海洋开发中的行为主体因利润诱惑,在被视为日益稀缺的环境资源的利用上,必然选择过度开发与牺牲环境质量的做法,行为主体的外部不经济情况大量存在,导致海洋资源配置的低效率。这种对海洋资源的过度索取已经造成了极大危害。中国的人均海洋资源并不算多,节约使用非常必要。在努力开发利用海外资源的条件下,重点是国内资源的节约利用。因此,强化资源环境约束,实行反哺海洋的政策,谋求索取与保护的均衡,大力发展循环经济,对加快海洋经济发展具有重要意义。政府基于宏观经济管理的责任,应当在干预外部不经济、加快发展循环经济方面发挥重大作用。政府要用经济的、法律的、行政的或其他方面的约束,对海洋环境资源加强管理,既要考虑行为主体对环境资源提出的各种需求的相对合理性,又要考虑整个社会的环境管理要求。由于海洋环境资源是共享资源,各行为主体都应有提高环境质量的责任。应进一步深化对科学发展观的认识,加强发展循环经济的体制、机制与政策体系建设,围绕建设经济效益与社会效益、环境效益相一致的生态化大产业,在生态环境保护、可持续循环利用上做文章,做到"减量化、无害化、再利用",形成具有中国特色的海洋循环经济发展模式。

① 孙吉亭:《海洋资源可持续发展研究》,2003 年鉴定。

### 五、加强海洋资源集成管理,开辟海洋环境经济新局面

1. 继续实行海域使用审批和有偿使用制度。① 建立海域使用审批和资源有偿使用制度,根据海域区位优势、海洋资源价值和丰度,向海洋资源开发利用活动的单位与个人征收海域资源有偿使用金,所收资金用于资源保护工作,彻底解决海洋资源开发无序、无度、无偿现象,以及近岸海域的环境污染问题。在山东全省对海洋土地资源和空间资源的开发利用的统一科学规划下,在具体利用该资源时,要对海洋资源的利用实行预算申报、专家小组论证、政府专门机构审批的制度。对于未经申报、论证、审批的乱开、乱占的行为,必须由专门部门依法惩处并予取缔;对于现在已经存在的不合理的乱占用地,必须逐渐清除,依法铲除特权单位乱占海洋土地资源和空间资源的现象,并对使用者就其在使用过程中对海洋资源的维护、环境生态的保护情况进行监督管理。海洋综合管理要注重实效,抓好实绩。要在国家的统一指导下,以省为主,市、县配合,对省级以上港口、码头、油田开发及新上大型项目使用海域,进一步依法实施管理。省、市、县三级按照分级管理的原则,对围、填海工程项目及浅海、滩涂开发,严格申报、审批制度,把好入口关,做到有序、有度、有偿、科学合理地开发、利用海域。加强对海域使用金征收的监督、检查。省海洋主管部门配合省财政部门,对全省海域使用金的征收、入库情况,每年进行一次督促、检查,确保海域使用金依法足额征收、及时入库。综合治理海洋污染,海洋环境管理与保护是一项复杂的社会系统工程,必须由政府牵头,成立以海洋主管部门为主,环保、交通、石油等涉海部门、有关大企业为成员的海洋环境管理与保护委员会,形成强有力的综合决策机制。各涉海部门要协调一致,齐抓共管,加大力度,加强陆源污染源治理,堵源截流,将污染控制在最低限度,特别要高度重视搞好渤海湾污染整治,建立起污染物排海总量控制制度,实施污染物达标排放入海。搞好主要河流入海口等重点海域的海洋环境监测,为各级政府提供有效的决策依据。加快建立海

---

① 郑贵斌、孙吉亭:《我国海域使用权的流转问题初探》,《东岳论丛》1998 年第 5 期。

洋保护区,依法保护海洋资源,维护海洋生态平衡。加强海洋执法监察,省、市、县三级定期组织海监力量,对海域使用、海砂开采、海洋倾废及海洋石油开发等海洋、海岸工程进行巡查、检查,坚决制止违法、违规行为,依法从严查处,树立起海洋主管部门的执法权威与形象,切实提高海域使用效益。

2. 搞好海域勘界及相关工作。海域勘界是一项加强海域行政管理、有效解决海域界线争议的基础性工作,是促进海洋资源可持续利用和维护沿海地区社会稳定的战略举措。海域勘界对于进一步搞好海洋资源的规划和配置、促进沿海地区经济发展与社会稳定有着十分重要的意义。从山东省看,山东省人民政府办公厅 2002 年 6 月 12 日颁布了关于贯彻国办发〔2002〕12 号文件做好勘定海域行政区域界线工作的通知。目前,山东省大范围的海域勘界工作已经正式启动,全省待勘定的县际间海域界线共 33 条,其中由省政府负责勘定 7 条,市政府负责勘定 26 条。另外,还要配合国家海洋局完成山东省与辽宁、河北、江苏 3 条省际间海域界线的勘定工作。据了解,山东省这次整个海域勘界工作到 2004 年年底前已经完成。各地的经验看出,海域勘界工作必须坚持有利于社会稳定、有利于国家安全、有利于国家统一管理、有利于保护和合理开发利用海洋资源、维护国家整体利益的原则;坚持历史与现实兼顾,重点是尊重现实的原则;坚持友好协商与上级裁决相结合,以协商为主的原则;坚持简化程序与保证质量相结合的原则;坚持严守勘界纪律的原则;坚持有利于海洋经济可持续发展,有利于海域行政管理的原则进行。这项工作的推进,一定要考虑到各个相关方面:海域勘界一要广泛收集、整理海域及连陆滩涂的历史沿革资料,协调处理好方方面面的矛盾和关系;二是相关部门要强化领导,深入调查,拿出第一手资料,争取海域勘界的主动权。在海域勘界工作中一定要在上一级政府的领导下进行,才能较好地把握政策,处理各市县之间的纠纷。相互协商、互谅互让,做大量细致的说服工作也是勘界工作的重要方面。因为勘界仅仅靠仪器测量是勘不出来的,更重要的是做人的工作,需要涉界双方从政府领导到群众之间的互谅互让。一方面,勘界涉及各级政府的行政管辖范围,最终的界线协议书要双方政府认可,政府分管领导签字。分析各种纠纷、矛盾的发生和解决,领导都起着关键的作用。另一方面,勘界更需要得到群众的理解。勘界并不是"剥夺"他们已有的生产权利,并不影响生产现状,而是科学合理地进行海域资源的利用。

3. 提高海洋污染防治能力,综合整治生态环境。生态环境对海洋资源的影响很大,应强化综合整治。按照国家以及有关管理部门的要求,一方面要在发挥传统优势的基础上加强现有的环境污染监测队伍建设,全面提高监测人员的专业素质;在监测体系中不断强化海洋环境监测的质量意识和建立全程质量控制制度,继续跟踪国际先进的监测设计技术、数据处理技术和质量评价技术。另一方面更要大力加强海洋遥感监测技术、浮标监测技术、海洋生态监测技术等方面的研究、开发和应用,不断提高监测覆盖能力。不断提高海洋环境保护技术装备水平,开展重点区域的海洋环境整治。要采用现代信息技术,全面实现监测系统的数字化、网络化,从而不断发展和完善我国的海洋环境监测系统,以满足海洋经济发展、海洋管理、海洋防灾减灾等各项海洋事业发展的需要,不断提高海洋保护水平。

4. 建立完善的海洋资源开发利用政策体系。资源政策的内容很多,要配套制定,有效实施。资源与环境政策、资源与产业政策、资源与区域发展政策、资源流转政策、资源利用收益分配政策、资源的价格政策、资源的税收政策等等,都有大文章可做。要把政策当作一个大系统来思考,不是作为孤立的个案来研究。要把政策作为一个整体来经营,谋求资源配置容量与效益最大化、最优化。制定政策,仅靠海洋管理部门不行,需要政府的有关部门共同来做。这样,才能提高海洋资源管理的水平。

# 7 战略导向三横面之二：海洋
产业位集成创新战略

在这一章中，对海洋产业位的平面集成创新战略作分析研究，探讨海洋产业集成创新的趋势和实现模式。

## 7.1 海洋产业位三维创新分析

海洋经济产业位三维创新，是指产业位上形成的产业战略导向下的海洋经济核心系统与保障系统集成创新的平面结构。如图 7－1－1B 层所示。

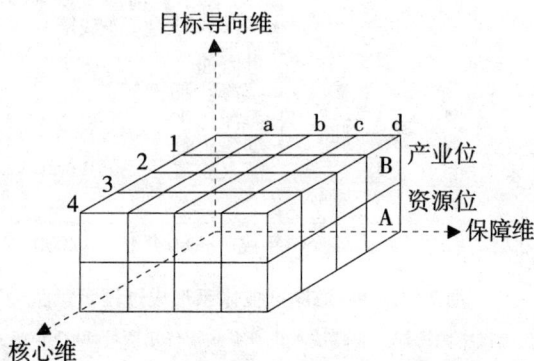

图中：1.技术创新；2.产品创新；3.产业创新；4.配套条件创新
a.组织创新；b.制度创新；c.管理创新；d.文化创新

**图 7－1－1　产业导向三维创新横面图（B 层）**

在这一集成结构中，既有产业位与创新单元结合形成的 8 种集成状态，也有产业位的核心创新维与保障创新维交叉形成的 16 种集成状态。

这里,只对产业战略导向下的生产力创新与生产关系创新集成平面作分析研究。

实施产业位三维创新,比较重要的是研究海洋产业创新发展的趋势及其产业集成创新的实现模式。

## 7.2　海洋产业演进态势与机理

### 一、海洋产业的兴起与发展

海洋产业的发展是在海洋资源开发利用的过程中逐步形成的。栾维新教授对此做了直观、形象的图示。如图 7 - 2 - 1 所示。

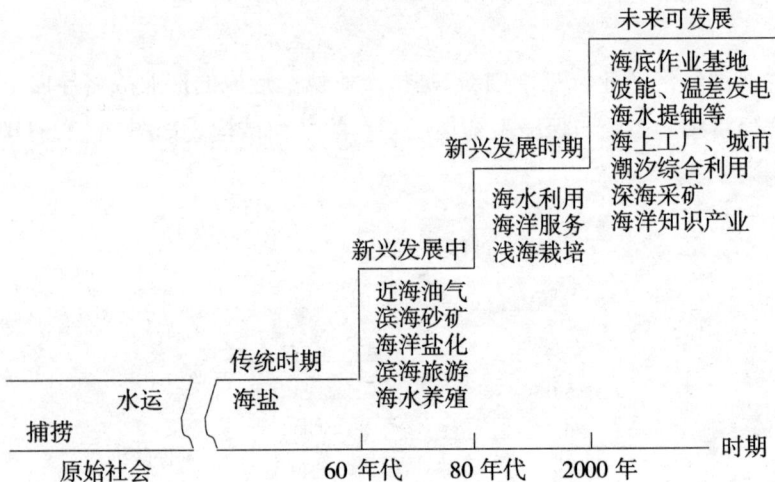

图 7 - 2 - 1　海洋产业体系形成过程示意图

资料来源:栾维新等:《中国海洋产业高技术化研究》,海洋出版社 2003 年版,第 39 页。

目前,已经形成规模化经营的海洋产业主要有:海洋渔业、海洋交通运输、海洋石油天然气、滨海旅游、海洋船舶、海盐及海洋化工、海水淡化及综合利用和海洋生物医药等。从中国来看,以上产业涉及的区域主要为中国的内水、领海、毗邻区、专属经济区、大陆架以及中国管辖的其他海域和中国在国际海底区域的矿区。据国家海洋局统计,我国海洋经济在世界沿海国家中处于中等水平,近年来一直处于快速成长期。"九五"期间,沿海地区主要海洋产业总产值累计达到 1.7 万亿元,比"八五"时期增长了 1.5 倍,年均增长 16.2%,高于同期国民经济增长速度。2000 年主要海洋产业增加值达到 2297 亿元,占国内生产总值的 2.6%。我国海洋渔业和盐业生产量连续多年保持世界第一位,造船业居世界第三位,商船拥有量居世界第五位,港口数量及货物吞吐能力、滨海旅游业收入均居世界前列。我国已经具备加快发展海洋产业的良好自然条件、经济基础和社会环境。

跨入新世纪的"十五"期间,我国海洋经济发展始终坚持速度和效益相统一的原则,海洋经济发展态势良好。"十五"期间,主要海洋产业总产值累计达 57499 亿元,按同口径计算,比"九五"期间翻了一番。2003年主要海洋产业总产值首次突破 1 万亿元。

"十五"期末主要海洋产业增加值为 7202 亿元,比"十五"初期增长一倍,海洋产业增加值占国民经济的比重已达到 4.0%,比"十五"初期高出 0.6 个百分点。

"十一五"期间,国家海洋局、科学技术部、国防科学技术工业委员会、国家自然科学基金委员会联合印发了《国家"十一五"海洋科学和技术发展规划纲要》。海洋被列为五大重点战略领域之一。这是中国首个国家海洋科学和技术发展规划。"十一五"开始后,2007 年中国主要海洋产业总产值比 2006 年增加 6521 亿元,并达到国民生产总值的 10.11%。各产业发展见图 7-2-2。

## 二、海洋新兴产业的崛起

海洋新兴产业的发展具有三大特点①:

(1)发展速度明显加快。从中国来看,"九五"与"八五"相比,海洋新兴产业提升 3.5%。沿海旅游、海洋电力、海水利用、海洋造船、海洋石

---

① 郑贵斌:《海洋新兴产业可持续发展机理与对策》,《海洋开发与管理》2003 年第 6期。

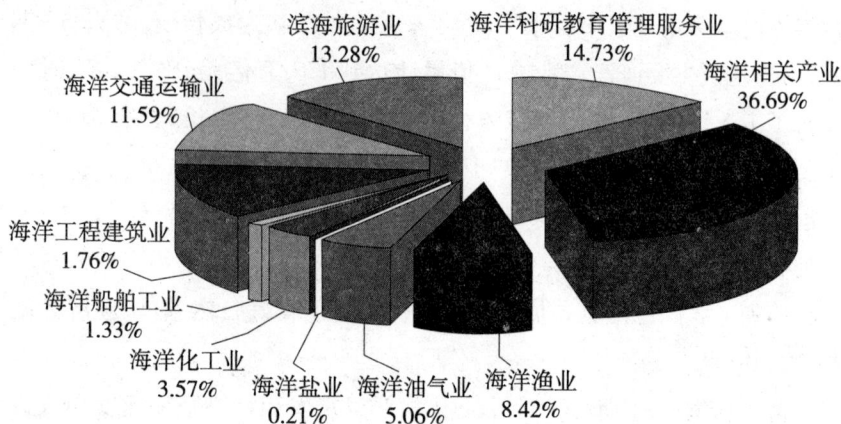

**图 7 - 2 - 2　2007 上半年全国海洋生产总值构成**

资料来源:中国海洋信息中心。

油、海洋养殖等大部分新兴产业已度过形成期开始进入成长期,显示出战略产业的特征。海洋化工、海洋药物、采矿、信息服务等已经起步,正孕育着激变,发展前景看好。2001 年以来,以海洋资源开发生产所产生的经济价值在继续增长,以服务业为基础的产业发展更为迅速。海洋产业总产值当年达 7233.80 亿元,其中海洋旅游业总收入猛增,当年达 2503 亿元,已占全国主要海洋总产值的 34.6%。海洋石油与海洋造船业也超越海洋盐业迅速达到较大规模。我国海洋新兴产业虽然起步晚,但已经形成一个群体,增长率越来越高。

(2)产业结构有较大转换。中国"九五"与"八五"相比,海洋传统产业与新兴产业的比例由 73.3∶26.7 发展为 69.8∶30.2。海洋新兴产业在海洋经济系统中的比重迅速增加,推动产业结构升级的作用日益扩大。海洋新兴产业与传统产业的比重在"八五"末期,是新兴产业不到传统产业的一半,而在 6 年的时间里,却增长到平分天下。海洋三次产业结构2001 年呈现为 31∶23∶46,产业结构日益优化,初步形成新的产业体系。

(3)产业显示度越来越高。中国"九五"期间,沿海地区主要海洋产业总产值累计达到 1.7 万亿元,比"八五"时期增长了 1.5 倍,年均增长16.2%,高于同期国民经济增长速度,海洋经济进入持续快速增长期,显示出战略产业的特征。"十五"和"十一五"时期,这一特征继续显现,见图7-2-3。

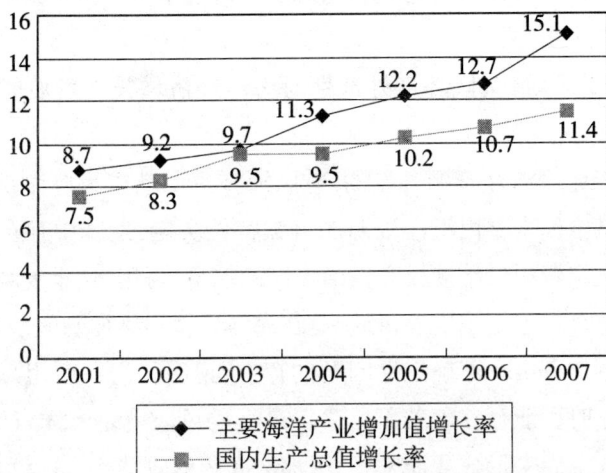

图7-2-3　2001年—2007年主要海洋产业与国民经济增长速度对比(%)

### 三、海洋新兴产业发展的规律与协调机理

海洋新兴产业同所有产业增长点一样,有其产业内部发展的历史必然趋势,即具有共性规律,也有因发展背景与环境不同而显示出的个性特点。从共性规律看,一是目前我国的海洋新兴产业正处于激变中。其演进在经过工业社会以来的渐变积累后,将依托知识经济开创新的广阔发展空间。二是海洋新兴产业的演进将主要由依靠资源开发从事生产活动,进一步发展成利用资源开发的产品为海洋开发与研究活动服务的生产活动,间接海洋产业不断发展。产业的进化是由低级向高级的上升过程,结构不断升级。三是在高新技术和知识经济的推动下海洋新兴产业素质逐步提高。决定和影响产业演进的因素如不发生大的变化,产业演化在其生命周期的成长与成熟阶段可以实现可持续发展。

由于海洋产业是有别于陆地产业的产业群,由海洋环境与海洋资源的特性决定的现代海洋产业演进要有更多的条件,而且具有较大的风险性。要使海洋新兴产业按产业发展规律运行,消除风险,实现可持续发展,发挥其带动国民经济的重要作用,还必须深入研究海洋新兴产业演进中带有个性特点的众多因素、条件的协调机理,特别是从海洋资源、海洋环境、海洋技术、海洋产业的现有基础所形成的供求约束来认识和掌握的协调机理:

(1)资源不确定性、环境外部性对海洋经济增长点发展的影响及其校正

海洋产业是海洋资源开发的产业,海洋资源就成为海洋新兴产业发展的基本供给因素。由海洋资源的自然特性决定,发展中存在极大的不确定性。决定资源供给规模和供给速度的储量、可用量、重复利用和替代资源问题都存在着不确定性,特别是在海洋环境污染加剧的条件下,这种不确定性更加突出。不确定性问题的存在,说明我们在利用海洋资源发展新兴产业时可能存在着若干风险。最大的风险就是海洋资源的枯竭。如果新的资源尚未形成或尚未开发,那么问题就较严重。这就是说,海洋资源有个经济性和安全性利用问题。近年来对海洋的某些开发已经付出了代价,不确定性已经产生了负面效应。只要我们大力加强对未来发展的预测,认真寻求未来资源利用的可行途径,切实注意资源的利用和再利用等方面的物理特性和生态特性,就会在资源替代性大小、可再生与否、技术进步对资源的作用等方面,作出有利于海洋新兴产业发展的资源开发与保护政策,最大限度地减轻不确定性的影响,以使海洋资源达到配置的高效率和最优化。

谈到资源,不能离开环境。环境外部性问题对发展海洋新兴产业的资源配置也有着重要影响。外部性有外部经济性与外部不经济两种情况。外部不经济的存在直接影响海洋新兴产业的可持续发展。如果没有外界的干预和经济的、法律的、行政的或其他方面的约束,外部性就会导致海洋资源配置的低效率。尤其是在被视为日益稀缺的环境资源的利用上,行为主体因利润诱惑,必然选择过度开发与牺牲环境质量的做法。前些年沿海有些地方高密度养殖对虾,导致虾病传播,环境污染,使众多养殖环境不再适宜对虾生长,教训十分深刻。当前海洋养殖业技术有了大发展,海参、鲍鱼等稀有品种产业化发展的前景非常广阔。要保证其持续

发展,环境外部性的校正十分必要。基于政府对宏观经济管理的责任,应当在干预外部不经济问题上发挥重大作用。由于环境资源是共享资源,任何行为主体都应有提高环境质量的责任。政府对环境资源的管理,既要考虑行为主体对环境资源提出的各种需求的相对合理性,又要考虑整个社会的环境管理要求。要下大气力通过制度建设干预环境外部不经济的发生,以确保新兴产业的健康发展。

(2)海洋高新技术商品化、产业化、社会化的依次递进与协调运作机理

海洋新兴产业要实现可持续发展,除保证海洋资源的有效供给以外,还要保证海洋高新技术及其产业健康、有序、协调运作。由于海洋新兴产业的技术基础是海洋高新技术,因此高新技术产业化特别是迅速规模化、社会化、国际化就成为海洋新兴产业加速成长、成熟并实现可持续发展的关键。一般说来,产业由形成期加快进入成长期,并尽快形成支柱产业的过程,是由多种因素的综合影响决定的。按高新技术产业发展的规律看,结构性因素与运行性因素相互作用、交叉渗透,因素功能并且相互动态转化,共生支配着商品化、产业化、规模化、社会化的过程。其运行因素是多因子、多层次、多途径、多渠道的。只有认清因素之间相互联系、相互制约的矛盾统一关系,才能寻找新兴产业起步快、扩张快的深层原因和多种途径。从高新技术发展和产业发展两个方面及其连续性来看,海洋新兴产业增长点的健康演进发展主要是依次实现海洋高新技术的商品化→海洋高新技术商品的产业化→海洋高新技术产业的社会化这样一个"三化"过程。

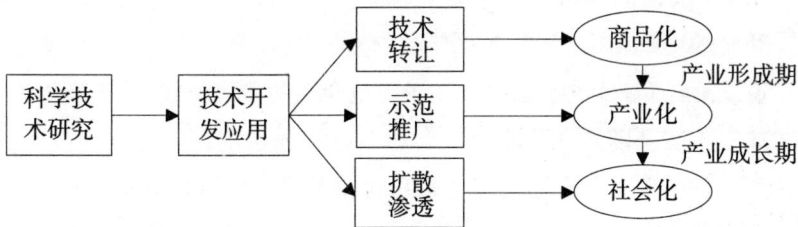

图7-2-3　海洋技术产业化过程图

要实现海洋经济新增长点的健康运行,首先要完善运行机制,按高新技术发展的规律加快实现技术的商品化。由于海洋高新技术凭借自身的力量很难实现顺利成长与发展,特别是很难实现商品化,因此,必须借助一系列的外生政策力量来推动。

其次,海洋高新技术步入商品化进而形成产业后,还要按照产业演进成长的机制迅速实现产业的社会化、国际化,以形成较大规模,产生规模效益。这就要求产业成长期的多种影响因素及其构成与运行必须协调。产业成长期的决定因素,是很复杂的,大的如政治、经济、文化因素我们不说,具体的有需求、供给、对外贸易等,这些因素相互交织、相互制约、综合地影响和决定着产业成长的规模。我国一般把消费、投资与进出口作为产业增长的"三驾马车"。首先,新兴产业的发展规模必须要有产品需求及相应的需求结构的调整。其次,要有资金供给和投资配置比例的改善,使资金合理流向新兴产业。第三,需要扩大进出口贸易,不仅扩大资源、商品、劳务的进出口,还要扩大高新技术的国际间流动和转移,以确保新兴产业的较快成长。总之,从系统论的观点看,海洋新兴产业摆脱幼稚期,步入成长期,实际上是产业发展的各行为主体之间以及行为主体本身与产业发展外部环境相互配合、相互作用、共同促进产业高速增长而成为规模经济的过程。也就是说,众多影响与决定因素的结构协调及运行绩效至关重要。

(3)市场机制与政府行为引导海洋新兴产业增长点健康发展的协调机理

海洋新兴产业是众多企业的集合体。其发展的动力,除了资源、技术、消费等的供求协调以外,还要求有企业的经营动力和协调。由于企业追求利润的主观动力存在,企业是产业发展的真正行为主体。促使企业大力发展海洋新兴产业,还要借助于构筑开放的市场环境,在市场机制有效配置资源的基础上进行政府的宏观引导和适当调控。也就是说,海洋新兴产业发展在经营方面还应包括它的经济运行机制和政府采取的特殊政策的协调。

首先,市场经济机制是配置资源、促进海洋新增长点发展的基础。对于后起的海洋幼小产业来说，其成长有内在的经济规律，在其产出达到较大规模之前，必须经历从改善要素组合、提高要素生产率，到合理开展专业化分工，更好地开展协作等一系列过程，而这一过程的进展不是主观意志决定的，一切依赖市场这只"看不见的手"的作用。由于我国的市场机制经历了从计划导向、封闭、呆滞向市场导向、开放、灵活的转变，市场经济体制已基本建立，市场发挥的调节作用日益重要。海洋产业中的各类企业，在发挥市场作用，完善经营机制中已取得了骄人的成绩，但仍需要通过改革不断完善。

其次，正确的制度、政策是海洋经济新增长点健康发展的保障。制度经济学认为，产业革命与发展，则是由一系列制度方面的变化为其铺平道路的，制度变迁是产业发展的重要推动因素，是历史演进的源泉。制度、政策对实现产业发展和增长，与其他生产要素的作用有相似之处。据我们调查，许多海洋新兴产业，如海洋化工、海洋制药、滨海旅游等都有较高的投资回报率，企业比较劳动生产率，比较资本生产率优于传统产业。因此，制定积极扶持海洋新兴产业发展的政策，作出制度性安排，可以形成产业发展优势，推动产业健康发展。由于我国海洋观念落后和海洋开发水平不高，对进军海洋产业仍存在众多束缚和约束，因此，制度安排与政策调整也就比陆地产业的选择更为重要和艰巨。这就是说，企业经营机制与产业政策的协调表现在海洋经济新增长点发展方面，也就具有了特殊意义，这一点，应当引起特别重视。

## 7.3　海洋产业的集成创新

海洋产业的集成创新主要包括产业技术、产业布局、产业融合与产业园区等方面的创新。

### 一、海洋产业技术与产业布局创新

海洋技术创新是集成创新的基础。自主原始创新的成果要加速产业化。据人民日报分析，美国一直高度重视教育和科技，把高新技术创新放在优先位置。得益于以高科技为牵引的新技术革命,发展成为全球超级大国。日本同样把外来引进同自主创新巧妙整合,走上了繁荣之路。欧盟的创新做法则是依托跨国技术合作,将分散在各国的高科技力量、资金和技术系统组织起来,集中攻关,抓紧与经济发展密切相关的高科技产业配套开发,为实现欧洲科技领先、经济兴旺奠定牢固的基础。印度作为发展中国家虽然没有经历制造业的出口鼎盛,但立足科技创新而成为以软件和信息技术出口为支撑的软件大国,并且把输出对象直指美国。透过这些例子不难看出,自主创新既是世界经济发展的趋向,又是国际社会演进的客观要求。发达国家需要靠创新保持住原有的强势地位,而发展中国家更须通过创新寻求经济社会全面昌盛的动力和机遇。我国强化海洋经济集成创新,应当加快海洋技术创新。要坚持以科学发展观为指导,以提高产业自主创新能力为主线,以发展海洋高新技术产业为重点,以建立企业为主体的产学研相结合的技术创新体系为保障,大力推进原始创新、集成创新和引进消化再创新,使企业真正成为研究开发投入的主体、技术创新活动的主体和创新成果应用的主体,推动海洋经济发展切实转入科学发展的轨道。

海洋产业布局属于产业布局学的研究范畴,它是产业布局学理论在海洋产业领域的应用和发展。产业布局发端于德国经济学家杜能的农业区位。之后,德国的另一位经济学家韦伯把这一理论应用到工业,创立了工业布局理论。理论界认为,产业布局理论以古典和近代产业布局理论为基础,已经发展成为成本—市场学派、行为学派、社会学派、历史学派和计量学派五大学派。除了区位论以外,西方产业布局理论中影响较大的还有汤普森的区域生命周期理论、缪尔达尔—赫希曼的非均衡增长、佩鲁的增长极理论、威廉姆斯的倒"U"型曲线等。目前,西方产业布局理论基本是基于对陆域产业空间布局进行研究,有关海洋产业布局的研究尚属于空白。国内研究成果与国外相比,对海洋产业布局问题重视较早,区域海洋产业布局等问题的研究已产生了一定数量有价值的研究成果。我国沿海各地都在产业布局理论指导下对海洋产业的布局进行了规划,取得了很大成效,也还存在许多问题,今后应加快创新步伐。

### 二、产业融合趋势与集成创新

早期的产业融合研究是从 1978 年由麻省理工学院媒体实验室的 Negrouponte 开始的,主要是研究技术创新基础上的计算、印刷、广播等产业的交叉和融合。以后随着数字技术的发展,在信息通信业加快融合的条件下,金融业、制造业乃至所有产业都出现了加速融合的趋势。日本学者植草益(2001)、我国学者张磊(2001)、马健(2002)、周振华(2002)、胡汉辉(2003)等都对产业融合有较前瞻性的研究。

按照上述学者的研究,所谓产业融合是指信息化进程中的新型产业发展形态,它是相对于传统工业时代产业分立而言的。"在当今依靠技术革命并伴随着信息化进程的背景下,使传统工业时代的产业经济活动发生三个根本性的重大转换:一是产业经济中以物质流为主导向信息流为主导的转变;二是产业经济中以工业技术为核心向信息技术为核心的转变;三是产业经济中以物流运输平台为基础向信息运行平台为基础的转变。以上三方面的转换,实际上是生产力的根本转向,即从工业生产力向信息生产力的转变。在此转变过程中,数字化力量不断增强,并正起着《星际旅行》中'蠕虫洞'(指连接黑洞和白洞的假设通道)的引力的作用,拉着认可的行业通过蠕虫洞并把它们转变为难以想象的东西。这就打破了传统的产业边界,导致产业之间更多的相互渗透与融合,并使与买卖双方密切相关的市场区域的概念已转变为市场空间的概念。传统厂商观念中的'有明确范围的竞争',也将被一个纵横相交的更加广泛的概念所替代。这些相关活动的协调,既有竞争,又有合作;既在传统市场之内,又在传统市场之外。因此,产业融合不仅仅是一个技术性问题,更是涉及服务以及商业模式乃至整个社会运作的一种新方式。"①

胡汉辉等认为,产业融合有三种形式。如图 7 - 3 - 1 所示。

产业融合,本质上就是产业集成创新,是信息经济推动的集成创新成果。著名学者胡汉辉等分析的三种产业融合形式实质上就是产业集成创

---

① 周振华:《新产业分类》,《上海经济研究》2003 年第 4 期。

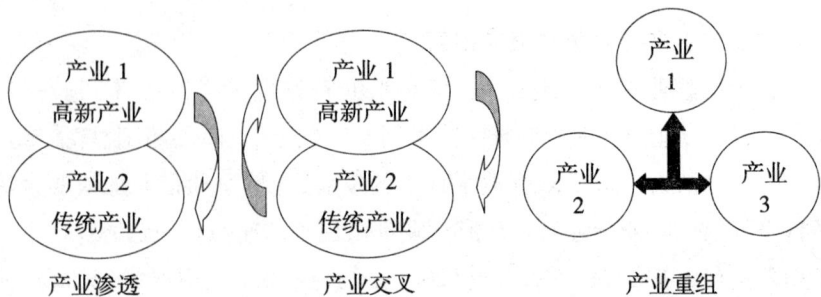

图7-3-1　图中箭头表示技术发展的方向产业融合的三种方式

新形式。(1)产业渗透。产业渗透往往发生在高科技产业和传统产业的产业边界处。由于高新技术往往具有渗透性和倍增性的特点,使得高新技术可以无摩擦地渗透到传统产业中,并会极大地提高传统产业的效率。(2)产业交叉。产业交叉是通过产业间的功能互补和延伸实现产业间的融合。产业交叉往往发生在高科技产业的产业链自然延伸的部分,由于技术融合、业务融合和市场的融合,这种延伸将产生产业边界的交叉融合,最后导致产业边界的模糊或消失。(3)产业重组。产业重组是实现产业融合的重要手段,是产业融合的另一种方式。这一方式主要发生在具有紧密联系的产业之间,这些产业往往是某一大类产业内部的子产业。比如第一产业内部的农业、种植业、养殖业、畜牧业等子产业之间,可以通过生物链重新整合,融合成生态农业等新的产业形态。这种新业态代表了产业的发展方向,既适应了市场需求,又提高了产业效率。①

### 三、产业融合在海洋产业集成创新中的应用

运用产业融合理论分析海洋产业,已经看出创新发展的趋势。随着海洋知识产业的发展,传统的海洋产业体系正在发生改变,新兴的海洋产业分类成为必要。按照产业融合的趋势,促进海洋产业的融合发展是海

---

①　胡汉辉等:《产业融合理论以及对我国发展信息产业的启示》,《中国工业经济》2003年第2期。

洋经济在产业三维平面集成创新的重要目标。按照融合趋势下的产业分类,海洋产业将由过去的一、二、三产业的结构转变为海洋物质产业、位置产业与内容产业的结构。

新的产业体系创新的实质是大力发展海洋知识产业,用海洋知识产业改造、带动整个产业的升级与融合发展。对于这一创新要求,我们目前认识的还不够,研究的也不多,需要理论工作者与实际工作者继续作出探索性努力。

## 7.4 海洋产业园区建设

笔者认为,创建海洋产业园区是海洋产业创新的重要实现模式,应当积极探索,逐步地上档次上水平。

### 一、海洋产业园区的功能与创新优势

海洋产业园区,也称海洋科技产业园区、海洋科技试验区,指的是以科研、教育机构为依托,以开发高新技术、研制新产品、发展海洋产业为目标,促进科研、教育、政府与生产相结合,推进海洋高新技术和产业加快创新发展的综合基地。也是海洋产业发展的示范区。实质上是产业创新发展的空间聚集方式。海洋产业园区的主要功能,一是孵化海洋高新技术成果。在园区内,开展高新技术的自主创新和引进创新,探索适合经济发展要求的技术成果的选择、扩散与推广;二是培育海洋高新技术企业。科技园区是发展高新技术产业的基地和功能区;三是造就海洋产业的企业家和专门人才。海洋科技园是海洋企业家的摇篮;四是创造海洋经济的聚集效应。众多企业在科技产业园内聚集,可以节约外部固定资源和固定设施,同时企业间可以相互提供外部性,包括专业化、品牌的外部性、交易信息的外部性、关联的外部性,使其能够大大降低交易成本。

海洋产业园区所显示出的创新优势在于:

(1)海洋产业园区更易于激发创新意识和形成集成优势。在园区内,众多企业相互竞争,相互学习,同时,产学研管结合,就会产生更多的

创意。而一个好的创意又很难长期独享。要保持领先，就必须不断地创新，于是整个园内就有持续不断的创新压力。

(2)海洋产业园区有利于招商引资和产业集群发展。为建设产业园区，政府一般都在软硬件建设方面给予一定的优惠，提供一定的条件，创业成功率就较高。这样的优势，会降低交易成本。进入成本低，退出成本也低。这会极大地吸引有关企业到这里开展经营，也会吸引更多的科研、中介组织来此服务。

(3)海洋产业园区有利于产业整合形成核心竞争力。科技产业园区，是一种高效的产业组织形式，避免了交易成本与物流成本过高的问题，在生产经营上，既有广泛的自主权与选择性，又有系统整合的效率。在园区内，可以进行深度分工，专业化水平的提高，更有利于技术创新。众多企业和相关科教单位的综合竞争力就会形成，竞争优势显而易见。

### 二、海洋产业园创新聚集效应的启动与实现

吸引企业最初进入产业园区的动力是区位优势和具有保障创新作用的指向性因素。建设产业园区就是使该园区形成一些相对其他地区的优势因素，这些因素被称为区位优势。同时，企业为了节约成本，也经常会有一些指向性因素，愿意向某些因素靠近，区位优势与指向性因素相配合，形成了最初企业进入的动力。企业可以做出多种指向选择，如原料指向、市场指向、劳动力指向、运输费用指向以及关键性要素指向(如能源指向、环保指向)，也可以将上述若干指向综合起来，将企业布置在综合成本最低的地方。具有这样指向的企业可能不止一个，它们都会被区位要素所吸引，而这些企业又会吸引其他企业进入这一区域，聚集在一个较小的空间范围内。区位优势对企业的吸引转变为聚集因素的吸引。如图7-4-1所示。

区位优势也是一种资源，这种资源将为众多企业分摊、消耗，因此，区位优势随着指向企业的进入而不断削弱，直到地区的非物质性区位优势发挥作用。非物质性区位优势不随企业数量变化而变化，其原因在于它的非消耗性。非物质性区位优势与两个因素有关，一个是文化因素，另一

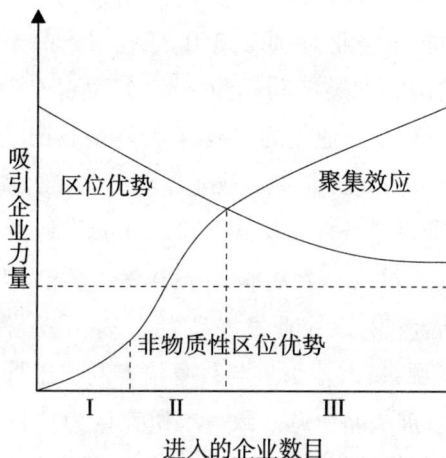

**图 7 - 4 - 1    区位与聚集的启动及变化**

个是政府服务效率因素,这两个因素都不会受到企业数量增长的直接影响,甚至有时还会随着企业数量增加而得到加强,可以近似看成不变的区位因素。这两个软的区位因素是聚集效应实现得以持续的关键。因此,继续改善软环境,保持聚集的吸引力,是非常重要的。可见,生产关系保障创新与产业园生产力创新一定要相互配合,这是产业位三维创新集成的表现。正因为海洋产业园区配置生产力发展和配置制度与管理等软环境的区位优势是关键因素,所以建设产业园区应选择科技实力较强、开放条件较好、工业基础雄厚的沿海发达城市。从我国来看,青岛、天津、大连、上海等市,依托城区或港区、科研区、教育区、发展科技产业园是最优的选择。青岛、天津、大连已着手建设海洋产业园,增创新优势,提高承载能力,这必将大大推动我国海洋产业集成创新的发展。

### 三、科工贸发四体一位:产业创新必由之路

在海洋产业园区建设中,产业发展要走科工贸发四位一体的发展之路。例如:位于青岛经济技术开发区的青岛双龙联合制药有限公司,自1994 年成立以来,大胆涉足生物工程这一高科技领域,依靠先进的管理方式和高质量的产品,成为全国医药同行业的佼佼者。青岛双龙联合制

药有限公司,是一个集高科技药品开发、生产和市场开拓于一体的生物工程领域的民营高新技术企业,有职工 350 人,主导产品是中国科学院生物物理研究所研制的国家二类新药蚓激酶胶囊(商品名普恩复)。他们依托这一产品,开展了科技产业化的实践,在海洋药物产业化的进程中做出了贡献。青岛市政府调查研究室对双龙制药的发展经验进行了总结,将其做法概括为"双龙高科技发展模式":即科工贸发四位一体科技产业化发展模式。这一模式包括 4 个基本部分:第一,企业发展关键:技术引进与技术创新紧密结合;第二,企业发展动力:产品开发与市场开发齐头并进;第三,企业发展源泉:人才引进与自身培养同步进行;第四,企业发展前提:近期目标与发展战略协调一致。本研究认为,"科工贸发四位一体的高科技产业化发展模式"对众多企业的发展具有指导意义,是海洋经济产业位集成创新的一个成功案例。

# 8 战略导向三横面之三：海洋区域位集成创新战略

海洋经济区域位的集成创新战略，关系着海洋大陆架、专属经济区和公海的开发战略。研究海洋区域战略的集成，对于做好海洋区域规划，维护海洋权益，加快海洋开发与经济发展有重要意义。

## 8.1 区域位三维创新简述

海洋经济区域位三维创新，是指区域位上形成的区域战略导向下的海洋经济核心系统与保障系统集成创新的平面结构。如图8-1-1的C层平面所示。

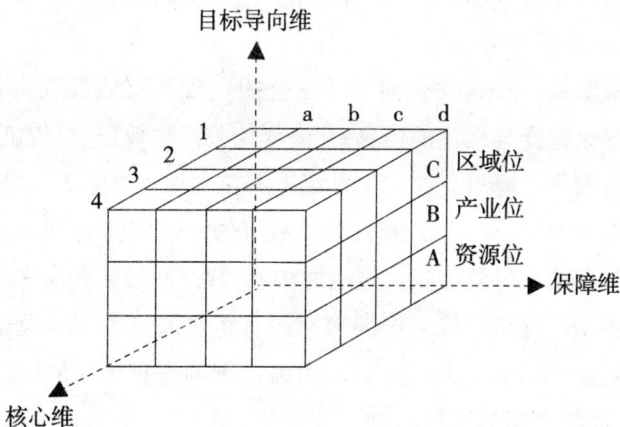

图中：1.技术创新；2.产品创新；3.产业创新；4.配套条件创新
     a.组织创新；b.制度创新；c.管理创新；d.文化创新

**图8-1-1 区位导向三维创新横面图（C层）**

在区域位三维创新平面结构中,核心创新维上,创新单元就产生出海陆区域一体化战略导向下的海洋技术、产品、产业等创新;保障创新维上,就产生出海陆一体发展的制度、管理创新等。两维互动、交叉也能产生16 种集成状态,这里,只对区域战略导向下的生产力创新与生产关系创新集成平面分析研究。提出实施区域位三维创新,最重要的是摒弃纯海域经济思维,从经济全球化中寻求海洋经济创新的新定位和实施一体化战略创新。

## 8.2　经济一体化趋势对海洋经济区域创新发展的影响

### 一、目前的海洋区域现状

现行的《联合国海洋法公约》,将海洋划成三个区域:领海、专属经济区和国家管辖范围以外的海洋区域。公约规定各国在领海以内拥有主权,主权是绝对权利,是不容打折扣的权利;公约又规定各国在专属经济区内拥有主权权利,而主权权利则是衍生于主权的权利,是相对性的权利。在上述两个区域以外,则是公海;根据新公约,它是人类的"共同继承财产"。

从领海来说,根据《联合国海洋法公约》,现行有效的领海宽度是 12 海里。据国家海洋局提供的信息:在海洋法公约生效以前,传统国际法的领海宽度一般是 3 海里。在二十世纪末期首先提议废除 3 海里领海宽度的是拉丁美洲国家。拉丁美洲太平洋沿岸的一道深海海沟,引起了将领海宽度订为 200 海里的动议。这道海沟源自南极,沿智利海岸北折,离岸一般距离为 185 海里。拉丁美洲国家遂有将领海订为 200 海里的提议。海洋大国对此提议无不大吃一惊。因为各国领海扩大,必然缩小公海上的自由,使海洋大国的军舰活动范围受到限制。于是海洋大国便用以下两个提议,说服沿海国接受以 12 海里为限的领海宽度。

(1)在 12 海里的领海以外,各国将拥有专属经济区,从划定领海宽度的基线量起,不超过 200 海里。世界各国在专属经济区的水面和上空仍然享有公海上的航行和飞越自由，但专属经济区内的再生或非再生资源则专属于沿海国。12海里的领海宽度照顾到海洋大国军舰活动范围的利益，200海里的专属经济区则照顾到沿海国其中特别是拉丁美洲国家的经济利益。凑巧的是，新《海洋法》将大陆架也规定为不超过200海里。衍生于领海而以主权权利为其特性的专属经济区就是这样来的。

（2）在国家管辖范围以外的海床、洋底及其底土，有大量生物和非生物资源，那是人类的共同继承财产。有能力在深海开发这种资源的都是发达国家。它们为了争取12海里的领海宽度，向发展中国家承诺：将开发公海海底所得净利与第三世界国家分享；将开发所用技术通过联合国向第三世界国家转让；在开发过程中严格保护人类环境。

由此看出，在国家管辖范围以内，有两种海洋区域：属于主权范围的12海里领海；和属于主权权利范围的200海里专属经济区。在此之外，就是新《海洋法公约》规定为人类"共同继承财产"的国家管辖范围以外的海床、洋底及其底土。将公海及其资源定为人类的"共同继承财产"是崭新的国际法原则，过去都是"先占主义"挂帅。人类的"共同继承财产"的概念，要求对公海资源的开发必须有秩序地进行，照顾到环保考虑和对第三世界国家的帮助。发达国家的第二项承诺，就是以人类的"共同继承财产"的名义来开发公海的。

我国的海洋区划分，除以上划分以外，主要是有渤海、黄海、东海和南海；以及沿海11省市区的沿海；环渤海经济区、珠三角经济区、长三角经济区、海峡经济区；海岛等等。

随着我国沿海区域之间的经济合作进一步加强，海洋经济区域布局已基本形成。据中国海洋经济统计公报显示，2004年我国海洋区域经济持续快速发展，长江三角洲经济区、环渤海经济区的主要海洋产业总产值均已超过4000亿元。其中环渤海经济区海洋产业总产值4116亿元，占全国海洋产业总产值的32.1%，海洋渔业、滨海旅游业和海洋交通运输业三大支柱产业产值之和占本地区海洋产业总产值的70.0%；长江三角洲经济区海洋产业总产值4169亿元，占全国海洋产业总产值的32.5%，滨海旅游业、海洋交通运输业、海洋渔业三大支柱产业产值之和占本地区海洋产业总产值的82.1%;珠江三角洲经济区海洋产业总产值2417亿元,占全国海洋产业总产值的18.8%,滨海旅游业、海洋渔业、海洋油气业和海洋交通运输业四大支柱产业产值之和占本地区海洋产业总产值的66.7%。至2007年,环渤海经济区海洋生产总值9542亿元,占全国海洋生产总值的比重为38.3%。位居前列的主要海洋产业为海洋交通运输业、海洋渔业和滨海旅游业,三项增加值之和占本区域海洋生产总值的33.2%。长江三角洲经济区海洋生产总值7748亿元,占全国海洋生产总值的比重为31.1%。位居前列的主要海洋产业为滨海旅游业、海洋交通运输业、海洋渔业和海洋船舶工业,四项增加值之和占本区域海洋生产总值的38.6%。珠江三角洲经济区海洋生产总值4755亿元,占全国海洋生产总值的比重为19.1%。位居前列的主要海洋产业为滨海旅游业、海洋交通运输业、海洋油气业和海洋渔业,四项增加值之和占本区域海洋生产总值的36.8%。目前,海洋区发展仍存在着整合度低,缺乏整体规划,产业布局不合理等问题,因此,更好地进行科学分区,制定好分区发展目标,合理配置资源,实现又好又快发展,是亟须做好的重大工作。

**二、经济一体化的趋势对区域海洋经济创新发展的影响**

1. 经济一体化的趋势

在经济全球化的发展趋势下,一体化发展日益活跃。所谓经济一体化主要指区域系统内经济发展有一个优化的内部结构,既有合理的分工,又有内部形成有序的竞争,使经济发展达到相对统一的水准,对外有较强的整体化综合竞争力。

区域经济一体化联动发展是经济系统优化的内在的客观要求,是一种联系紧密的区域经济安排。从系统科学角度分析,区域一体化是个协同概念,它是一个多组分系统整体协同变化的自组织过程,或者说,区域一体化系统演变是一个整体共变的过程。区域经济一体化包含了形态一体化、市场一体化、产业一体化、信息一体化、交通设施一体化、制度一体化和生态环境一体化等。海洋经济与陆地经济、海外经济的一体联动是区域经济一体化的一个特殊方面。

　　经济一体化联动发展源于西欧,其本义在于以区域为基础,提高资源的利用效率。经济一体化联动发展的实现,需要在一体化区域内消除阻碍贸易与生产要素流动的各种障碍,因此有学者简单地表述为"再生产过程各个阶段上国际经济障碍的消除"。此外,经济一体化还需要在区域范围内设立机构,形成共同的内在管理机制,制定共同的制度规范,为市场提供有效的制度保证和持续一体化的动力。所以,组织性和制度性是经济一体化联动发展的基本特征。区域经济一体化联动发展与整个社会进步系统一样,具有两大基本动力:一是创新动力。在社会进步系统理论看来,社会进步是一个复杂的社会矛盾演进过程,社会进步的动力系统是一个动态的"合力"系统。在这个动力系统中,创新是推动包括区域经济一体化在内的当代人类社会进步的根本动力。二是互补动力。"互补"是推动现代社会进步的重要动力。"互补"就是指在人类社会发展过程中,世界各国、各地区间的互相补充和互相影响。特别是随着科技革命的兴起,"互补"现象已非常普遍并越来越重要。区域经济一体化的本质就是一种"互补"现象。"开放"与"互补"之间具有一致性。一般来说,"互补"作用与自然环境的作用成正比,与物质系统的发展程度成正比。20 世纪的历史发展表明:在经济技术一体化或全球化的时代,一个国家或地区只有融入更大范围的"互补"行列,才能跟上时代前进的步伐。

　　2. 区域经济一体化发展的作用

　　海洋是特殊地理的区域经济,海洋与陆地经济相关性很强。区域经济一体化的理论,同样对海陆一体发展有启发性。据有关专家研究①,区域经济一体化,对优化资源配置,增强区域联动和提升竞争力有重要作用。

　　(1)合理有效配置和充分利用资源,实现优势互补的作用

　　区域经济学认为,各类经济在区域的分布是否合理主要取决于三个因素:一是资源条件和优势;二是经济集中的效益;三是运输和通信成本。因此,区域经济就其本质而言,是一种扬长避短、发挥优势的开放经济。

---

　　①　周世德:《推动黄海三角洲经济一体化联动发展研究》。

要有效地完成一个区域经济发展的全过程,即从发育、生长到成熟,必然依靠生长要素区内分工循环,形成一种区内分工与协作的区域经济发展格局,由于合理的分工和协作会给各成员带来共同的利益,他们就会联合起来,最终形成一个地域经济组织,即区域经济共同体。这种体现在区域分工协作过程中,通过生产要素的地域流动,从而推动区域经济协调发展的地域经济就是区域经济一体化过程。其最终目的就是为了提升区域内发展的综合竞争力。

区域经济一体化是发挥各地比较优势,形成整体优势的必然选择。近年来,我国经济出现产业结构趋同的重要原因之一,就是缺乏区域经济一体化发展的意识和观念。为了本地区的经济增长,对一些热门行业在投资上趋之若鹜,结果不仅造成了宝贵资源的浪费,而且导致了重复建设和企业间的过度竞争。区域经济一体化发展是为了避免产业同构化,而通过研究和论证明确各地的功能地位,确立其以优势产业为龙头的产业发展格局,做到真正能够发挥各地区的比较优势,形成区域经济的整体优势,使各地取得比较效益。世界经济发展越来越呈现出一体化的优势,特别是中国加入 WTO 后,我们必须在全球层面即世界经济一体化上看待区域经济一体化发展,要根据各区域的资源禀赋特征,深化经济分工。

要实现区域经济的一体化联动发展、合作共赢,就必须坚持优势互补原则。区域经济一体化的本质就是一种互补现象。互补是推动现代社会进步、提升区域内经济竞争力的重要动力。在这里,互补就是指在一体化发展过程中,区域内的互相补充和互相影响,形成功能各异、关系密切的集合,在保持区域内各自发展优势的前提下,加强区域的协作,共同建设和享用区域内的公共设施和区域设施,减少重复建设造成的资源浪费,提高经济效益。

(2)较大增强整个区域的经济力和竞争力的作用

区域经济一体化的基础是追求共同利益的最大化,而不是某一局部的最大化。在一个区域内,虽然包含有不同的行政单元,但其在自然、生态、经济等方面是一个整体,区域内任何一地的发展、资源开发均会对其余地区产生影响。为此,区域内的规划、建设、发展应打破行政界线的限制，从区域整体利益出发，使区域发展变"单打冠军"为"团体冠军"。在充分兼顾各地利益的基础上，通过经济分工和协同，从中产生集聚和累积效应，从而实现"多赢"的效果。增强整个区域经济力和经济竞争力。

从区域经济学角度讲，区域是空间范围内的经济聚合体。这个聚合体能产生多大的效益，则同其规模的大小有着密切的关系。一般来说，各经济要素在区域的聚集程度越高，区域的经济规模也越大，从而也能产生较高的效益，进而提高区域的综合竞争力。学术界对此作了详尽的研究：

首先，区域经济规模扩张会促进区域聚集经济效益的同步增长。这种增长反映在两个方面：第一，区域聚集经济及其内在的规模经济本质上是一种节约经济，其包括公共资源的综合利用和有效充分利用，使得区域平均运营费用和管理费用降低，这意味着相应的增强了城市的收入，而收入是潜在的消费和投资。消费、投资及隐含在投资中的技术进步是区域经济增长的内在与外在动力。第二，区域经济规模的扩张，拓展了区域的内外市场，增强了区域经济的竞争力。从短期看，区域经济增长取决于域外市场的需求指向。域外市场的拓展，不仅改变总需求，而且还改变城市需求结构与需求性质，从而影响到城市产业结构和体系。从长期看，当一个区域的经济增长受到资源的制约时，经济增长就取决于它的供给基础，包括区域产业的物质技术基础，区域投资的聚集程度及区域基础设施的状况。区域经济规模扩张会带来供给基础的改善，而良好的供给基础，又会吸引更多经济要素的集中，从而促进某些区域经济部门的扩张。这种扩张不仅将一些新的投资纳入到增长过程中，而且通过扩散效应影响到相关产业，使地区的经济发展创造出更大的市场，从而产生回流效应。通过扩散效益和回流效应的循环与积累，推动区域产业结构调整与产业置换，促进区域经济的增长。

其次，区域经济规模扩张会增强区域经济持续增长。区域经济扩张可以促进产业的多样性、服务业的崛起和迅速发展、基础设施的现代化；为技术创新、制度创新和管理创新带来更多的机会。这些因素共同维系着区域经济增长的稳定性，使其保持长期增长的态势。除此以外，区域经济规模扩张，通过不断同域外市场的物质、能量、信息、资金的交换，使区域经济结构部分的平衡关系不断被打破和再建立,进而推动经济增长,进一步提高区域竞争力。

(3)促进小区域和大区域联动发展的作用

不同规模的区域有着不同的地位和作用,在区域经济一体化发展过程中应当协调发展,应力求实现空间结构的优势整合,实现"双赢"或"多赢"。大区域直接承接国际全球化的影响,对小区域产生辐射带动,促使小区域快速健康发展;小区域的发展可为大区域缓解过度膨胀的矛盾,减少大区域的压力。逐步形成大小区域彼此促进、协调发展的区域体系,这是我国区域经济一体化发展的理想布局,也是推进我国区域经济一体化发展进程的战略选择。

沿海陆地经济与海洋经济是两个有差异的经济圈,同时又是可以建立起联动机制的经济圈。海洋经济圈连接着更大的海外经济圈。只要制定一体联动发展的政策,两个区域完全可以一体联动,实现共同发展,增进区域经济增长。如环渤海、北部湾经济圈(区)等。

有关专家认为,与大区域的大和强相比,小区域的特征主要表现为"特"。即特色化的产业体系决定的特色化的小区域形态,实施区域经济一体化发展战略,对资源开发和产业发展进行合理规划,使区域内各小区域在各自产业特色的基础上,实现在资源、产业和产品方面的合理分工或互补协作,减少小区域之间的产业竞争和产品竞争,在区域范围内形成产业协作和产品配套的合力,取得更好的经济效益。而这种形态一经形成和完善,就可以从区域分工和区域贸易中创造效益,加快经济发展从而推动地区现代化水平的提升,增强综合竞争力,这是发挥比较优势的福利效应。因此,地区比较优势的发挥和专业化优势的加强,是中国区域经济一体化发展的基础,中国经济竞争力的增强也在于通过进一步发挥各地区的比较优势而实现真正意义上的区域经济一体化。区域经济一体化发展促进小区域快速健康发展,关键在于通过资源、产业的联结和凝聚力量,克服小区域规模不经济的问题,在合理配置区域资源的同时解决区域供给不平衡的问题,进而发展成为以产业化、工业化为依托的现代化新型群体。在此基础上,通过合理规划和建设,形成区域联动发展格局,通过资源和产业内部的深度整合,在整个市场体系里承接来自大区域的辐射和带动,保证小区域实现快速健康发展,取得最大最好的绩效。

### 三、经济一体化的趋势对区域海洋经济创新发展的影响

经济一体化的规律,对海陆一体发展是有同样调节作用的。海洋经济与陆地经济联体互动发展的重要趋势就是经济一体化规律作用的结果。

海洋经济不仅是海洋水体内产业发展的结果,而是海洋资源的开发和利用的结果。在开发与利用中,海洋产业与陆地产业的再生产过程是相互联系、相互影响的,随着海洋开发的深入,海陆关系越来越密切,海陆之间资源的互补性、产业的互动性、经济的关联性进一步增强。海洋资源的深度和广度开发,需要有强大的陆域经济作支撑,海洋经济发展中的制约因素,只有在与陆域经济的互补、互助中才能逐步消除和解决。也就是常说的:水体离不开盆体,盆体也不能脱离水体。海洋经济圈层形成本身就说明海陆间紧密联系,只有海陆一体才能使技术、资源、人才、资金得到合理配置与有效利用。而且在各种要素的组合过程中,空间选择范围扩大,要素组合更加优化。海陆一体化在理论界又称作海陆统筹。海洋资源优势只有在与沿海陆域经济统筹、联动发展中,在与陆地的生产力布局紧密结合中和与国际社会的合作中才能得到充分的开发和利用,达到集成最优化。所以,在陆海一体方面要有大的创新发展,就要实行海陆统筹,双圈联动,甚至还要与海外联动,即三圈联动或四圈联动。

在世界史中,沿海国家葡萄牙、西班牙是最早实践海陆一体化的国家。葡萄牙通过40多年的有组织的航海活动,成了欧洲的航海中心,他们建立起了世界上第一流的船队,拥有第一流的造船技术,培养了一大批世界上第一流的探险家或航海家,推动了葡萄牙迈出了欧洲的大门,海陆联动,积累了大量社会财富。西班牙紧随其后,在海陆一体联动方面,更是采取了许多措施,取得了国家经济贸易的大发展,崛起为海洋大国。许多沿海地区,也借助各种有利条件,发展了起来。"地中海区域"、"波罗的海区域"、"墨西哥湾区域"、"日本濑户内海区域"以及"韩国西海岸"

等五个具有代表性的海洋区域,成为区域海洋经济布局的成功国际案例。它们创造出了许多有价值的经验,是海陆一体化的重要借鉴。

可见,经济全球化和经济一体化对海洋经济发展的影响是巨大的。我国沿海有些地区,已经制定并实施了一些海洋与陆地的一体开发战略。从实际情况看,在此基础上研究更大范围的海陆区域一体战略成为一个大课题。

当前,我国沿海各省市区都把海洋经济确定为新的经济增长点,并制定了新一轮发展规划与重点建设工程计划。

广东、福建制定了"建设海洋经济强省战略"。出台了决定和指导文件,对全面发展海洋经济做出战略部署。福建近年来提出建设"海峡西岸经济区"。广西出台了"蓝色计划",海南提出"以海兴岛,建设海上海南",江苏提出"建设海上苏东"。浙江连续召开三次海洋经济工作会议,提出了"建设海洋经济强省"的战略目标。

沿海各地紧紧抓住发展海洋经济的历史机遇,采取一系列措施,海洋开发事业突飞猛进。在这样的形势下,为了适应全球化和一体化的要求,必须提出海洋经济更大范围的区域统筹战略,更好地谋取大区域与小区域的统筹协调发展。这就是海洋区域经济的集成创新发展。为了全面贯彻落实科学发展观,实现我国经济社会的全面协调可持续发展,沿海11省应该"海陆统筹",确立海陆整体发展的战略思路。据国家海洋局海洋战略研究所高之国分析,我国沿海的11个省、市和地区陆地面积123万平方公里,约占全国土地总面积的13%,沿海地区人口两亿多,占全国人口的15%以上。我国主张管辖的海域面积近300万平方公里,接近陆地国土面积的三分之一,油气资源沉积盆地约70万平方公里,海洋石油资源量约400亿吨,天然气资源量14万亿立方米,海洋渔场280万平方公里。这样一个具备陆海优势资源的沿海地区,如实行"海陆统筹",集成创新发展海洋经济,对于我国加快沿海经济发展,全面建设小康社会,实现现代化,将具有十分重要的战略意义和全局影响。

## 8.3　区域海洋经济创新的新定位

### 一、全球定位的提出

海洋是特殊的地理单元,海洋经济是区域经济。随着区域经济全球化、一体化的发展和信息网络经济的纵深发展,海洋区域经济也步入全球化的轨道。因此,海洋区域经济发展战略应当是全球定位。当前,全球经济正处在深刻变动时期,全球统一市场的范围和领域进一步扩大,各区域经济组织之间的相互联系进一步加强,生产要素全球范围内自由流动和优化配置进一步加速,全球分工和产业结构的调整日趋理性和明晰。在这种状况下,经济一体化的步伐加快,经济合作的力度加大。海洋经济作为区域经济的一部分,既可以与本国陆地经济更好地一体化规划发展,也可以与国外更好地一体化规划发展。目前,世界性的海洋经济区正在兴起。2004 年 4 月,拉美四国联手建设海洋生态走廊,就是全球定位研究的一个信号。这个名为"太平洋热带海洋生态走廊"的自然保护区位于四国共同濒临的太平洋海域内,其中主要包括哥斯达黎加的可可岛、巴拿马的科伊巴岛、哥伦比亚马尔的加拉帕戈纳岛以及厄瓜多尔的加拉帕戈斯群岛。这些岛上还保留着原始的自然状态,动植物种群十分丰富,是潜在的宝贵旅游资源,其中多处已被联合国有关组织宣布为人类文化遗产或重点保护区。四国在联合声明中说,对海洋生态和生物多样性资源的保护,不仅是沿海各国未来经济和社会发展的可靠保证,而且对全世界的可持续发展同样具有无可估量的战略意义。拉美四国联合建设海洋生态走廊,不但可以协调彼此间的力量,而且还能从各种渠道争取联合国有关组织和国际环保机构的支持。这种区域一体化的发展是全球化进程的重要步骤。

### 二、彻底摒弃"纯陆地经济"与"纯海洋经济"思维

地球是一个水体占 71% 的星球,海洋与陆地相间于内。海洋与陆地相互联系,海洋间的联系离不开陆地,陆地间的联系离不开海洋。海洋是

陆地联系的门户和大通道。陆地与海洋间的生态、资源与经济关系相互制约。正因为如此,海域开发利用的战略定位就必须摒弃片面的思维。

首先要摒弃"陆地国家"思维。随着《联合国海洋法公约》的实施,海权成为一个国家的主权。从我国看,约有473万平方公里的主权管辖海域、海岸线长度、大陆架面积、专属经济区面积分别在世界列第4、5、10位。中国不仅是陆上大国,也是海洋大国。从这种地理条件实际出发,就要重新审视传统的国家定位,把历史上的陆地大国思维转变为"海陆复合型国家"思维。

其次,要摒弃"海岸经济"与"纯海洋经济"思维。在"海陆复合国家"思维中,对海洋经济也存在不准确的定位。有时往往将海洋经济只视为海岸经济,有时将海洋经济定位于"与海洋水体有联系的经济"。纯海洋经济在理论界也有一定影响。从陆海相联的实际来看,海洋经济应是陆海联动的经济活动,是以海洋水体资源为中心圈层的多圈层的区域经济。在战略定位中,应当更准确地把握这一点。如山东的海洋经济,不仅仅是海上山东,而是陆上山东与海外山东的海洋区划部分,是陆海相连的海洋经济。这种新的区域定位有利于利用更大的战略空间去开展海洋开发与保护,去配置优势资源,促进海洋经济创新发展。

### 三、全球定位系统下的全球治理与维护海洋权益

自1995年,联合国"全球治理委员会"提出了《天涯若比邻》的著名报告以来,"全球治理"(global governance)一词成为使用频率很高的词汇。全球治理委员会认为,需要把世界各地的人民激励起来,把人民与地球的安全置于中心地位,在休戚相关、命运与共的领域承担集体责任,实现更大的合作,谋求符合法律、集体意志与共同责任的安全。全球治理,过去主要关注政府间关系,现在一并关注非政府组织、公民运动、跨国公司、学术界和大众媒体。在人口、资源、环境方面,全球治理要求政府和人民,共同努力运用集体力量创造一个更美好的世界。在海洋经济的国际合作中,全球治理也有着重大的影响。

在全球海域管理方面,按照《联合国海洋法公约》,有1.09亿平方公

里(占海域35.8%)的海域划归沿海各国管辖,其中涉及380多处海域需要相邻或相向国家协商划定。因为有一些不足200海里的封闭和半封闭海域存在着双方专属经济区的重叠,这必将带来海域划界的一系列问题和争端。从20个世纪开始的"蓝色圈地"运动,硝烟直到今天都未散去,争议的焦点集中在权利主张重叠海区的划分上。全世界144个沿海国家中,海岸相邻或相向的国家间380多处海洋边界的划定,目前只解决了约1/3。专家认为,解决海上边界问题,既是沿海国家面临的一项历史性任务,也是全球国际关系中的一个重要领域。

我国大陆海岸线长度18000公里,拥有面积在500平方米以上的岛屿6500多个,岛屿海岸线长度为14000多公里。我国有8个海洋邻国,对我国的海洋国土和海洋权益均有不同程度的无理要求,涉及总面积达100多万平方公里的海域。因此,我们在从事海洋经济合作的同时,一定树立海洋主权观念,采取措施更好地维护国家主权。在此前提下,努力搞好海洋区域经济的战略空间定位和区域开发规划。

战略空间定位和区域开发规划包括:300平方公里海域的整体区域规划(专属经济区规划)、公海利用规划以及环渤海经济发展规划等沿海大区域规划等。树立海陆一体观念,把海洋(特别是沿海区划)纳入国家的经济区划和战略规划。据国家海洋局新东部课题组介绍,自新中国成立以来,中国一共作过三次大的经济区划。第一次是解放初期,行政区划分别把国土分为东北、华北、西北、华东、中南和西南六个部分。第二次是"七五"计划时期,作出三个经济地带即东部沿海地带、中部地带和西部地带的划分。第三次是"九五"期间七大经济区的划分,即东部地区、环渤海地区、长江三角洲地区、东南沿海地区、中部地区、西南和东南部分省区、西北地区等。我国在经济区划上的三次划分,在不同历史时期对全国生产力布局,科学利用和合理配置资源,平衡地区间的经济发展,乃至对国民经济的发展和人民生活水平的提高,都起到了积极的作用。尤其是"七五"计划时的三个经济地带的划分,第一次把沿海地区作为一个经济地带划分出来,将地理视野扩展到了海边,展示了中国通过海洋向世界开放沿海地区的姿态。然而,3次大的经济区划都忽略了我国管辖海域。

由于国家没有把海洋纳入国土规划,海洋经济、海洋科技、海洋文化和海洋管理等项内容,难以体现在有关的国民经济和社会发展规划、计划中。如果任其继续发展下去,必将妨碍我国的进一步改革开放,影响社会经济的可持续发展,特别会影响海洋经济和沿海经济的发展。因此,将海洋纳入经济区划的视野,既是沿海地区发展的内在要求,也是实现我国社会经济可持续发展的必然选择。我国有面积超过 500 平方米的海岛 7000 多个,这部分海岛资源就具有相当的开发潜力。据项目组提供的数据,台湾、香港、澳门、海南这四个省级海岛所创造的经济总量,相当于国内生产总值的一半,超过了中国第三次经济区划的七大经济区范围中的任何一个经济区。这说明,包括台湾、香港、澳门在内的经济发展,也是因为有了国家这片管辖海域,才会使之成为中国经济发展的前沿地带。我国第二次经济区划当中的东部沿海地带,都是因为有了海洋的区位优势,才会在经济、文化等领域占据了重要的发展优势,同时也获得了第一位的发展机遇。可见,继续进行科学的空间区划和规划十分迫切。

## 8.4　海陆一体化的区域创新实践

### 一、我国海陆一体创新发展情况

从全球视角定位中国的海洋经济,再从中国海洋经济定位各海洋区经济,就要"跳出局部看全局"、"跳出局部看局部",从海陆一体化的思路定位海洋区。2003 年,《全国海洋经济功能规划纲要》把我国海岸带及邻近海域划分为 11 个综合海洋经济区,由北往南分别是:辽东半岛、辽河三角洲、渤海西部、渤海西南部、山东半岛、江苏东部、长江口及浙江沿岸、福建东南部、南海北部、北部湾地区和海南岛。认为,辽东半岛、山东半岛、江苏东部、长江口及浙江沿岸、福建东南、南海北部等区域海洋经济发展的基础较好,未来发展以渔业、港口建设等多项产业综合发展为主,尤其是长江口及浙江沿岸区、南海北部的珠江口周边地区,更是我国海洋经济发展最具潜力的地区。而辽河三角洲、渤海西部、北部湾、海南岛等区域,海洋经济基础较为薄弱,需要针对区域内的优势特点,重点发展诸如油气开发、海洋旅游等优势产业。在这个规划中，也表现出一定的陆海一体化规划的思想。

1. 福建省的"海峡西岸经济区"战略思路

中国福建省提出了"海峡西岸经济区"的定位，把台湾视为海峡东岸，通过发展逐步实现环海峡经济圈。地处长江三角洲和珠江三角洲之间的福建省，有着承北接南、东临台湾的天然地理优势。新世纪的福建人，在回首改革开放30年走过的发展路径的同时，也在从全国区域经济布局的战略高度来寻求新的快速发展的道路。从中国的版图上看，福建处在长江三角洲和珠江三角洲的中间地带，如同一根杠杆的支点。从地缘的角度看，它有着无可替代的重要性。怎样把福建的这种地缘优势更多、更好、更快地转化为区域经济优势和产业融合的优势，是福建省委、省政府一个时期以来所思考的重大问题。建设海峡西岸经济区是一个立足全国发展大局、立足祖国统一大局的战略构想，符合中央的要求，符合福建的实际，是近年来福建发展战略思路的继续和延伸，它凸显了福建省的区位特点和对台优势。"海峡西岸经济区"也不是要抛开长三角、珠三角另起炉灶。福建的发展是要依托自身所具有的连接港澳台和两个三角洲的区位优势，通过承北接南、东拓西联，实现长三角和珠三角的对接，使三个经济区互动发展，进而整合成一个实力更为强大的经济体。建设海峡西岸经济区首先符合国家区域发展的整体规划。国家"十五"计划纲要指出，要进一步发挥环渤海湾、长江三角洲、闽东南地区、珠江三角洲等经济区域在全国经济增长中的带动作用。海峡西岸经济区正是"闽东南地区"概念的延伸和发展，它是我国东南沿海具有自身特色和独特优势的地域经济单元，也是全国区域发展战略的重要组成部分。福建作为东部沿海的一个省份，完全有条件、有可能发展得更好更快些，为全国发展大局做贡献。

海峡经济区是继环渤海、长三角、珠三角后提出又一重要经济圈。海峡经济区是由海峡东西两岸构成，具体范围包括福建省与台湾地区。海峡两岸具有深厚的血缘、地缘、商缘、亲缘等关系，有着祖国大陆腹地，漫长的海岸线、众多的深水良港等区位优势和人文优势。西岸以福建为主

体,北接浙南,南靠粤东,西连江西,正在构筑以沿海中心城市及城市经济
圈为依托,以快速便捷交通网络和现代通讯网络为纽带的经济区。随着
海峡两岸关系的不断缓和,经济纽带作用的不断增强,海峡经济区将成为
中国经济的一个重要增长极。而福建也将依托海峡经济区再次崛起。因
此,海峡经济区的提出,不仅对福建,对全国,对两岸关系都是重要的助
推器。

2. 浙江省的海陆联动战略情况

我国浙江省大力推进海陆联动,走出了一条具有地方特色的海洋经
济与陆域经济联动发展的新路子。

浙江虽是陆域小省,但却是海洋大省,海域面积是陆域的 2.6 倍,拥
有丰富的港、渔、景、油、涂等资源,组合良好,区位优越,具有独特的优势。
发挥海洋资源整体优势,不断拓宽海洋经济发展空间,大力发展海洋经
济,是新的增长点。改革开放以来,特别是近年来,海洋经济持续快速发
展,综合实力明显增强。2002 年,海洋经济总量达到了 1793 亿元,海洋
产业增加值 582 亿元,已占全省 GDP 的 7.5%;海洋产业结构比例已调整
到 21:36:43;沿海及主要大岛的交通、电力、水利、通讯等基础设施条件
和防灾减灾能力有了很大改善,海陆经济一体化的步伐不断加快。省长
吕祖善认为,浙江经济社会发展到今天,陆海关系越来越密切,陆海之间
资源的互补性、产业的互动性、经济的关联性进一步增强。一方面,海洋
资源的深度和广度开发,需要有强大的陆域经济作基础作支撑;海洋经济
发展存在的问题和制约因素,只有在与陆域经济的互补、互助中才能逐步
解决和消除;海洋资源优势也只有在与全省陆域经济联动发展、与全国沿
海地区生产力布局紧密结合中才能得到更充分的发挥和利用。另一方
面,浙江经济未来发展战略优势的提升和战略空间的拓展,必须依托海洋
优势的发挥和蓝色国土的开发。综合开发海洋资源,加快发展现代海洋
经济,有利于拓展全省生产力布局空间、培育新的经济增长点,有利于缓
解土地、电力等生产要素的供需矛盾、增强经济发展后劲,有利于进一步
扩大对外开放、更广泛地参与长江三角洲地区的合作与交流。因此,在全
省大力推进陆海联动,努力实现海洋开发新突破、海洋经济新发展。浙江

省的做法是：

一是以"开发五大优势资源，培育五大优势产业"为主线，实现陆海产业联动发展新突破。大力开发和利用港、渔、景、油、涂五大优势资源，积极培育和发展港口海运业、临港工业、海洋渔业、滨海旅游业、海洋高新技术产业，综合开发海涂和无居民海岛。通过发挥这五大优势和培育五大产业，进一步加强陆海资源集成，延长产业链，培育海洋产业集群，加快形成并不断增强海洋产业的综合优势。

二是以沿海港口城市和中心大岛为依托，实现陆海生产力联动布局新突破。海洋产业的发展与布局，更好地与沿海地区的工业化、城市化以及区域特色经济的发展结合起来，加快形成分工明确、结构合理、功能互补的海洋产业布局新格局。以环杭州湾、宁波舟山、温州台州三个海洋经济区为重点，大力培育和打造一批能够符合资源特点、体现资源优势、具有区域特色的陆海联动发展的海洋产业集群。

三是以加快"三大对接工程"建设为契机，实现陆海基础设施联动建设新突破。正在建设的舟山大陆连岛工程、温州洞头半岛工程以及杭州湾大通道工程，对实现舟山与宁波、洞头与温州、宁绍平原与浙北平原的对接，全面推进陆海联动和优势整合，拓展产业布局和城市发展空间，加快接轨上海，将发挥重要的桥梁和纽带作用。紧紧围绕这"三大对接工程"建设，搞好沿海城市、中心大岛等重大基础设施的布局衔接和联动建设，加强互通、扩大共享，全面提高全省陆海基础设施网络化、现代化水平。

四是以提升海洋产业层次和竞争力为核心，实现陆海"科技兴海"战略联动实施新突破。整合和发挥海洋科技教育资源优势，推进海洋科技创新体系建设，依靠科技进步和劳动者素质的提高，加快传统海洋产业改造升级和新兴海洋产业培育发展的步伐，促进海洋开发由粗放型向集约型转变，推动海洋经济的现代化，提高海洋资源综合利用效率和海洋产业经济效益，增强海洋产业的国际竞争力。

五是以保护海洋生态环境为目标，实现陆海污染联动治理和国土联动整治新突破。由于陆源污染是导致海洋生态环境恶化的主要原因。因此,他们以严格控制和强化治理陆源污染为重点,加强海洋环境保护和生态建设。继续加大海洋渔业结构调整和渔民转产转业力度,恢复海洋渔业资源,保护海洋生物多样性。依法加强海域使用管理,科学搞好海岸带的综合开发和整治,营造良好的滨海环境。进一步提高海洋综合防灾减灾能力和突发性海洋事件应急处理能力,确保海洋经济可持续发展。

六是以促进海洋开发市场化为动力,实现陆海体制和机制联动创新新突破。由于海洋、海岛的特殊地理区位,海洋资源开发和产业发展具有高投入、高成本、高风险的特点,所以,他们努力处理好政府引导和市场化开发的关系,为海洋开发创造一个良好的发展环境。坚持继续加大对沿海地区、特别是中心海岛基础设施建设的投入力度,不断改善海洋开发的硬环境;同时,进一步深化改革,扩大开放,以市场化为导向,加快体制和机制创新,强化必要的政策扶持,建立健全管理制度,不断提高管理水平,不断改善海洋开发的软环境。增强引力,激发活力,为加快海洋经济的创新发展提供保障。

这六个联动、六大突破,可以说是全省在新的历史阶段,加快发展海洋经济的一条主线,也是全省海洋经济工作的主要任务。六个联动和六大突破是区域海洋经济的生产力创新与制度、管理等保障创新的综合集成。在这种集成联动中,不仅要单方面联动,更要全方位联动;不仅要市县区域联动,更要全省整体联动,甚至要与整个长三角联动、与全国联动、与世界联动。实践证明,只有在区域位实施三维创新集成,海洋开发才能有大突破,海洋产业才能有新格局,海洋经济才会有大发展。

3. 环渤海经济一体化发展状况

环渤海经济圈狭义上是指辽东半岛、山东半岛、津京冀为主的环渤海滨海经济带,环渤海地区其实是三个城市圈或者成为三个城市群:津京唐城市群、沈大城市群和青(岛)济(南)城市群。对于环渤海区域范围的界定,有很多种看法,有将其界定为"三省两市",即北京、天津、辽宁、河北和山东。三省两市区域总面积约 52.54 万平方公里,占国土面积的 5.5%;人口 2.3 亿,占全国总人口的 17.68%。要发展环渤海经济圈,首先从三个城市群内部要加强合作和分工。有专家提出同时延伸辐射到山西、辽宁、山东以及内蒙古中东部,其范围可占据我国国土面积的 12% 和人口的 20%。"环渤海经济圈"所拥有的人口达 2.8 亿。环渤海区域地缘优势独特,对于我国区域协调发展具有重要的战略作用,在中国经济发展中举足轻重。2003 年,完成生产总值 821 亿美元,占全国的比重分别为 30.9%、27.5%。由于存在行政高于市场,区域联系不够紧密,生产要素流动不够顺畅等原因,环渤海区域一体化的口号虽然在 1984 年就已提出,但进度一直缓慢。同珠江三角洲和长江三角洲比较,这一区域滞后状况也显而易见。统计资料显示,2003 年环渤海经济圈的经济总量相当于长江三角洲经济圈的 45.3%,比珠江三角洲经济圈低 10%。在中国经济总量中,长江三角洲占到 17%,珠江三角洲占到 9%,而京津冀地区仅占 8%。环渤海区域拥有的巨大发展空间和广阔合作潜力。

进入 2004 年后,环渤海区域经济协作的步伐开始明显加快。2004 年 2 月,国家发改委召集津京冀发改委在廊坊达成了加强津京冀经济交流与合作的"廊坊共识";2004 年 5 月,在北京人民大会堂举行第七届北京科博会环渤海地区经济合作与发展论坛,就适时召开七省市副省级会议,启动建立合作机制进程达成"北京倡议";2004 年 6 月,环渤海合作机制会议在廊坊举行,确定这个合作机制名称为环渤海区域经济合作联席会议,环渤海经济圈政府高层关于区域合作的认识和思路也越来越清晰。面对这种情况,本课题认为:在珠三角、长三角经济圈经历区域经济一体化整合的带动下,环渤海经济圈的一体化整合应提上日程。经济一体化是经济全球化基础上的经济发展潮流,是最终实现经济全球化的区域性实践。建立在地缘经济或地缘政治基础上的一体化发展,由于其具有优势互补、成本降低、聚合效应和整体福利提高的特点,促进了国际间以及国内区域间的一体化加速发展。由于区域一体化发展的终极目标是全球化,因此区域越聚越大是发展趋势。密切关注环渤海地区经济聚合的态势,扬长避短,促进发展,是摆在我们面前的既具有现实性又具有深远影响的大课题。经过分析,我们提出了加强渤海三角地区经济聚合与经济合作的思路选择:

(1)更新思想观念,在经济聚合中寻求经济互补在长期的经济发展中,各板块已经形成了自己的经济体系和格局。现在的这种格局和壁垒不要影响聚合的推进。应当看到,经济聚合是开放经济的必然趋势,区域经济要提升,必须利用一切资源促进经济互补。各板块必须借助外力,在更大范围内实行经济开放和融合才能加快发展。北京是我国政治、经济、文化、科技和金融中心,东北已经启动老工业基地振兴计划。三大板块不论哪一板块要寻求新的发展,都必须借助另两大板块的助推力量。在区域聚合中,都要很好地利用周边的所有有利条件来促进自身的经济发展。所以,渤海三角地区所在五省市要改变"万事不求人"的思想禁锢,打破三大板块联系不紧的局面,加快经济的开放和重组。

(2)加强调查研究,探索经济聚合规律与趋势

为了谋求聚合中的双赢和多赢,必须切实掌握渤海三角地区各经济板块的经济现状、产业布局、资源优势、投资环境等基本情况。这是牢牢把握发展机遇的重要前提条件。知彼还要知己,既要摸清家底,同时又要做好比较研究。只有这样,才能借助一体化的活力和潜能助推各板块的变革,并对今后的发展产生积极影响。

(3)发挥独占优势,构建核心竞争力

在渤海三角区的经济聚合发展中,按市场经济运作,关键是发挥好各自的独占优势,构建核心竞争力。要认真区分比较优势的独占性和非独占性。不具有独占性的比较优势,容易受到其他板块的竞争挤压,会在动态中发生转化。只要各地在优势互补的前提下注意在独占优势的基础上构建有特色的新型产业体系,就能保持核心竞争力,从而形成自己的特色。

(4)加强经济技术合作,谋求聚合效应

在渤海三角经济聚合发展中,注重资源优化配置,实施多方面合作,就可以取得更大的聚合经济性。聚合经济性包括的内容很多,包括规模经济性、范围经济性、外部经济性、生态经济性、循环经济性等。要努力探索合作之路,促使区域内有限资源优化配置,发挥出最大效益,形成聚合经济性。要注意产业对接,要搞好三个整合:资源整合、产业整合、企业整

合。只有这样，才能形成整体优势，形成三龙共舞、协调推进的局面，强化作为全国第三经济增长极的功能和作用。

（5）探讨有效的组织与制度机制，以协调机制应对竞争

实现区域经济聚合与合作，必须要有体制上的保证和制度安排的配合。组织性、制度性是一体化的重要特征。既然渤海三角区域一体化在中国沿海现代化发展中具有重要战略意义，那么就要认真研究有效的组织与制度机制问题。从"长三角"、"珠三角"的发展以及国家之间的一体化（欧盟、北美）发展来看，区域协调机制能否协调区域间的竞争问题是难点。要实现渤海三角区域经济一体化发展，必须前瞻性地探讨竞争中的协调、协调机制中的竞争问题。这也是区域经济整合的大课题，必须作出科学选择。

另外，山东省提出建设环黄海经济圈或黄海经济区，加强与日本、韩国的产业对接，通过海洋的作用，进一步扩大开放，更大范围地开展经济技术交流与合作，形成有活力的产业集群和开发基地。这些都是陆海一体统筹规划发展的重要设想，是海洋区集成创新发展的重要例证。

## 二、加快沿海海岸带经济发展的建议

为把我国的专属经济区规划好，建设好我国的沿海，国家海洋局原局长张登义和有关专家提出了"新东部"的区划构想，"新东部"是一个很有新意的地理条带区划设想，不仅在"新东部"的提法上有新意，在内容上也有许多突破。一些沿海省份虽然把海洋开发列入地区经济区划，但一直以来，这近300万管辖海域却从未被纳入到国家总体经济区划当中，也没有把海洋国土当成一个独立的经济区域来对待与开发。涉及海洋时，往往用"沿海"、"环海"、"近海"等模糊概念来表示。这是中国国土规划和经济地理研究领域的缺陷。"新东部"的区划构想，不仅是站在海洋的角度看海洋，更是站在整个国家的角度看海洋。"新东部"经济区划实质性地打破了人们对我国国土面积的传统认识。往后人们就不能局限地认为中国只有960万平方公里的土地，不能只有西部、中部、东部这些地理条带，而要强调我国还有近300万平方公里管辖海域的"新东部"。如果

这个"新东部"概念成立并能最终进入国家规划范围,国土规划的布局将分为四大块:西部、中部、东部和新东部。

在这里,本课题进一步提出必须对东部和新东部的海陆进行一体化统筹规划的建议,认为一体化可以更好地发展海洋经济以及沿海经济,集成创新发展会有更大的效益,更容易促进经济的质变。我们对山东的海岸带经济进行了研究,可以作为研究全国海岸带集成创新发展研究的参考。

我们对山东的海岸带经济进行的研究,形成的主要观点是:海岸带经济是海陆衔接这一地域空间的经济体系,是资源、风光、产业、城市复合度最高、经济社会发展活力和潜力最大的区域经济。由于海岸带的范围划分有不同的标准,因而形成的海岸带经济有不同的外延。我国海岸带的陆域一般自海向陆延伸 10 公里左右,各省还可适当延伸;海域向海一般扩展 10 至 15 米等深线,也可随科技进步而扩大。这就是说,从区域经济研究的角度,对海岸带的划分,向陆一侧应主要以行政边界为标准,向海一侧应以人类现有的技术条件下海水养殖所能达到的区域为界。从我省的实际来看,海岸带经济的区域范围有广义与狭义之分。广义海岸带的向陆一侧应为沿海市地,向海一侧应为国家海域勘界所规定的渤海 12 海里,黄海 24 海里;狭义海岸带的向陆一侧应为 30 公里,向海一侧应为 3 海里。狭义海岸带是海岸带经济的核心区域。广义的海岸带区域,具有地理位置优越、海陆资源密集、产业集群荟萃、开放程度较高的特点。

海岸带经济是山东发展的最大优势。3100 多公里长的海岸带构成亮丽的风景线,囊括了海上山东、黄河三角洲、半岛制造业和半岛城市群的几乎所有区域。据山东统计局统计的数据显示,2006 年,山东沿海 7 市土地面积为 6.88 万平方公里,占全省的 43.8%;人口 3515 万人,占全省总人口的 38%;国内生产总值 11491 亿元,占全省 GDP 总量的 52%;地方财政收入 611 亿元,占全省地方财政收入的 52%;实际利用外资 513 亿美元,占全省实际利用外资 79%。可见,这一区域聚集了全省的主要优势资源和先进生产力,是带动全省经济超常规、高速度、跨越式发展的"龙头"区域,是全省发展水平最高、潜力最大、活力最强的经济区域。

加快山东海岸带经济的发展,对于带动全省具有重要的战略意义。在以往的发展中,省委省政府审时度势,从山东大局出发,已经实施了半岛城市群战略、半岛制造业基地建设,突出青岛龙头地位与突破烟台等战略措施,并取得了很大成效。这些措施无不与发挥沿海优势有关。海,是这些战略确立的基本要素,开放发展、海陆联动、海外连接是其重要特征。珍惜国际产业转移的历史性机遇,从海岸带经济这一更大范围来构筑战略工程,寻求更大突破,更有效发挥通达海外的经济要冲作用,沟通东北区海岸带,拓展环渤海、环黄海经济联系,广泛集聚经济势能,是山东经济大联动、大发展的客观要求,是实现区域经济一体化、国际化发展的迫切需要,是推动山东经济由单项突破逐步向整体优化发展的需要。为此提出把海岸带经济打造成山东最大的亮点工程的设想——打造海岸带经济的总体思路是:贯彻省委"一二三四五六"的发展目标和工作思路,通过对传统海洋经济发展的创新与突破,与全省的城市群、制造业基地、生态等省建设相衔接,加快海洋农牧业、沿海工业、海上大通道和滨海旅游业的建设,构筑沿海洋生态带,海岸经济带,半岛城市带,半岛国际旅游度假带等四带,形成新的经济板块。实行海陆联动,综合开发,实现沿海高新技术、支柱产业、生产力布局、生态环境、城市发展的新突破,提高全省经济综合实力,走出一条具有山东特色的经济创新发展之路。

目标是:到 2010 年,半岛海岸带经济占全省 GDP60% ~ 65%到 2020 年达 70% ~ 75%,海洋产业增加值达到 1800 亿元,年均增长 15% 以上,占全省国内生产总值的比重由 2003 年的 6.4% 提高到 12.0% 。到 2020 年,海洋产业增加值年均增长 15.0% 以上,占国内生产总值的比重提高到 18.0% 。增长速度前 5 年 18% ,后 10 年 15% 。拉动地方经济贡献率由现在的 8% 提高到 2010 年的 13% 。沿海的外向型经济要有更大发展,形成高度开放的格局,提高开放的层次和水平;海岸带的城市化水平到 2010 年,达到 55% ,到 2020 年达 70% 。生态环境和社会发展达到全国的先进水平。2020 年,使山东沿海成为环境优美、经济发达、社会和谐的具有崭新形象的临海经济带和沿海经济区。

打造山东海岸带经济的具体任务是,在打造国际化都市群品牌、半岛制造业基地品牌的同时,并打造出新的"海岸带经济"品牌。通过实施"四大工程"来构筑"四个半岛带",促进生态区、工业区、城市区与旅游休闲区四位一体发展,实现沿海地区生态、经济与社会的高度和谐与协调,把沿海建成世界一流的经济区。

(1)实施海洋农牧化和海岸美化工程,构筑海岸生态带。进一步搞好生态保护区、生态渔业区和创汇基地建设,发展生态、高效、创汇产业。到2010年,建设一批海洋环保产业项目,建成一批生态示范区及自然保护区,海洋综合管理达到发达国家水平,近岸海域生态环境明显改善。

(2)实施沿海工业工程,构筑半岛海岸经济带。沿海工业是依托海洋区位优势,以港口为载体的新型工业体系。它既是海洋特色经济,又是港口板块经济的重要组成部分。全面有效地利用海洋资源和海岸带优势,努力扩大临海工业规模,优化产业和产品结构,是构建以港口为依托的半岛海岸经济带的关键所在。临海工业,2010年重点抓好科教产业城和半岛船舶工业基地、海洋化工生产基地、半岛海洋生物工程基地、半岛新兴工业基地四大基地建设。加速与日韩合资合作,承接国际产业转移。要以各类经济园区建设为重点,大力引进国外先进技术、关键设备和原材料、搞好产品配套,延伸生产链条,形成一批特色产品集聚区,实现产品的大进大出。

(3)在半岛出世群建设中注重实施港航工程,构筑半岛城市带。港口的龙头地位极强,一个港口能带动一个城市的振兴,形成港口板块经济和区域经济带。我省半岛地区背靠欧亚,面临太平洋,半岛地区现有交通港口26处,港口密度居全国之首,拥有生产泊位43个,青岛、烟台、威海、日照等对外开放港口17个,国际航线遍及五大洲100多个国家和地区。半岛沿海众多的港口不但振兴了港口城市,也繁荣了半岛沿海经济。要充分利用我省港口群优势,突破传统的中转和产品分拨运输功能的限制,向提供全方位的附加增加值功能发展,成为集物流、商流、资金流、信息流、技术流、人才流为一体的战略基地,从而促进和带动我省港口板块经济的快速形成与发展。

(4)实施滨海旅游工程,构筑海岸国际旅游度假带。要紧紧抓住本世纪前20年重要战略机遇期,适时推出半岛安全国际旅游度假名牌,广泛吸引国外旅客,打造半岛国际旅游度假新格局。要坚持高标准、全方位、大规模开发沿海旅游资源,重点发展国际旅游,积极发展国内旅游,形成集人文景观、自然景观和海洋景观为一体的旅游、观光、娱乐、康复、度假、避暑、国际会展等现代综合旅游经济,要突出半岛海岸带、海岛风光、悠久历史文化和海洋文化,开发游客崇尚追求的生态游以及文化、探险、民俗风情、海上游乐等特色观光旅游。把半岛建成享誉海内外的国际旅游度假圈。充分挖掘我省丰富的自然资源和人文资源,以"走进孔子,扬帆半岛"打造"山东半岛黄金海岸"名牌为目标,高标准完善半岛城市圈的旅游规则,加大半岛旅游资源的整合力度,树立滨海大旅游观念,实施跨行政区划的区域合作开发,实现品牌资源、市场共享、联合走开发、大市场的路子,发挥整体效益,培植具有竞争力的国际、国内著名旅游胜地。

打造山东海岸带经济的主要对策:一是港口推动。港口是一、二、三产业聚集、带动与辐射经济发展的杠杆,是物流、人流、资金流、信息流的平台,是沿海城镇化的主要引擎。要加速半岛港口群的优化升级,建设具有现代化水准的半岛港口群,形成以港口城市为龙头的板块经济带,拉动海岸带经济的崛起、渔区经济繁荣、渔民小康的重要标志。通过加大与港口基础设施的投入,在建设现代化渔港的基础上,结合集镇建设和产业聚集形成以渔港为龙头、集镇为依托、渔业产业为基础,集渔船避风补给、水产品集散与加工、休闲渔业和海滨旅游、集镇建设和渔民转产转业为一体,产业层次高,结构优、辐射带动明显的现代渔港经济区,对实现"渔区城镇化、渔业产业化、渔港产业多元化、渔港现代化",带动110个渔港经济区内数百万人提前10年进入小康社会。二是园区拉动。要抓住经济开发区和园区建设,实施沿海城市的规模扩张,以新兴城区建设来拉动海岸带经济的发展和提高。三是产业带动。围绕扶持和培育具有比较优势的二、三产业,努力提升产业层次和水平,建成以现代制造业,电子信息业、海洋生物工程为重点的高新技术产业带,以新型工业化带动海岸带经济的提高。四是开放促动。优化营造环境,更大规模、更深层次、更高水平地扩大开放,加大招商引资力度,借外力促发展,以开放促进海岸带经济水平的提高。通过以上四大带动,使半岛黄金海岸矗立起一座座现代化、美丽的海滨城市,形成发达繁荣的黄金海岸带。

为保证海岸带经济的顺利打造,按照山东省委、省政府的工作思路和确定的发展目标,必须要有创新思路,建议:

1. 将海洋工作会议改为海岸带经济会议,使之成为思想更解放、观念进一步更新的会议

为召开全省海洋工作会议,省政府及有关部门已作了2年多的准备。借贯彻落实胡锦涛总书记视察山东半岛的东风,促进山东经济社会更协调发展,今年的海洋工作会议,以突破传统的就海洋抓海洋的做法,拓展工作思路,把海洋、陆地与海外山东更好地结合起来。会上,除系统总结海上山东、黄河三角洲开发两个跨世纪工程的经验以外,要按科学发展观和省委的工作思路,对新世纪的海岸带经济发展作出部署,把沿海建设推向一个更高的层次和更新的阶段。特别是通过会议,在全省进一步掀起一场解放思想的大讨论,以实现思想观念的更大突破,特别是突破海洋自然观,树立海洋经济观;突破陆海分治观,树立海陆一体观;突破单项战略观,树立综合战略观。进一步提高发展海岸带经济重要性的认识,增强机遇意识、危机意识和创新意识。

2. 出台体现时代性、富于创新性的决定,促进海岸带经济起步与发展

党和国家已经为沿海经济发展提出了一系列新的战略设想。省委也从山东实际出发,创造性地制定了若干重大决策。适应这些新的要求,海上山东、黄河三角洲等沿海发展的创新、突破应该有新的思路、新的目标,应当出台一个体现时代要求的创新性决定,从而作为完成新的战略任务的新的工作指导,这是加大沿海经济社会发展整体推进力度形成现代化新的经济板块的需要。

在决定与政策中,建议扩展"海上山东"领导小组的职能与工作范围,吸纳沿海市主要负责人参加,充分发挥领导、组织、协调功能,共商突破、创新发展策略。建议建立沿海部门联席会议,增强各部门的协调性,强化对海洋经济重大决策、重大工程项目的协调及政策措施的督促落实。

积极探索由社会、企业特别是专家参与的科学决策、咨询、评价机制,调动涉海各部门的积极性,形成沿海开发与保护的合力,以显著提高生态效益,经济效益与社会效益,推动山东经济更快发展。海岸带经济管理的突破主要是:强化综合管理,形成综合协调机制,打破条块分割,消除体制障碍和产业壁垒,使海里的可上岸,岸上的可下海,显著提高资源配置水平和宏观调控能力。

3. 讨论制定好"十一五"到 2020 年海岸带经济发展战略规划,作为海岸带经济发展的总体规划

在制定讨论长期发展规划时,要不失时机地讨论制定好"十一五"甚至更长时期的海岸带经济发展规划。在全省海洋工作会议前后对此进行一次深入的调研与讨论,并在与专项各规划衔接好后出台,以保障山东的经济社会又好又快发展。

# 9 三位三维创新空间立体透视:三位一体集成创新战略整体扫描

在以上三章分析了资源位、产业位和区域位的三个层面的集成创新以后,这里,着重分析整个创新空间结构,也就是综合研究三位三维网络系统立体创新空间的集成创新战略,并进行案例分析。

## 9.1 海洋经济集成创新立体空间结构

由众多创新单元系统整合与协调所产生的集成创新,既要研究三位层面的横向联系,又要研究三位立面的上下连接的纵向联系,还要研究纵横两方面的立体空间联系。如图 9-1-1 所示。

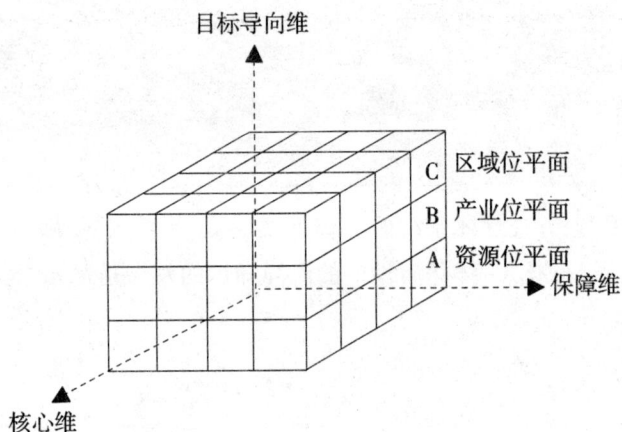

**图 9-1-1 三维三位立体结构图**

## 一、三位横面的要点归纳

综合前面的分析,可以看出,资源位三维层面的三维集成创新归结为生态创新层,即核心创新与保障创新的所有创新单元都围绕实现生态平衡与可持续发展展开创新。

产业位三维层面,归结为产业集群融合层,即为实现产业集群融合与协调发展展开创新。

区域位三维层面,归结为海陆一体层,即为实现海陆联动与全面发展展开创新。

三个层面的创新,体现了全面、协调与可持续的科学创新发展理念,是正确处理经济与自然、经济与社会以及经济内部各种复杂关系对集成创新提出的基本要求。

## 二、三维立面的简要分析及要点归纳

对目标导向维的纵向联系,已在前面分析目标导向维创新时分析过。这里最关键的是战略位的集成、提升。影响创新绩效的主要问题:一是集成中战略缺位(如不重视环保);二是战略越位(如不顾客观条件选择战略);三是错位(战略的选择正确,但位置错误)。因此,依据时代要求和客观条件,在资源开发、产业发展和区域联动方面切实研究战略位的合理定位以及集成提升非常重要。这是提高集成经济绩效的重要保证。

在核心维所反映的生产力创新立面,海洋技术与产业发展是随战略位的位移提升,并在保障系统的支撑下集成提升。开发资源技术→各类产业技术→全球化、一体化条件下的海洋知识的发展是永无止境的,是一个不断的螺旋上升过程。由此而带来的产业发展,也由自然资源产业→工业产业→综合产业而永无止境发展。

在保障维所反映的生产关系创新立面,海洋经济的各项制度安排、管理措施以及体制机制和海洋文化也随之提升。资源管理、制度安排向产业管理、制度安排,再向综合管理制度安排发展是无止境的。创新主体的组织创新也会由水产型组织向海洋产业管理组织,再向海洋综合管理组织提升,这也是一个无止境的上升过程。

以上立面的集成内容提升,是在集成中逐步提升的,通过集成创新,结果是三维创新空间达到优化。即战略优化、科技与产业优化、管理制度与体制机制优化,本书称为"三维立面创新优化",这是生产力与生产关系相互适应的创新发展理想状态。

### 三、纵横整体结构要点的归纳

总结以上分析,三位三维创新立体结构,就是一个海洋开发的以科学的战略目标导向指导的海洋生产力与海洋生产关系辩证统一的空间结构,其内容可简化为:由生态、产业、海陆一体创新构成的三重创新空间。即:

海洋经济三重创新空间 = 生态平衡 + 产业协调 + 海陆一体互动

其中,海洋生态平衡的集成创新思路是资源产业化以及产业化管理及其制度安排,从而提高海洋资源开发利用绩效;

海洋产业协调的集成创新思路是科技产业园区以及软硬环境建设,以提高海洋产业生产绩效;

海陆一体互动的集成创新思路是全球定位的海洋经济区建设,提高区域海洋经济发展水平。

三重创新立体空间的优化体现了海洋经济的全面、协调与可持续发展。实施海洋经济集成创新战略,可以有效地解决创新中的局部与整体的矛盾、因果关系中的矛盾和过程中的生克矛盾,通过海洋经济三位的生产力与生产关系的相互适应,使各维系统的创新优化服从整体系统的优化,创新动因有最满意的结果,并力求规避各种海洋经济创新风险,实现海洋经济创新发展的最经济、最持续与最大社会福利的最优状态。我把对这种集成创新整体结构的认识,称为科学的创新观。

## 9.2　海洋经济创新势场与创新资源合理配置

上述三位三维创新结构,同时是一个"创新势场"。创新势是由目标导向、生产力与生产关系构成的三维"创新场"。由于它的导引和作用,海洋经济创新在不同的条件下实施战略转移或提升,或由此引起生产力与生产关系的矛盾运动,达到创新发展的目的。

由于各种创新资源(创新要素或单元系统)处于"创新场"中的不同位置,就应采取不同的创新策略。如产业位的生产关系维上制度安排缺失,就要加快制度建设,以促进生产关系的调整适应;又如,资源位的资源管理落后,就应采取加强资源管理的措施以求适应生产力的创新;再如,区域位的生产服务不足,是条短腿,影响海陆一体化和国际化建设,就必须加快服务业的创新发展,使这一单元不至于影响区域位生产力系统的创新。总之,当人们对三维三位创新系统的创新资源进行了正确的区分、定位,并对其在创新过程中的运行状况作了科学分析后,则海洋经济的创新势基本确立,创新系统的创新要素相互作用,使生产力与生产关系的矛盾运动持续下去,这就构成了一个"三维创新势场"。

创新势场的作用过程也就是创新资源的合理配置过程。海洋生产力与生产关系的矛盾运动要求创新资源要与创新要求相适应。如在资源位的较低的生产力条件下,为适应资源开发的要求,管理体制就是一种渔业或水产的管理体制;在产业位生产力条件下,多种行业的管理机构应运而生,像海运部门、船舶部门、海洋化工部门等;在区域位生产力条件下,海洋水产机构就被海洋管理机构所取代,大型的海洋区划分与管理也被提上日程。总之,在正确的战略导向下,生产力与生产关系两方面的创新资源的合理配置与集成创新,是提高创新集成绩效的重要保证。

## 9.3　海洋经济集成创新的最优化

### 一、树立以集成绩效创造为核心的海洋经济创新发展模式

集成经济性,或集成绩效,其更高的抽象层次是集成价值的创造问题。由于海洋经济系统的集成是众多资源、要素的物质流转、信息交流、功能转化、能量转换和智力累积。所有这些方面都可归结为价值创造的集成。只有实现了价值创造的集成,才具有集成经济性,才能实现海洋资

源、环境与海区经济、文化的可持续创新发展以及集成最优化。

关于经济活动的价值创造问题,一直是经济学家关注的焦点。最早的研究,可以追溯到英国17世纪末亚当·斯密、18世纪末阿尔弗雷德·马歇尔和奥地利人博恩——巴威克这样一些古典经济学家。这些古典经济学家认识到资源自身没有任何价值,只有当它被投入使用并在多个用途之间作比较时才能够予以估价。这个观点,指出了所有的成本都是机会成本——放弃的其他最佳可选择用途的成本。也就是说,所有的稀缺资源必须通过其机会成本来评价。随着经济学的发展,"相对价值"的思想以及公司金融学中公司价值估算的理论产生并发展,其理论与方法不断应用于经济活动的分析中。近些年来,在一些国家,经济快速增长的背景下出现了金融危机,经济高速增长但质量不高。这种状况促使经济学家深入思考价值创造的理论与方法问题。Stewart教授提出了"经济增加值"的概念,张新等提出了以价值创造为中心的企业发展和经济增长模式,将价值创造和经济增加值从一个历史上只被应用于单个公司和行业的概念拓展到一个涵盖整个经济的宏观概念。① 更多的学者,如Hawawini、iggins、茅宁教授等,都认真研究了价值创造的过程,丰富了价值创造理论。

按照学者们的研究,经济增长的目标是追求价值最大化,特别是追求资本(从其物质来源形态表现为资源、从其已形成财产形态看称为资产)的内在价值最大化。所谓资本的内在价值是指该资本未来创造价值的能力,即预期未来创造的现金流的现值之和。内在价值不等于账面价值,账面价值反映的是获得资本的历史成本。价值创造等于收益和资本(资产或资源)投入之差,是扣除所有生产要素的机会成本后的剩余利润。价值创造关注经济价值而非会计价值的创造。经济价值指会计利润减去资本成本以及其他会计报表无法反映的资源投入的机会成本。

为什么价值创造倡导经济价值呢?是因为经济价值的大小是经济发展和社会福利提高的决定因素。只有经济价值的增长,才为社会创造价

---

① 张新:《中国经济的增长和价值创造》,上海三联书店2003年版。

值,否则,就是"不创造价值"的增长。只有在经济活动中强调经济价值,才会促使社会努力提高技术和管理水平,珍惜资源,以谋求竞争优势,或使企业真正能做大做强,或使经济能真正健康持续的发展。谋求经济增长是永恒的主题,是影响价值的最重要因素之一。但增长必须是资本的有效增长,只有这种增长才创造价值。经济活动中,有利可图的不一定创造价值,有资本效率(利润大于资本成本)的可持续的利润增加才创造价值。在资本中,除有形资本外,无形资本(智力资本)成为价值创造的重要来源。在知识经济大发展的当今社会,智力资本的价值创造能力正迅速提高。

海洋经济创造集成绩效,反映的是集成理念下的价值创造问题,即集成经济价值。集成经济价值是集成经济性的进一步抽象。由于集成经济价值创造关注资源、资产和资本的紧缺和使用效率,关注资源、资产和资本的可持续增长,这对于海洋经济创新发展具有重要的意义,所以,要在战略理念上树立以集成经济价值创造为导向的战略思想。这就是说,要促使海洋经济创造集成经济价值,就不应当把资源投入到挣取的利润低于资源使用的机会成本、或者将资本投入到那些挣取的利润低于资本成本,从而使已有价值减少的项目中去。在现实生活中,"不创造价值的快速增长"的企业是不少的,他们这样做的结果有的已将"家底吃光",有的虽然没有"吃光",但已接近"吃光"。这是非常危险的。企业这样做,将面临危机和死亡。如果社会这样做,将面临产生环境、经济社会危机。只要我们在发展海洋经济的战略思想上确立以集成经济价值创造为核心、为导向的集成绩效经济增长创新思路,切实做到少投入多产出,创新经济增长方式,走可持续创新发展之路,就可以有效地避免价值损失带来的危机出现和效益低下的情况。

## 二、积极寻求集成创新的最优化管理

海洋经济集成创新要取得集成创新经济性,除要确立集成经济价值创造为核心的创新发展模式,实现有效创新以外,还需要进行最优化管理,努力使创新达到最优化状态。

1. 选择创新的最佳平衡点

经济学界的木桶原理,清楚地说明了整体效应往往受到某一方面的严重制约而不能实现整体优化的情况。海洋经济创新的集成经济性,也必须杜绝单块或多块木板短小而导致的整体不优的结果,推动局部靠拢整体。因此,要对各项创新实施优化管理。

从上面的分析已知,创新单元对整个创新网络系统的作用是不同的,我们可以用加权平均数的办法来表示:

$$Y = \frac{c_1 x_1 + c_2 x_2 + \cdots\cdots + c_n x_n}{n}$$

$$= f(\chi_1 、\chi_2 \cdots\cdots \chi_n)$$

式中:Y 表示创新网络系统运行值,$c_1$、$c_2$……$c_n$ 分别表示导向(观念)创新、核心(技术)创新、保障(管理制度)创新等创新单元系统。$\chi_1$、$\chi_2$……$\chi_n$ 分别表示由其他变量引起的函数。从上式可以看出,集成创新网络系统中的每个变量 $\chi_i$ 的变化都会引起 Y 的变化,因此,使 Y 保持在最优、持续、稳定的轨道上运行,就是最优化管理的要求。

有的学者研究了创新的最优平衡点,如图 9 - 3 - 1 所示。

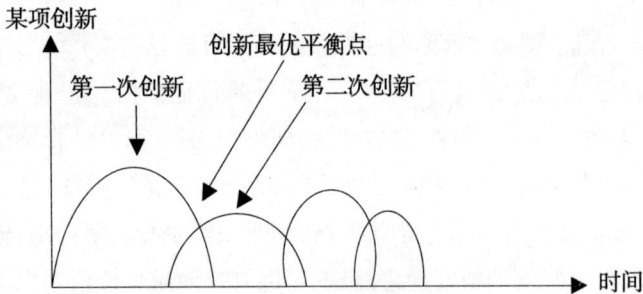

**图 9 - 3 - 1　创新最优化管理**

资料来源:李有荣:《企业创新管理》,经济科学出版社 2002 年版,第 25 ~ 26 页。

由图得知,只要综合协调影响创新的各要素,使各项创新度保持在最合理的范围,就能促进创新在高水平的状态下发展。创新度是指创新发挥作用的最优程度。创新的更替不能过早也不能过晚。过早了,前一个创新没能发挥最充分的作用,后一个创新过早启动,增大创新成本。过晚了,前一个创新已发挥完作用无法继续维持发展,直接影响下一个创新作用的发挥。集成创新的成功取决于创新要素或子系统的优化。

2. 选择最优过程和最优策略

海洋经济集成创新系统从一个状态向另一个新状态过渡,可以通过多种过程达到,每一过程相应于一种控制作用。这样,最优控制问题就是从这些受控过程中选择出一种使控制作用最优的过程,这就是最优过程。

最优管理还必须有最优策略的选择。所谓最优策略选择,是指"对于任一级过程要对每一过程作选择,这些被选择的过程排成一个最优序列解,其中每一个所选择的过程未必是最优过程,但他们排成多级过程序列对应着最优管理,这个最优的序列解就是最优策略"。"最优策略的选择问题包含了这样的思想,在对多级管理过程的第一步骤进行选择的时候,不必计较其中某一步骤的得失,而应关注所有步骤造成的总体效果——这个总体效果和管理目标密切相关。"①从目前的科学技术水平看,利用数学工具还不能对许多复杂的社会经济问题给出定量的解,但是借助经济控制论的思想方法,我们可以给具有大量制约因素、层次繁多、极其复杂的创新系统问题理出头绪、分清脉络,并勾画出采取最优策略各基本步骤的大致轮廓。如果能借助最优策略的基本思路,依此对集成创新活动的每一步骤和总体效果作定性分析,则有助于使创新更加有效、平稳和顺利,避免顾此失彼造成各要素之间的失调或剧烈振荡,正确处理因果关系,进而实现集成经济性的目标。

3. 科学选择创新系统的混沌管理方法

创新是一个高度复杂的活动,集成创新就更为复杂。随着创新环境条件不确定性的增大,创新对象越来越复杂,集成创新除具有稳定、平衡、优化等动态行为以外,也能产生貌似随机的混沌行为。因此,依据混沌理论与方法加强创新管理是十分必要的。作为复杂性科学理论之一的混沌理论,有着与传统科学不同的理论与方法,它解决与说明了一些应用传统

---

① 李有荣:《企业创新管理》,经济科学出版社 2002 年版,第 219～220 页。

科学所不能解决与说明的问题与现象。混沌理论与创新管理理论的结合是这一学科的发展趋势。刘洪教授依据经济混沌理论提出的宏观经济整体优化观①对于创新集成系统的优化管理有重要借鉴意义。按照这一观点,创新系统的优化管理必须实行整体目标优化、差异激励优化、时序整体优化和间接管理。整体目标优化是建立在局部和整体结构优化的基础上的。局部优化也是需要的,它有一个局部优化的向(方向)、度(数量或程度)以及相互协调耦合的问题。整体优化的目标是一个多维结构,因此,要寻求多目标的优化。在优化中,差异存于创新系统的各个层面,差异是时空混沌的一种体现。创新中要利用差异,诱发差异,通过激励功能促进优化。优化是系统发展的总趋势,但有时也会处于劣化阶段。从时序发展的眼光看,不是用一时的状态,而是从发展的时序全过程这一整体的认识来确定优化策略。在优化管理中,除直接管理外,间接管理也是实现整体目标优化的一条重要途径。间接管理是指非直接地控制系统状态或管理与状态直接相关的因素,按非线性原理和吸引子原理,找出系统的序参量和吸引子域,通过对序参量的调整和产生属于不同吸引子域的系统初始条件,达到实现系统预期的状态目标。

### 三、集成创新的障碍与风险管理

集成创新是终点的超越和平衡的打破,高收益和高风险的对称性是集成创新最明显的特征。创新的风险与机会是共生的。但创新风险本身是可控制风险,只要采取积极的防范措施,完全可以消除障碍,将创新风险降到最低限度,提高创新成功率。

1. 创新障碍与创新风险因素分析

海洋经济核心创新的运行过程,存在着若干创新障碍,如不跨越这些障碍,集成创新就会产生风险。影响集成创新成败的障碍因素很多,依据有关专家的研究,集成创新的障碍归纳起来主要来自以下方面:

(1)自然——内部障碍与风险。是指由于创新主体不到位(或缺

---

① 刘洪:《经济混沌管理》,中国发展出版社 2001 年版,第 149~155 页。

位)、创新意识不强、创新能力不高形成的障碍,导致风险。如技术创新中的风险往往就属于这一类。技术风险主要来自技术创新的构思和实施阶段,由于技术创新的主体受到多方面因素的影响,不可能对创新技术的成果转化和投入市场做出完全预测和受自身技术装备水平、科研力量的限制,致使许多因素处于不确定状态,而产生技术风险。海洋技术作为高技术更容易产生技术风险。

(2)自然——外部障碍与风险。是指外部环境限制形成的障碍与风险。市场风险就属此类。海洋经济集成创新作为海洋经济各个系统的整合和创新过程的协同,是一种将市场机会与技术机会结合的过程,市场的实现程度和获得商业利益是检验创新成功与否的最终标准,因此市场因素是影响创新风险的关键因素。它主要包括:①市场法规的完善程度:如果法律不健全,出现各种侵权行为,创新者就无法享有应得的创新效益;②市场的需求状况:消费者的偏好及持续时间,市场需求的规模,市场需求高潮出现的时机都会影响到创新产品能否成功进入市场和成功形成产业。

(3)人为——政策障碍与风险。是公共政策的副产品,旨在服务于核心创新的政策法规有时候会反过来阻碍创新的运行,并产生风险。一般称这种风险为政策性风险。首先,国家对产业的宏观调控可能给技术创新带来风险。一个国家在一定时期内,为了调整产业结构,总会通过相应的产业改革优先发展某些产业,限制发展某些产业,当产业创新正是被限制发展的产业透用时,那么就存在被国家限制发展的可能,产生风险。这种风险一般是政策性风险。其次,国家对经济的宏观调控给创新带来风险。国家在经济形势发生变化时,使用货币政策和财政政策进行间接调控。当国家紧缩银根时,创新转化所需资金筹措就比较困难,从而使创新受挫,难以顺利进行而产生风险。这种风险实质上也是政策风险。海洋管理更多的是国家层面的管理,其政策性很强。因此,要特别注意政策的科学性和实效性。①

---

① 张玉利、任学锋:《小企业成长的管理障碍》,天津大学出版社2001年版,第65~66页。

2. 跨越创新障碍上风险的对策

海洋经济系统集成创新的障碍与风险是客观存在的,因此在创新过程中,应充分认识障碍与风险,并采取相应的措施控制风险,强化保险,消除障碍,实现海洋开发的"和谐"。

(1)加强海洋经济创新主体建设,增强风险意识,加强创新风险管理。创新主体要互动整合,切实掌握创新不同阶段的风险特点及其产生原因,采取有效的措施以规避风险。

(2)提高创新战略前瞻能力和创新管理水平,建立快速反应机制。集成创新是一项系统工程,需要多方面的配合。同时,集成创新能否顺利进行下去,也受到许多因素的影响。由于创新环境的不确定性,创新主体很难准确把握未来发展情况。因此,必须提高管理水平,建立快速反应机制,及时捕捉、分析创新过程不同阶段的信息,做出相应的决策,把损失减少到最低。要依据创新的系统性建立规避风险的模型,预测风险,对风险实行保险。

(3)加强国内外海洋经济环境和有关战略与政策研究,明晰大势和走向。必须进行细致的海洋经济创新环境研究,对创新需求有更好的理解,走自主创新之路,使创新瞄准和满足这些需求。有些创意,不作细致的环境调研,仅作肤浅的分析就盲目决策,往往收不到应有的创新绩效,应力求避免。也就是说,海洋经济创新既要有需求预测,也要有供给政策及相关研究,建议国家组织专家开展海洋经济与安全战略的深入研究,为国家集成创新发展海洋经济服务。

# 10　海洋经济集成创新战略案例

　　海洋经济三维三位集成创新的理论模式,来源于海洋开发的实践。在世界各国和我国各地发展海洋经济的创新活动中有着许多这样的实例。山东省在建设"海上山东"中努力实施可持续创新发展,青岛市在促进海洋经济发展中努力建设海洋科技城、海洋产业城、海洋文化城,就积累了许多经验,为我们提供了集成战略的重要案例。

## 10.1　山东海洋开发建设战略规划研究

　　山东是全国重要的沿海开放省份,有着丰富的海洋自然资源,广阔的海洋空间和巨大的开发潜力。1991 年就提出建设"海上山东"战略。面对 21 世纪前 20 年经济发展的新特点和日趋激烈的市场竞争格局,进一步明晰海洋经济发展的战略,明确山东省"十一五"乃至 2020 年海洋产业发展的任务目标,搞好海洋资源的开发利用与管理,对于壮大全省的整体经济实力,提高综合竞争力和可持续发展能力,具有重要而深远的战略意义。课题组①对此进行了调研,可成为集成创新战略的案例之一。

### 一、国内外海洋经济发展的宏观背景

（一）国际背景

1. 海洋经济发展面临经济全球化、信息化、多极化的机遇与挑战

　　20 世纪后期以信息技术为代表的新科技革命迅猛发展,开辟了人类

---

　　①　该案例由郑贵斌与王诗成主持,崔凤友、刘洪滨、王波、李毅、郝艳萍、刘康、谭晓岚参加调研。2003～2004 年春调研。采用时除对数据作了改动外,基本保持原样。

进入知识经济时代的发展道路。世界范围的激烈市场竞争以及由此发生的经济快速发展,极大地改变了国际经济格局。经济全球化以及由此带来的贸易自由化、金融国际化等正在形成,跨国经营和国际经济技术合作的影响和作用日益扩大。经济实力的变化和区域经济一体化的发展,形成了经济多极化发展的趋势。世界多极化发展的增强,给世界的和平与发展带来了机遇,也给我国、我省的海洋经济发展带来了机遇。

2. 海洋经济发展面临沿海各国海洋权益竞争加剧的机遇与挑战

联合国2001年首次提出"21世纪是海洋世纪",海洋在世界各国发展中的地位日益受到重视,海洋经济是国民经济中最有潜力的增长领域已成为国际社会的普遍共识,以争夺海洋资源、控制海洋空间、取得最大海洋经济利益为主要特征的国际海洋竞争日益加剧,向海洋要粮食、要能源、要通道、要效益成为海洋开发的潮流。竞争内容表现在多方面:发现、开发利用海洋新能源;勘探开发新的海洋矿产资源;获取更多、更广的海洋食品;加速海洋新药物资源的开发利用;实现更安全、更便捷的海上航线与运输方式;向大海要水资源等等。为了竞争的需要,各沿海大国纷纷制定国家长期发展战略,调整政策,把重点转向海洋。总之,制定科学的战略指导海洋经济发展,是世界范围的海洋竞争的大势所趋和海洋开发的基本走向。

3. 海洋经济面临海洋科技与新兴产业日新月异、快速发展的机遇与挑战

近些年,以海洋探测、深海潜水、海底机器人、海底采掘、海水淡化、海底潮汐发电、海洋生物基因工程为标志的海洋高新技术取得了重大突破,同时电子计算机、遥感、材料、机械制造等方面也取得了许多重大技术突破,这些技术成果也被迅速应用于海洋开发,从而使以这些高新技术为产业技术基础的新兴产业不断兴起。据专家统计,已经进入技术储备,且有产业化前景的海洋高新技术已达上百项。今后,人类将在更高更新的海洋科技方面取得更大突破,这必将为大规模开发利用海洋提供强有力的技术支持。

随着海洋科技的不断进步,海洋新兴产业形成群体,进入快速成长

期。沿海旅游、海洋电力、海水利用、海洋造船、海洋增养殖等大部分新兴产业已渡过形成期开始进入成长期,显示出巨大的增长潜力。海洋化工、海洋石油、海洋药物、采矿、信息服务等已经起步,正孕育着激变,发展前景看好。以海洋资源开发生产所产生的经济价值在继续增长,以服务业为基础的海洋经济发展更为迅速。海洋新兴产业在海洋经济系统中的比重迅速增加,推动产业结构升级的作用日益扩大。而且海洋产业与陆地产业的再生产过程是相互联系、相互影响的,对陆地经济也有很强的带动作用。新兴产业不仅具有很高的科技内涵、更具有很大的经济价值、社会价值,是科技、经济、社会三重价值的载体。这种可以迅速放大的价值优势对于经济社会发展的推动是传统产业无法比拟的。据专家估计,2010年由新兴产业带动的沿海主要发达国家的海洋产业总产值占这些国家GDP的比重将达到20%以上。

(二)国内背景

1. 21 世纪前 20 年是我国经济社会发展的一个关键阶段

经过 20 多年的改革开放,我国已经具备经济快速协调持续发展和社会全面进步的经济基础、体制基础、市场潜力和政治保证。2003 年,我国人均 GDP 迈上 1000 美元的新台阶,开始进入国际经验验证的"黄金发展时期"。这一时期,全社会的收入结构和消费结构将不断升级,由此将带动产业结构加快调整和升级,并进一步推动城镇化的发展。陆域经济的发展,必将推动海洋经济的更快发展。海陆一体化发展成为大趋势,沿海经济成为国民经济的重要增长区域。随着陆域经济与海洋经济的发展,物质资源的消耗强度增加,环境压力也越来越大,各种社会矛盾也越来越突出。为了推动我国的经济社会健康发展,党的十六届三中全会提出了以人为本的新的科学发展观。树立和落实科学发展观,成为我省海洋经济乃至陆海一体化经济发展的重要指导原则,对全面推进小康社会建设具有重要指导意义。

2. 沿海各省审时度势,积极制定、实施新一轮海洋开发战略和规划

自"九五"以来,我国海洋经济在国民经济中的地位迅速提高。五年间,总产值和增加值的增长率分别为 68% 和 107%,主要海洋产业增加值

占全国国内生产总值的比重由 1.9% 上升到 2.6%，增长了 0.7 个百分点。主要海洋产业增加值占沿海 11 个省、自治区、直辖市国内生产总值的比重从 3.4% 上升到 4.2%，增长了 0.8 个百分点。进入"十五"阶段，海洋经济得到全面发展，海洋产业群迅速成长壮大。一批新兴海洋产业进入沿海地区的社会经济活动之中，海洋经济对全国和沿海地区的国内生产总值贡献显著提高。到 2003 年，全国主要海洋产业总产值突破一万亿大关，达 10077.71 亿元，增加值达到 4455.54 亿元，占全国 GDP 比重上升到约 3.8%，占沿海地区 GDP 比重上升到约 5.65%。海洋三次产业结构为 28:29:43。

　　进入"十一五"后，全国海洋经济继续保持稳步增长态势。据中国海洋经济统计公报显示，2007 年全国海洋生产总值 24929 亿元。其中，海洋产业增加值 14844 亿元，海洋相关产业增加值 10085 亿元。海洋第一产业增加值 1274 亿元，海洋第二产业增加值 11503 亿元，海洋第三产业增加值 12152 亿元。海洋经济三次产业结构 5:46:49。

　　我国的海洋产业正处于快速成长期，产业结构正从传统海洋产业为主向海洋高新技术产业逐步崛起与传统海洋产业重组改造相结合的状态发展。有关部门预测表明，这一增长趋势将持续到 2015 年前后，而后海洋经济的发展将进入一个较长时期的全盛期，预计至少要到 2030 年以后，全国整体海洋经济将进入相对平稳的成熟期。

　　当前，沿海各省市区都把海洋经济确定为新的经济增长点，并制定了新一轮发展规划与重点建设工程计划。广东、福建制定了"建设海洋经济强省战略"。出台了决定和指导文件，对全面发展海洋经济做出战略部署。广西出台了"蓝色计划"，海南提出"以海兴岛，建设海上海南"，江苏提出"建设海上苏东"，浙江连续召开三次海洋经济工作会议，提出了"建设海洋经济强省"的战略目标。沿海各地紧紧抓住发展海洋经济的历史机遇，采取一系列措施，海洋开发事业突飞猛进。广东省的海洋经济总量已连续 6 年超越山东，名列全国第一，并且差距逐年拉大。福建省"九五"以来，海洋总产值年均增长 19%，海洋产业增加值年均增长 18%。海洋产业增加值占全省 GDP 已上升到 11.7%。辽宁省近两年的渔业总产值增幅,高出山东省 10 个百分点。广东省确定的海洋经济对国民经济的贡献率目标 2010 年达到 22%,山东省则只有 10%,与广东省相比,相差 12 个百分点。广东省加大海洋三次产业结构的调整力度,1998 年率先突破"一二三"结构,形成"三一二"结构,1999 年又上升为"三二一"结构,比例为 26:34:40,已接近发达国家的产业结构水平。全省的海洋产业结构仍未摆脱"一三二"结构模式。

3.《全国海洋经济发展规划纲要》的实施成为山东制定海洋经济战略的纲领和基本依据

《全国海洋经济发展规划纲要》是我国政府制定的第一个指导全国海洋经济发展的纲领性文件。《规划纲要》确定了 21 世纪初我国海洋经济发展的战略目标、基本原则、海洋产业发展蓝图、海洋经济区域布局、海洋资源和生态环境保护战略,以及相关支持领域的发展方向和重要措施。《规划纲要》全面规划了我国管辖海域的开发利用,提出形成与陆地不同的海洋经济区,逐步把我国建设成为海运强国、船舶工业强国、海盐生产大国、船舶工业强国、海盐生产大国、海洋旅游大国和海洋油气资源开发大国,并最终成为海洋强国。

《规划纲要》确定的全国海洋经济发展总体目标是:海洋经济在国民经济中所占比重进一步提高,海洋经济结构和产业布局得到优化,海洋科学技术的贡献率显著加大,海洋支柱产业、新兴产业快速发展,海洋产业国际竞争力进一步加强,海洋生态环境质量明显改善。到 2005 年,全国海洋产业增加值占国内生产总值的 4% 左右,到 2010 年达到 5% 以上。沿海一部分省(自治区、直辖市)海洋产业总产值要超过 1000 亿元;要形成一批海洋经济总量大、海洋科技进步率高、海洋产业和产品具有国际市场竞争力、海洋生态环境良性循环的强市、强县,使海洋产业成为全国沿海地区的支柱产业。到 2010 年,沿海地区的海洋经济要有新的发展,海洋产业增加值在各省国内生产总值中的比重要达到 10% 以上,并形成若干个海洋经济强省。

(三)省内环境

1. 全省上下已形成干事创业、加快发展的良好氛围省委自 2003 年以来号召全省人民深入学习"三个代表"重要思想,广泛开展新一轮解放思想大讨论,并从山东实际出发,制定了围绕"一二三四五六"的总体要求和工作思路,形成了全省上下团结一致干事业、齐心协力促发展的生动局面。这为加快发展海洋经济奠定了坚实的基础。

2. 全省沿海各地发展海洋经济浪潮迭起,积极性空前高涨

沿海各市自贯彻落实全省海洋经济工作会议精神以来,进一步推起了海洋开发的热潮。青岛市以青岛海洋节为动力,努力实施科技兴海战略,加快海洋科技产业城的建设,海洋科技及其产业有了更快发展;烟台市努力实施"海上烟台"战略,加强海洋综合管理,积极创建海洋经济强市;威海市在调整海洋产业结构,转变增长方式中实现了海洋经济发展的新突破;日照市科学规划、开发沿海海岸,取得了重大进展;东营市在开发黄河三角洲,实现可持续发展方面也迈出了新步伐。全省确定的"海上山东"四大建设工程进展顺利,海域使用管理和海洋资源保护有新的起色。总之,各地加快的发展的积极性需要科学保护和正确引导。

3. 事关山东长远发展的重大战略的制定为海洋经济战略的调整和选择创造了前提条件

近两年来,经过深入调研和科学论证,我省陆续确定了一些全局性、宏观性和前瞻性的重大战略:胶东半岛制造业基地的规划建设已全面启动,面向日韩、港台及欧美、东南亚地区的招商引资力度加大,整体性品牌效应开始显现;山东半岛城市群战略已经开始实施,城市群规划、产业布局、基础设施和环境建设等关键问题正在深化研究;山东省生态省建设规划纲要经过国家级论证后已公布实施,对我省发展循环经济,实现可持续发展将产生重要影响;2003 年年底又做出发展县域经济的决定,把培育壮大县域经济作为增强全省综合实力、增加农民收入、统筹城乡发展的战略举措来抓。夯实农业基础,坚持走工业兴县的路子,大力培育特色经济,放手发展民营经济,营造县域经济加快发展的良好环境;省委省政府还做出"突破菏泽"、"突破烟台"等举措,把典型城市作为推动区域经济跨越性发展的突破口来抓。2004 年 4 月,省委又做出了在加快发展中树立和落实科学发展观的决定。这些大的战略举措奠定了海洋经济发展的

基础,全面制定海洋经济发展新一轮战略规划,与已经出台的相关战略规划配套成龙,是全面协调、可持续发展山东经济的迫切需要。

总之,当前的国内外、省内外环境是机遇与挑战并存。海洋经济的发展处于一个必须紧紧抓住且可以大有作为的重要战略机遇期,具备了加快发展的较好环境。我省应认清时代特点和趋势,趋利避害,抢抓机遇,制定正确、科学的海洋经济发展战略,努力实现山东海洋经济的跨越性发展。

## 二、山东海洋经济发展条件的综合评价

(一)海洋经济发展的基础条件评估

1. 海洋区位优势突出

(1)山东半岛是对外开放的重要窗口。山东是海洋大省,山东半岛是中国最大的半岛,也是一个开放型的半岛。由于它处于亚欧大陆的东岸,西北太平洋的西缘,位居中国东部沿海,与各海及大洋相连。通过海上航运,山东可以与渤海、黄海、东海及距离更远的沿海地区和国家开展经济联系和交流。通过对外开放,可以更方便地与接壤各国开展经济技术合作。

(2)山东半岛经济与日本、韩国、朝鲜、俄罗斯远东地区的经济有很强的互补性。山东半岛与朝鲜半岛、日本列岛隔海相望,是中国大陆最接近日、韩这两个亚洲发达国家的地区,具有得天独厚的国际合作条件。日、韩的发展正处于产业转移的阶段,山东和日、韩在自然资源、劳动力供给、产业结构、贸易市场等方面存在十分良好的互补性,协同合作存在巨大的潜在利益。山东半岛有条件与日、韩开展更深一步的经济和贸易往来,输入资金和技术,吸引产业转移。俄罗斯远东地区的发展与山东半岛的互补发展,也有着巨大潜力。

(3)山东半岛是沿黄经济协作区和环渤海经济圈的重要组成部分。山东半岛是欧亚大陆的桥头堡,是黄河流域的主要出海门户,沿黄省区具有传统的经济联系。山东半岛还是环渤海经济圈的重要一翼,山东 GDP 占环渤海地区的40%多,与京津塘、辽东半岛比经济实力最大,在这一区

域经济中心中具有重要地位。

(4)山东半岛是山东省经济社会发展的热点地区。从整个山东来看,半岛是全省经济发达地区,有着连绵城市区,胶济铁路沿线和半岛沿海构成山东的发达地区。在改革开放的推动下,半岛地区一直是经济社会发展的活力最强、增长最快的地区。

2. 海洋资源得天独厚

山东大陆岸线长达3121.9公里,占全国的1/6,有500平米以上海岛326个,海岛岸线683.2公里,其海岸线长度与陆域面积之比系数为2.428(公里/每百平方公里),远高于全国海岸线系数0.188,居全国前列。这种优越的海陆相对位置,使山东除陆域面积外还拥有相当于陆地国土面积的海域面积。海洋资源不仅种类多,而且储量大。据国家海洋信息中心选择滩涂、浅海、港址、盐田、旅游和砂矿等六种资源对沿海各省市进行丰度指数评价,山东位居第一。表明山东海洋资源具有显著的综合优势。山东某些重要的海洋资源丰度高,品质好,综合评价居全国前列。山东海洋资源丰度指数排序是:盐田、港址、旅游、滩涂、浅海、砂矿,表明山东的盐业资源、港口水运资源、滨海旅游资源、滩涂水产资源在全国居重要地位。山东海岸线长度居全国第2位, -15米等深线;浅海1.482万平方千米,居全国第4位;滩涂0.339万平方千米,居全国第2位,且地处暖温带,气候适宜,日照充足,水质肥沃,浅海海域年初级生产力为1100万吨有机碳(干重),适合鱼类和水生生物的生长繁殖,具有经济价值的各类生物资源400多种,海参、鲍鱼、对虾、扇贝等海珍品驰名中外。山东海岸2/3以上为山地基岩港湾式海岸,水深坡陡,建港条件优越,是我国长江口以北具有深水大港预选港址最多的岸段。离岸2000米,水深10米可建深水泊位的港址有51处,居全国第3位,其中10~20万吨级港址有23处,居全国第1位。锚地和航道条件也比较优越。山东半岛海岸地貌类型多样,人文和自然景观较多,主要滨海景点有34处,占全国的12.5%,位于广东、福建之后,居沿海省、市(区)的第三位。特别是在海滩浴场、奇异景观、山岳景观、岛屿景观和人文景观方面,优势比较突出。风光秀丽,气候宜人,是天然的度假和旅游胜地。山东是我国主要海盐产区之一。适宜晒盐土地0.274万平方千米,居全国第1位,占全国的32.6%。还有得天独厚的地下卤水资源,总净储量约74亿立方米,含盐量高达6.46亿吨。山东沿海有101种矿产,其中探明储量的有53种,居全国前三位的有9种。渤海沿岸石油地质预测储量30亿~35亿吨,探明储量2.29亿吨,天然气探明地质储量为110亿立方米,龙口煤田是我国发现的第1座滨海煤田,探明储量11.8亿吨。丰富的海洋资源为山东海洋产业的发展奠定了雄厚的物质基础。

3.　海洋产业竞争力强

山东海洋产业的竞争优势表现在渔业和海洋盐化工,对于提升山东海洋产业竞争力做出了较大贡献。2002年海洋渔业产值628.81亿元,海洋水产业产值约占全国的25%,海洋盐化工产值占全国的68%。两者位居沿海省、自治区、直辖市榜首。另外竞争力比较强的行业还有港口运输、造船业和海上油气业。2002年山东海洋交通运输业产值87.14亿元,修造船业产值42.24亿元,海洋油气产值29.98亿元,上述产业产值分别占全国的6.5%、10.7%、8.3%。

近年来,山东海洋捕捞业积极应对因中日、中韩渔业协定实施对捕捞业带来的负面影响,大力推进产业结构调整,严格控制近海捕捞强度,鼓励发展远洋渔业,保持了捕捞业的稳定。海水养殖向着优质、精养、高效方向发展,初步形成了以鲍鱼、海参、扇贝、对虾、鲈鱼、牙鲆等名优品种为龙头,多品种全面发展的新格局。水产品加工通过技术创新向精深加工方向发展,以海洋食品、海洋保健品和海洋药品为重点的海洋精深加工产值占加工总产值的35%以上。实施渔业国际化战略,积极拓展国内外市场,促进了渔业经济的发展。

良好的资源和适宜的气候条件,加之良好的基础与实力,使得山东发展盐业和盐化工产业具有强大优势和巨大潜力。山东盐生产工艺和科学技术为国内先进水平,直接生产作业基本实现机械化。2002年,山东盐及盐化工产值达61.24亿元。海盐化工业实施大企业集团带动战略,走联合创新、集团化规模化发展之路,发展十分迅速。盐化生产能力和实际产量均达到20万吨以上。制溴技术和管理水平居国内领先地位。溴素生产能力 6.5 万吨,产量和市场占有率均居全国首位。

山东省海上石油开发近几年增长较快。截至 2001 年,浅海地区共计探明含油面积 153.5 平方千米,石油地质储量 40368 万吨;控制含油面积 33.8 平方千米,石油地质储量 9795 万吨。海上油田 2002 年原油产量达 212.2 万吨,天然气 16945 万立方米。2002 年海洋油气产值达 27.96 亿元。

除去传统的水产品养殖业和加工业、海洋精细化工等,海洋药物、海洋旅游等领域也已显示出蓬勃的生命力。

4. 海洋科教力量雄厚

山东是我国海洋科技力量的聚集区,是我国海洋科技创新的重要基地,科研力量雄厚,学科门类齐全,海洋科技综合实力在全国各省(市、区)中居领先地位。山东省内有市(地)属以上独立海洋科研机构 30 多所,其中包括:中科院海洋研究所、国家海洋局第一海洋研究所、农业部黄海水产研究所、国土资源部海洋地质研究所、中国海洋大学等国内一流的科研、教育机构。有 7000 多名海洋科技人员,占全国同类人员的近 60%。在 24 名两院院士(包括外聘院士)中,海洋领域的占 14 名。另有 200 多位博士生导师及 1000 多位具有高级职称的海洋科技工作者。拥有 20 多艘海洋科技考察船、2 架海洋监测飞机、1000 多台大型实验设备和 100 多个专门的实验室。近两年来,国家在海洋方面围绕生物、环境、资源可持续利用等重大科技问题共安排了 6 项重大基础研究(973)项目,山东省承担了其中的 5 项。目前,各项研究进展顺利,取得的部分重大成果已经在该省的海水养殖、环境修复和资源的持续利用方面发挥了重要作用。在"九五"和"十五"国家"863"计划海洋第一批项目中,山东省承担了 130 多项,其中海洋生物方面占国家同类项目总数的 40% 以上。多年来取得了一批对海洋经济发展起到重要作用的科研成果。在海产虾类遗传及繁殖生物学研究取得一系列具有原创性和处于国际前沿的研究水平的成果。中国科学院海洋所首次育出四倍体栉孔扇贝苗,首次开展三倍体太平洋牡蛎的规模浮筏和三倍体皱纹盘鲍的规模生产。转基因鱼类、转基因对虾,四倍体对虾和海水养殖动物多倍体育苗及性控制技

术成果分别达到国内或国际领先水平。利用生化工程、酶工程、细胞工程
为基础的海洋药物研制一直保持国内领先地位。开发出可生物降解环保
型新材料、纳米多功能塑料、光生态膜、新型海洋酶等一大批具有自主知
识产权的成果,并在较短的时间内产生了很好的社会效益和经济效益。
目前,国家已在山东省建立了"863"海洋高技术产业化基地 3 个,国家科
技兴海示范基地 5 个,海洋工程技术研究中心 5 个,并在山东组建了国家
海洋药物中心,建设了十几个国家重大项目实验基地,为海洋高科技成果
的迅速转化和规模示范创造了条件。山东省海洋药物、海洋保健品、海洋
生化制品厂家发展到 30 多家,开发各类产品 30 多个,年产值达 12 亿多
元。"九五"期间,全省累计安排攻关和技术开发项目 400 多项,投入研
究经费 4000 多万元,一大批海洋新兴产业在沿海崛起,成为带动沿海经
济发展的主要产业,也成为我国新兴的海洋生物制药和海洋生化制品重
要基地。"863"健康虾基地等国家级中试基地和酶工程、海洋天然产物
等一批中试基地进入科研—生产良性循环。"海上山东"建设以科技为
先导,用高新技术培植产业发展,取得了显著成效。科技在山东海洋产业
中的贡献率达百分之五十以上,科技创新成为拉动海洋产业升级和提高
经济效益的强力助推器,也是提升山东海洋产业竞争力最具潜力的优势。

(二)"海上山东"建设基本评价

省委、省政府 1991 年提出并实施"海上山东"建设工程,极大地调动
了沿海地区发展海洋经济的积极性,海洋产业取得了长足发展,沿海地区
成为发展最快、活力最强、后劲最足的地区。"九五"以来特别是 1998 年
全省海洋经济工作会议以来,全省认真贯彻省委、省政府《关于加快"海
上山东"建设的决定》,按照"五大战略",积极实施"四大工程",在全省
范围内掀起了向海洋要资源、要潜力、要效益的热潮,"海上山东"建设成
就斐然。到 2002 年,全省海洋产业总产值达到 1517.2 亿元,与"九五"末
相比,年均增长 18%;海洋产业增加值达到 734.6 亿元,年均增长 17%;
占全省国内生产总值的比重由 1995 年的 4.5%提高到了 6.4%。海洋产
业已经成为我省国民经济的重要组成部分和新的增长点。

1. 海洋渔业快速增长,结构调整初见成效。2002 年全省海洋渔业总

产值达到 796.1 亿元(含水产品加工业产值),占全省海洋产业总产值的 52.5%以上。海水养殖取得新突破,海珍品养殖发展迅速,对虾、扇贝养殖"二次创业"取得明显成效,2002 年,全省海水养殖产量达到 326.2 万吨;远洋渔业产量达到 15.5 万吨,实现经济总收入 7255 万美元;水产品出口创汇迈出新的步伐,达到 15.7 亿美元,占全省农业出口创汇的三分之一。

2. 涉海工业规模壮大,整体实力不断增强。传统工业稳定增长,新兴工业迅速发展,结构进一步优化。2002 年全省海洋工业产值达到 286.3 亿元,增加值 133.9 亿元,比 1995 年分别增长了 5.1 倍和 8.5 倍。其中盐及盐化工产值 93.8 亿元,海洋油气产值 44.4 亿元,海洋修造船产值 42.2 亿元,分别比 1995 年增长了 3.7 倍、5.8 倍和 1.7 倍,海洋精细化工、海洋医药发展迅速。

3. 基础设施进一步完善,海运、陆运能力有较大提高。7 年间,全省新增港口 3 处,新增泊位 166 个,吞吐能力增加 4527 万吨。2002 年沿海港口年货物吞吐量 22036 万吨,海运客运量 1112 万人次,与 150 多个国家和地区建立了通航贸易关系,全年实现营运收入 88.5 亿元,增加值 42.1 亿元。

4. 海滨旅游业发展迅速,旅游资源开发力度加大。2002 年沿海各市旅游收入达到 346.4 亿元,其中接待国外游客 74.3 万人次,创汇 3.4 亿美元;接待国内游客 5802.4 万人次,旅游收入达到 318.5 亿元。海洋文化特色进一步突出,海滨旅游景区(点)开发和设施建设取得较快发展,"九五"以来,共新建、扩建和整修青岛前海沿旅游区、田横岛旅游度假区、烟台金沙滩旅游度假区、烟台南山国际俱乐部、日照山海天海滨旅游区、长岛海岛旅游区、潍坊民俗游、东营黄河口生态游等一批新的旅游景区(点)和项目。初步形成以青岛、烟台、威海、日照为主体的"黄金海岸"旅游线。

5. "科技兴海"成效显著,海洋科技的支撑作用明显增强。7 年来,充分发挥我省海洋科技优势,瞄准国际前沿和海洋产业发展,全省共取得海洋重大科技成果 1200 多项,其中有 280 多项获省部级以上科技奖励。组

建了山东省海洋工程研究院,强化优势集成,联合承担了国家攀登计划、
"973"计划和"863"计划海洋科技项目60多项,已建立3个国家级海洋
高技术产业化基地,5个省国家级科技兴海基地,20多个重大项目实验示
范基地,5个省以上海洋工程技术研究中心,海洋科技的创新能力进一步
增强,已成为拉动海洋产业升级和增加经济效益的强力助推器。

6. 海洋综合管理逐渐强化,可持续发展形成共识。省人大通过了
《山东省海域使用管理条例》,省政府先后颁布了《山东省海域使用管理
规定》、《山东省近岸海域环境功能区划》、《山东省碧海行动计划》和《山
东省海域使用金征收暂行管理办法》等法规,海洋管理步入了依法治海
的轨道。沿海各地积极推行海域使用确权和海域有偿使用制度,海域使
用登记和审核发证率均达到90%以上。县际间海域勘界整体推进。省
和市县三级海洋功能区划基本编制完成。海洋资源、环境保护力度进一
步加大,建立和选划了沿海7市31处海洋自然保护区和28个国家级生
态示范区建设试点,定期发布全省海洋环境状况及影响通报,初步建立了
海洋预警、预报和环境预测服务网络。

(三)海洋经济发展现状分析

1. 海洋经济发展指标比较

从海洋产业总产值看,2002年广东省保持良好态势,总量仍居首位,
达1950亿元,其次山东1517亿元,比广东少433亿元,差距很大;浙江、
辽宁位列山东之后,分别为1362亿元、678亿元,山东与之相比,分别高
155亿元和839亿元。从海洋产业总值占全国海洋产业总产值比重看,
2002年广东为27%,山东18%,二者相差9个百分点;山东比浙江、辽宁
分别多出2和10个百分点。从海洋产业总值占全省GDP比重看,2002
年山东为6.4%,比广东和浙江分别低1.2和1.4个百分点,比辽宁高
0.9个百分点,位居第三。从发展速度看,1998—2002年的五年间山东平
均每年递增12%,辽宁年递增14%。从人均海洋产业产值看,2002年山
东为1662元,在四省中仅比辽宁高49元,却比广东低819元,比浙江低
1268元。

2. 海洋科技和人才的比较

山东是我国海洋科技力量最强的省份。现有中央和地方海洋科研、教育机构40多个(其中全国规模最大的综合性海洋大学就在青岛),科技人员1万多名,其中高级专业人员近1000人,分别占全国的40%和50%以上;1999年又筹建了山东省海洋工程研究院,仅山东青岛市一地,海洋科技的院士达8倍,占全国海洋院士的一半。山东在基础理论与应用研究方面都拥有一大批国内外领先的科技成果,其强项除基础研究外,主要是海洋生物和海洋药物。但山东在海洋技术的储备方面还有许多不足。主要是在大型船舶、石油平台制造、水下工程、环保工程技术等方面逊于浙江、辽宁、广东等省。就海洋科技力量而言,广东仅次于山东。目前该省准备筹建广东省海洋科学研究中心,把中央驻粤的高等院校和科研机构的科技力量联结起来。广东省已于1998年开始组织编制了《广东省科技兴海规划》,试图提高科技进步对海洋经济发展的贡献率。浙江提出并实施"8233"科技兴海工程,即:以高新技术开发应用为重点,团结8个技术领域,突破2项重点,建设3个基地,建立3个服务系统而展开的跨世纪海洋开发规划。目前该省科技贡献率达50%。

　3. 海洋产业结构的比较

　三次产业结构的比较。按产值计算,2002年山东海洋三次产业结构是40:28:32,结构层次较低,达不到全国平均水平。其中第三产业仅占32%,这一比例在四省中也是最低的。辽宁与山东的结构模式相似,但其第三产业占到34%,比山东高2个百分点,第二产业占31%,比山东高3个百分点,第一产业比重则低于山东5个百分点。浙江三次产业比例为37:27:36,仍处于初级阶段。第一产业比重与山东相差不大,第三产业比重则高出山东4个百分点,海运业和滨海旅游业成为浙江海洋经济的支柱产业,具有较大发展活力。广东产业结构层次在四省中最高,已达产业结构演进的中级阶段。产业结构合理,比例为28:34:38,属于"三一二"模式。山东与广东相比,第三产业比重低6个百分点。第二产业低6个百分点,第一产业比重却高出12个百分点。

　海洋产业部分结构的比较。总体看海洋渔业一直是山东海洋产业的支柱,2002年以796亿元的绝对优势位居全国之首,占总产值的52%,其后依次是海盐业、海运业、修造船、海上油气、滨海旅游和滨海砂矿。其中海盐业在全国名列第一为79亿元。山东的滨海旅游业发展最快。广东的排序依次为渔业、旅游、油气、海运、修造船、海盐和砂矿,其中油气、旅游和海运发展很快,油气和旅游一直居全国首位,海运仅次于上海。浙江的排序为渔业、海运、旅游、海盐和修造船,其中旅游发展较快,其产值为360亿元,比山东多14亿元。辽宁的排序为渔业、修造船、海运、旅游、海盐和油气,其修造船业在全国仅次于上海,位居第二。

主要海洋产业内部结构的比较。各产业内部结构的合理化,关系到该产业整体面貌和发展后劲,是产业之间的结构优化的基础,随着社会分工发展,内部结构调整的意义将越来越重要。2002年山东的海水养殖产量最高,是辽宁的1.8倍、浙江的3.8倍;山东养殖产量占渔业总产量的比重也最大。渔业已实现"以养补渔",养捕并重,广东和辽宁养殖产量的比重与山东差不多,而浙江只占到17.7%。从捕捞所占比重看,鲁、粤、辽三省相当,浙江则占到67.%,海洋捕捞是浙江的强项。海盐业是山东传统优势产业,原盐、两碱、溴素、藻胶等产量均居全国首位。并成为山东海洋经济的支柱产业之一。浙江因自然条件原因,化工用盐、盐业和盐化工产值均处在较低水平。海洋运输业总体看,四省海运业结构相差不大。除浙江外,其他三省的港口业比例均大于航运业,这与全国平均水平相反。广东航运和港口的营运收入最多,山东二指标仅次之,浙江港口收入最少,辽宁航运收入最少。

4. 海洋管理体制的比较

广东、山东以及辽宁先后撤销水产局,组建了省海洋与渔业厅,浙江建立副厅级的省海洋局,由省计经委管理。山东省里设立了建设"海上山东"领导小组,由省委副书记、常务副省长任组长,沿海市地和省直有关部门负责人任成员,负责协调有关"海上山东"建设的重大事宜。初步建立了以海洋与渔业厅为主体,并由各级政府、其他管理部门和生产单位相结合的多层次的海洋经济管理框架体系。1998年颁布了《山东海域使用管理规定》,制定了《山东海洋功能区规划》,1996年组建了山东省海洋监察总队,与省渔政处合署办公,由于利用的是渔政队伍,人员、力量相对有些薄弱。浙江完成了跨度 18 年的海洋开发规划,由省政府正式颁布。1991 年,山东省委、省政府成立了"科技兴海"领导小组、办公室和专家技术组,制定了《山东省科技兴海方案》。1998 年 12 月《中共山东省委、山东省人民政府关于加快"海上山东"建设的决定》,浙江未来的海洋政策大都归纳在 1998 年发布《中共浙江省委、浙江省人民政府关于加快海洋开发若干政策的通知》中,共 29 项有关政策。"九五"期间,多渠道筹资 80 亿元资金,建立起海洋开发专项基金制度。在 1993 年召开的第一次广东省海洋工作会议上,省委、省政府提出把海洋开发作为该省 20 年基本实现现代化的一项重要战略措施。从 1994 年起,每年拿出 8000 万元,连续 10 年,共投资 8 亿元用于渔港建设。"九五"期间投资 10 亿元,按全国重点大学目标组织建设湛江海洋大学,形成"北有青岛海大,南有湛江海大"的格局。辽宁召开"海上辽宁"工作会议,建立目标责任制,将"海上辽宁"建设目标完成情况作为考核领导班子任期内政绩的重要依据。

通过上述与沿海其他省份海洋经济发展状况的比较,山东省海洋经济还存在着差距和不足,突出地表现在:在全国海洋经济发展的大坐标中,山东位次正在后移,增长速度减慢。就山东来说,虽然其海洋产业总量次于广东,但二者差距不小,山东还有待努力赶超。还应该看到,近年来辽宁海洋经济发展速度比山东加快,只因山东省总量基数大,暂时还未被赶上。如果四省都保持现有速度发展,相信时间不久,山东海洋经济总量第二的排名将难以保持。况且,广东的滨海旅游、海洋油气和海运以及辽宁的修造船业已大大超过山东,浙江在滨海旅游、海洋药物及食品方面有较好的发展潜力,如果山东海洋经济未能有新的开拓,将有可能落于上述三省之后。造成这一状况的原因是多方面的,其最主要的原因是:认识上有差距,缺乏大动作,实动作。山东和广东的根本差距在认识上。广东学山东动真的做实事,省委、省政府近四年一年一次高层海洋工作会议,每年都研究解决开发海洋的实际问题,广东无论是海洋经济总量、发展速度、结构层次,还是目标定位都高于山东。山东省"海上山东"建设尽管提出得早,叫得响,但缺少实质性的大动作。13 年间仅开了一次高层次会议,出台的决定、规定、四大工程含金量少,资金不到位,大部分是"纸上谈兵"。山东规划到 2010 年海洋经济增加值仅为国内生产总值的10%,比广东、辽宁分别低 12 个和 5 个百分点。尤其值得关注的是,海洋投入形不成优势突破,产业发展后劲不足,"海上山东"建设专项资金没有列入计划盘子。海洋投入和海洋经济的贡献率不成比例,不但总量小,而且分散、随意性大,产业后劲明显不足。水产良种退化,病害增多。山东多年没有安排渔港建设资金,没有专项维修经费,而广东省从 1994 年起每年拿出 8000 万元,连续 10 年投资 8 个亿用于渔港建设。

综上所述,山东省加快发展海洋经济既有困难,更有优越条件,依靠海洋强省的潜能巨大。海洋资源优势转化为经济优势有很大潜力,依靠海洋科技优势推动产业升级的前景广阔,通过开发海洋联动陆地促进区域经济增长大有可为。十五年的"海上山东"建设已经积累了丰富的经验,已经取得的成绩是继续前进的重要物质基础,已经形成的思想认识是继续前进的思想财富。面对当前的新的机遇与挑战,只要以科学发展观的理念,明确新发展阶段的特点和任务,深化和提升"海上山东"建设工程的战略地位,确定新的发展思路和目标,实施有效的战略对策,就一定会取得山东海洋经济发展的更大作为和更大突破,从而促进山东经济社会的更好更快发展。

### 三、山东海洋经济发展的总体战略构想

#### (一)山东制定海洋开发战略的回顾

1991 年开始,山东的理论工作者和实际工作者,对"海上山东"提出的重大科学意义、有关政策进行了广泛深入地探讨,理清了实施"海上山东"建设的基本思路、目标,并提出了相应措施。

大家认为,海上山东这一战略,应包括:在指导思想上,强调由主要依靠陆地经济转到陆海经济发展并重的轨道上来;在发展目标上,通过开辟"海洋"这个经济建设第二战场,建设"两个山东"即"陆上一个山东,海上一个山东",实现山东经济的更快增长;在发展格局上,以海洋产业和沿海城市为龙头,带动全省经济的跨越式发展。

随后,理论界和实际部门进行了广泛的研究讨论,海洋经济研究所徐志斌研究员的研究做出了贡献。大家形成的共识是,"海上山东"的战略决策至少应从以下几方面来认识。

1."海上山东"是山东需要而有权利用的另一类国土。"海上山东"是相对于"陆上山东"而言的,反映了国土观念的一个突破性扩展——从单纯视陆地为国土,提高到了把海洋也视为国土的水平,从而大大开阔了人们的眼界。从这个意义上说,建设"海上山东",就是要像开发陆地一样开发海洋国土。

2."海上山东"是建立在科学预见基础上的建设目标。山东作为全国海洋资源大省提出"海上山东",就是科学地预见将来要在海上再造一个山东。从发展看,一个与"陆上山东"平起平坐或者说同等重要的"海上山东"是必然会到来的。原因就在于陆上日趋严重的生态危机提出了开辟新的生存空间的迫切要求;海洋潜藏的巨大财富和科学技术的不断进步使这种要求的实现成为可能。

3."海上山东"是不同于陆上的有海洋特性的新山东。海洋与大陆是不同质的地理单元,在自然地理环境、法律地位、资源种类、利用程度和开发技术手段等方面,两者都有极大差别。从这个意义上说,建设"海上山东"就是要建设一个与"陆上山东"不同的山东,即开发海洋的新山东。

4."海上山东"是海陆一体化的"大山东"的一部分。强调海洋的特殊性,并非意味着"海上山东"单指山东所能利用的海洋水域,而是指包括水域与相关陆域在内的整个海洋国土。这是因为海洋水域与大陆虽然是独立性比较强的不同质的生态系统,但是相互之间有密切联系。人类的社会经济活动是一个统一的整体。海洋开发要依赖陆域强大的经济与技术力量为后盾,陆地经济发展也要有海上资源的补充和海运等产业的支持才能变得格外强大。海岸带成为山东经济社会发展的"黄金地带"。

5."海上山东"是建设"海外山东"的前进基地。"海上山东"建设的核心部位是沿海地带。一方面,建设"海上山东"战略与大力发展外向型经济战略在地理区位上是重合的。另一方面,海洋经济在本质上就是外向型经济。所以"海上山东"建设顺理成章地属于山东对外开放战略的有机组成部分。建设"海上山东",也就是发展山东外向型经济的基地和通道,进一步开拓"海外山东"。

6."海上山东"建设是以经济为基础的全面的社会建设。人类对海洋的利用,首先是出于经济上的需要,是为了开辟物质消费资料的新源泉,以弥补陆地物质资料的短缺。由于经济活动是人类最基本的社会实践活动,即便将来,"海上山东"建设仍然要以经济建设为基础。但是,海洋的价值决不限于经济利用。它是日益拥挤的地球上最后一块处女地,具有居住、旅游、交往、运动、科研、文化等多种潜在功能。这些宝贵的功能,人类都应该充分利用。从这个意义上说,建设"海上山东"就是要进行全面的社会建设。

7."海上山东"是一项宏大的社会系统工程。由于海洋资源具有分布垂直性、用途多宜性、归属模糊性的特点,各部门之间、各地区之间、部门与行政区之间在海洋开发中的关联性、干扰性、争夺性较之陆地更为突出,海洋生态环境更为脆弱。故有时片面强调本部门、本地区、本单位的发展,反而会加剧矛盾,形成内耗,削弱整体效益。从这个意义上说,建设"海上山东",是一个庞大的跨世纪的社会系统工程。必须在科学分工的同时,从宏观整体着眼,强调统筹安排。

8."海上山东"是随能力增长延展边界的动态的山东。陆上山东除非遇到国家调整行政区划,其空间范围是由山脉、河流等地貌和人工设置的界标标明固定的,是有充分法律保障的。而"海上山东"最大的不同是没有固定疆界。其范围是由习惯决定的,由现实开发控制能力决定的,并且,随着资源的流动和生产能力的提高而变动,不同产业中这种变动性也不同。如捕捞渔业,过去长期集中在沿岸近海区作业,近年来已发展到其他省市邻近海域和外海,并且开始走向远洋。至于海运业则不受山东邻近海域乃至我国管辖海域局限,更是人所共知。它们都是山东海洋经济事业的组成部分,自然也属于"海上山东"建设的内容。

9."海上山东"是一项跨世纪的长期发展战略规划和重大工程。世纪之交,不同的国家和地区都在研究其长期发展的战略,以取得21世纪经济社会发展的主动权。种种迹象表明,以开发利用海洋为主要内容的蓝色革命浪潮正在向纵深发展,沿海各国普遍重视维护海洋权益、开发海洋资源和保护海洋生态环境。许多国家调整了自己的海洋政策,扩大了管辖海域,越来越多的沿海国家把目光转向海洋开发。山东作为海洋资源和科技力量大省,提出建设"海上山东",加快发展海洋产业,既是一个科学的预见,一个超前性的规划,又是一个重大的工程。对于克服工作上的随机性和盲目性,谋求21世纪的长期发展具有重要战略意义。因此,"海上山东"战略是面向21世纪的战略,是谋求山东未来的长期战略。

10."海上山东"是创造新的海洋文明的全新战略和重大举措。海洋文明是人类文明的一个重要领域。山东作为中国的沿海大省,积极地拥抱海洋,以开放的胸襟感受大洋与自己的息息相通,制定正确的战略开发利用海洋,将对方兴未艾的太平洋海洋文明产生重大影响,也必将引起全世界的瞩目。

这十个方面的认识,应当说是对"海上山东"的较全面的认识。它扩展了海上山东的内涵与外延,对指导这一工程的实施奠定了思想基础。

总之,建设"海上山东"跨世纪工程是一个拓展"大山东"的战略,是一项综合性战略,是一个长远性战略,是一项全新的战略,一句话,是拓宽发展思路、争取生存空间、靠近开放经济、阔步走向世界的战略。

1998年9月的全省海上山东建设会议还对"海上山东"发展规划作了研究和部署。这个规划,是山东海洋开发的较科学的战略规划,也是最重要的战略规划。

规划提出的任务和目标是:按照《山东省国民经济和社会发展第九个五年计划及到2010年远景目标纲要》的要求,立足于现有基础,面向21世纪经济发展的需要,今后一个时期"海上山东"开发建设的总任务是:加快海洋经济两个转变的步伐,建立健全科学、规范、高效的海洋开发管理运行机制,以市场为导向,依靠科技进步和外向带动,进一步优化海洋产业的布局和结构,建立起高素质可持续发展的海洋产业体系,重点实施五大战略(资源综合开发战略、产业升级战略、科技兴海战略、外向带动战略、可持续发展战略)、四大工程(海洋农牧化工程、涉海工业工程、海上大通道工程、滨海旅游业工程),全面提高海洋经济发展的整体效益,力争海洋产业的增长速度超过全省国内生产总值增长速度,到2000年海洋产业增加值占国内生产总值的比重达到6%以上,到2010年达到10%左右,使海洋产业成为全省国民经济的重要支柱,把沿海地区建成经济发达、社会繁荣、生活富裕、环境优美的蓝色产业聚集带。

实现上述总任务与奋斗目标,在战略部署上分为两步走:第一步,20世纪内为结构优化阶段。要继续加快现有海洋产业的发展,不断壮大规模,努力提高效益。加大海洋一、二、三次产业结构调整力度,努力提高二、三产业比重。加快对传统海洋产业的技术改造,加强海洋高新技术研究与开发,为下世纪的海洋开发提供技术储备。第二步,下世纪为产业升级阶段。大幅度提高海洋资源开发利用的广度和深度,实现集约型、效益型、全方位综合开发。重点发展海洋油气、海洋医药、海洋精细化工、滨海旅游、海水综合利用等新兴海洋产业,培植海洋经济新的增长点,基本实现由以传统产业为主向新兴产业为主转变,由粗放经营型为主向资金、技术密集型转变,力争所占比重明显提高,形成高素质的海洋产业体系。

依据国家开发与保护海洋的远大目标,从山东省省情和基础条件出发,加快"海上山东"跨世纪工程建设,要按照山东省"海上山东"开发建设规划的要求,科学、合理、有效地开发和利用海洋资源,转变粗放型的发展模式,走市场化、国际化、高效益、可持续发展的路子,重点实施五大战略和四大工程。

海洋开发五大战略是:

(1)海洋资源综合开发战略

根据海洋资源的复合性和多层次性,按照国民经济总体规划,统筹兼顾,以沿岸陆地为依托,以海洋为发展空间,以海洋资源为开发对象,以海洋产业为经济主体,陆海结合,以陆带海,以海补陆,综合利用,实行港口、岸线、滩涂、海岛与海域连为一体的综合开发,拓展经济发展的空间,实现最大限度地利用海洋资源,挖掘经济增长的更大潜力。

(2)海洋产业升级战略

充分发挥市场机制对资源配置的基础性作用,强化对海洋产业发展的政策导向,实行加速海洋产业的规模膨胀与优化海洋产业结构相结合,着力发展高效益、高技术含量、高附加值产业,努力培植经济效益显著、带动能力强的龙头企业,加快海洋高新技术产业化进程,形成技术先进、相互协调、相互促进的高素质海洋产业体系。要强化海洋产业企业的组织结构调整力度,根据规模经济、专业化分工的要求,通过市场机制,加快企业资产重组的步伐,优化存量资产配置,培植一批在国内外具有较强竞争力和规模优势的企业集团,形成龙头企业带动作用明显、大中小相配套、行业区域规模布局合理的山东海洋企业群。

(3)科技兴海战略

充分发挥海洋科研力量雄厚的优势,优化配置海洋科技资源,引导海洋科技力量形成整体合力,面向"海上山东"建设的主战场,有针对性地开展攻关与开发,重点发展海洋探测和海洋开发实用技术,有选择地发展海洋高新技术,加强重大海洋基础研究,力争在海洋生物工程、海洋药物开发、海洋食品和保健品、海洋能源和海洋矿产开发、海洋监测与预报、海洋生态环境等方面率先取得突破。要按照市场经济的要求,建立健全科学技术向生产力转化的有效机制,加快海洋高新技术产业化的步伐。

(4)外向带动战略

充分发挥沿海地区对外开放门户和前沿的优势,利用国际海洋资源和技术的共享性,把发展外向型经济作为促进海洋经济发展的重要推动力量,加快重点港口和配套设施建设,形成顺通畅达的海上大通道,沟通与世界各国的经贸联系,加大招商引资力度,引进、消化、吸收国外先进技术,全面提高海洋产业的技术素质,不断提高开放的层次和深度,建立符合国际惯例的海洋经济运行机制,促进地区经济率先与国际经济接轨,带动全省外向型经济的发展。

(5)海洋可持续发展战略

海洋资源和环境的保护,既是海洋自身规律的内在要求,也是为子孙后代拓展生存空间的历史性任务,必须坚持经济效益、社会效益和环境效益相统一,坚持海洋资源开发与海洋环境保护相统一,根据不同区域的环境容量和资源再生能力,合理确定开发内容、开发力度,严格保护治理措施,加强海洋资源勘探步伐,增加后备资源,确保海洋经济持续、稳定、协调发展。

海洋开发建设四大工程是：

(1)海洋农牧化建设工程

目标是建成繁荣兴旺的"海上牧场"：一是大力发展名优特新品种增养殖，加快渔业产业化进程。重点抓好三大基地建设：良种培育和繁殖基地；增养殖生产基地；市场销售基地。二是稳定发展近海捕捞，重点发展远洋渔业。根据世界海洋渔业资源的潜力、结构和区域分布，向深海和远洋进军，扩建现有远洋渔业基地，开辟发展新基地，增强参与国际海洋资源竞争的能力。在发展布局上，巩固发展现有的西非、北太平洋基地，重点开发西南太平洋、南大西洋渔场，并以此为依托向周围海域辐射，新建一批具有发展潜力的海外基地。三是大力发展水产品加工和综合利用，提高产品质量，增加附加价值。

(2)涉海工业建设工程

全面有效地利用海洋资源，提高海洋经济综合效益，实现海洋经济由资源开发型向资源开发与加工增值相结合的转变，努力扩大涉海工业规模，优化产业和产品结构，形成开发、转换、增值于一体的海洋产业新格局。工程对海洋化工、盐及盐化工业、海洋精细化工、海洋药物和海产品综合利用、海洋能源与海洋矿产、海洋机械制造业提出了要求，以此带动海洋经济的发展。

(3)海上大通道建设工程

山东沿海地处亚太经济圈西环带重要部位，背靠欧亚大陆，面向太平洋，有众多对外开放港口，是山东和沿黄省区走向世界的主要门户，随着日照欧亚大陆桥东方桥头堡建设的全面展开，其外引内联的功能将得到进一步强化。要以此为契机，加快海洋交通运输业建设，构建以港口为枢纽，海洋、内河、公路、铁路、管道、航空运输相互补充，成龙配套，内外辐射的现代化海上大通道，促进全省对外开放的深入和经济的腾飞。

港口建设，一是调整优化港口布局，根据建港资源条件和现有基础，统筹规划，进一步明确各港口功能、发展方向和合理规模，以青岛港、日照港、烟台港为主枢纽港，以龙口港、威海港为骨干，其他中、小港口相配套，发挥中心港和骨干港集疏货物的主导作用,优势互补,形成大、中、小港合理分工、有机结合的港口布局。

海洋运输,围绕提高综合运输能力和效益,加快调整船舶运输结构,重点开发国际集装箱运输船,发展5000吨以上级动力大、效益高的运输船舶,向大吨位、多功能、专业化方向发展。同时兼顾各种中小型船舶的发展,优化运输船舶结构海上航线建设要以重点开放港口为基点,大力开发建设我国南北海上通道,争取国家建设烟台——大连跨海火车轮渡,建设渤海海峡东通道;21世纪初争取建设蓬莱——长岛——旅顺南桥北隧工程,沟通铁路和公路运输,形成大流量的渤海海峡西通道。充分利用世界大洋航线,巩固和发展与我省沿海港口的海运联系,大力发展新航线,形成内接腹地、外联五洲的国际化海运网。

(4)滨海旅游业建设工程

滨海旅游业是海洋产业中一项新兴的综合性经济产业,具有投资少、见效快、创汇多的特点。要把握国际国内旅游业迅猛发展的机遇,面向国际、国内两个市场,全方位、大规模开发沿海旅游资源,形成集观光、娱乐、康复、度假、避暑、国际会议等于一体的现代综合旅游经济。建设北起黄河入海口,南至日照,绵延数千里、各具特色、相互联系、相互补充的滨海旅游带,逐步形成具有较高国际知名度的"胶东半岛蓝色海岸"。

根据全省沿海地理文化、历史和旅游资源分布状况和特点,按照布局合理、重点突出、特色鲜明的原则,重点建设蓝色文明旅游带,突出海滨风光和悠久的历史文化,在青岛新建大型海上游乐园,完善崂山旅游景点,全面开发石老人、薛家岛、琅琊台等旅游度假区;充实蓬莱阁与古水城内容,在长岛新建和完善航海、渔船、水族、候鸟、原始社会村落遗址等为主体的博物馆,建设烟台金沙滩、蓬莱国际旅游度假区,在养马岛旅游度假区建设山东滨海国际体育中心,在砣矶岛、隍城岛建设渔村风情旅游基地;在威海重点建设环翠、石岛湾、天鹅湖旅游度假区,在刘公岛恢复北洋水师基地历史原貌;日照突出"海、山、古"特色,在山海天省级旅游度假区的基础上,开发以"三太"(太公、太阳、太极)文化为主的集旅游、度假、休闲、娱乐为一体的海滨旅游度假区。

加强旅游综合服务体系建设。坚持"吃、住、行、游、购、娱"六大要素配套发展,集中力量搞好旅游宾馆、旅游娱乐等服务设施建设,提高综合接待能力。

五大战略和四大工程成为"海上山东"建设的重大战略指导和政策支撑。

(二)"十一五"时期的指导思想、原则与战略思路

1. 指导思想

按照《全国海洋经济发展规划纲要》和省委、省政府的全省发展总体部署,贯彻以人为本,实现全面、协调与可持续发展的原则。以科学的发展观为指导,与全省的城市群、制造业基地、生态省规划相衔接,以提高海洋经济综合实力,建设海洋经济强省,促进沿海地区提前实现现代化为总目标,以规划为先导,以科技进步和体制创新为动力,以海洋科技人才资源开发利用为核心,以青岛为龙头,以烟台、威海、日照为两翼,以新兴产业大工程建设和临海工业为突破口,实行海陆联动,加快海洋资源综合开发,加强海洋基础设施建设和环境保护,优化海洋产业结构和布局,进一步扩大海洋经济总量,不断提高海洋经济综合竞争力和可持续发展能力,走出一条具有山东特色的海洋经济创新发展道路。

这一指导思想,是在"海上山东"建设基础上的升华。

(1)突出了海洋经济发展。"海上山东"往往被认为是一个特殊区划概念,原意是开发海洋,再为山东创造一份产值。但发展海洋经济则不同,海洋经济是指开发利用海洋的各类产业及相关经济活动的总和。随着海洋产业群特别是海洋新兴产业的发展,产生了遍及社会经济活动多方面的海洋产业相关经济活动,包括海洋调查、勘探等基础活动、海洋教育、科研、开发等科教活动、海洋环境监测、治理等环保活动、海洋市场、融资、救助、信息服务等公共服务活动等,海洋经济是一项综合性的复杂经济体系。因此,战略选择以海洋经济发展战略为宜。

(2)突出了海陆一体化战略规划。随着海洋开发的深入,海陆关系越来越密切,海陆之间资源的互补性、产业的互动性、经济的关联性进一步增强。海洋资源的深度和广度开发,需要有强大的陆域经济作支撑。

海洋经济发展中的制约因素,只有在与陆域经济的互补、互助才能逐步消除和解决。海洋资源优势只有在与全省陆域经济联动发展中,在与全国的生产力布局紧密结合中才能得到充分的开发和利用。因此,海洋经济发展战略规划要采用陆海一体化战略规划。

(3)突出了集成创新发展。以往的规划,往往难以避免目标的单一化,多为目标和单项突破规划。主要指标以产值增长为主。注重增长,忽视发展。在实施创新举措时,也往往配套不够。按照科学发展的理念,发展=经济+自然+社会+人,要贯彻以人为本,实现全面、协调、可持续发展。海洋经济要有一个全面、快速、持续的发展,必须进行模块化设计,实施集成创新,走集成创新发展之路。

2. 指导原则

(1)发挥优势提升核心竞争力原则。要充分发挥省区位条件好、海洋资源丰富、人才资源充裕、产业基础雄厚的优势,走扬长避短之路。要认真区分优势的独占性和非独占性,发挥好我省的独占优势,构建海洋经济核心竞争力。只有在注意挖掘独占优势的基础上力争有所突破,形成一批优势产业或优势集聚区,才能构建起有特色的海洋经济体系,从而提升海洋经济整体竞争力。

(2)依靠市场机制促进海洋经济发展原则。要充分认识到,市场经济体制下海洋经济发展必须遵循市场规律。应认真分析我国入世及经济全球化给山东省发展海洋经济带来的机遇与挑战,包括市场需求、资源环境条件、可持续发展能力等,实事求是地科学谋划海洋开发项目,找准政府对以海洋企业、企业集团为主的海洋经济主体的服务功能和政策法规支撑。通过发挥市场配置资源的基础性作用来实现海洋经济结构的优化。

(3)实现海洋的可持续发展为目标原则。编制海洋经济发展规划的目的,是要实现海洋资源的可持续利用,形成可持续发展的海洋经济,促进山东省国民经济健康持续发展。为此,在重视发展海洋产业的同时,也要重视海洋生态环境的建设与保护,在合理利用海洋纳污自净能力的同时更要注重海洋生态环境修复、恢复与保护。总之,通过坚持发展速度和效益的统一,来提高海洋经济的总体发展水平;通过坚持经济发展与资源、环境保护并举,来保障海洋经济的协调发展;通过坚持科技兴海,加强科技进步对海洋经济发展的带动作用来实现可持续发展。

(4)创新原则。创新是海洋经济的根本动力。海洋经济创新,是一个集成创新网络系统。由于海洋经济的复杂性,其创新网络系统是复杂的,主要是由特定海洋空间、环境、资源、权益背景下的观念创新、技术创新、产业创新、制度创新、管理创新、组织创新等一系列创新组成。其中关键的是体制创新和机制创新。要进一步深化改革,扩大开放,加快体制和机制创新,以形成合理的管理体制的运作机制,调动和激发发展海洋经济的积极性,提高海洋经济发展效益。

(5)战略规划的宏观指导与可操作性相结合原则。充分利用已有的研究和管理成果,注重与现有国家规划、省里相关规划的衔接和协调,重点填补现有规划、计划等的空白区,解决上级规划过粗、行业规划过细、用海矛盾突出、市场协调能力不及的问题和难题。落实国家的规划精神,做好总体规划以及相应的专项规划,既为全省的海洋经济发展指明方向,又使涉海的各行各业有所遵循。通过战略规划的科学指导,有序地推进海洋经济的全面、协调发展。

3. 战略思路

在认真贯彻实施山东省委、省政府提出的"四大战略"、"三个坚持"、"三个关键"、"三个亮点"、"六个变化"的基础上,海洋经济建设的思路为:树立一个新理念,突出两个支撑点,推进三个转变,构筑四个半岛带,建立五个创新体系,实现六个新突破。即"123456"新思路:

树立一个新理念:即树立以海立省,以海强省的新理念。

突出两个支撑点:即突出科教兴海和依法管海两个强力支撑点。

推进三个转变:即推进思想观念的转变,进一步解放思想,更新观念,搞活机制,以更大规模、更深层次、更高水平的大改革、大开放来促经济社会的大发展;推进经济增长方式的转变,进一步坚持以提高效益为中心,加大经济结构调整的力度,促进资源的优化配置,增强经济发展的活力和后劲;推进政府职能的转变,进一步加大机构改革力度,建设阳光政府,着力培育投资环境优势,发展多元经济,加快经济市场化进程。

构筑四个半岛带:即半岛海洋生态带,半岛海岸经济带,半岛城市带,半岛国际旅游度假带。

建立五个创新体系:即建立海洋科教创新体系,海洋市场创新体系,海洋信息化创新体系,海洋防灾减灾创新体系,海洋综合管理创新体系。

实现六个新突破:即在建立高素质海岸带产业体系,提高海岸带产业竞争力上有新突破;在培育招商引资环境优势上有新突破;在民营经济发展上有新突破;在经济运行质量上有新突破;在出口创汇上有新突破;在增加群众收入上有新突破。

4. 战略规划重点、范围及时限的界定

"山东省海洋经济发展战略规划"从属于山东省经济发展战略规划,在强调战略性的同时,侧重规划的可操作性。地域范围包括山东省沿海陆域及邻近海域。涉及的经济活动包括:开发利用海洋资源、空间形成的海洋产业,部分生产要素或生产过程与海洋发生一定关联的临港产业及临海产业,以及海洋资源与生态环境保护、海洋管理、海洋服务等相关经济活动。研究重点放在海洋产业及临海产业的空间布局和结构调整等方面,同时重视海洋生态环境建设与保护。

(三)海洋经济发展战略目标

到2010年,建设海洋经济强省目标完成,到2020年,海洋经济综合目标达到发达国家同期水平。

1. 海洋经济总量。到2010年,海洋产业增加值达到3000亿元,年均增长20%以上,占全省区内生产总值的比重由2003年的6.4%提高到10%以上。到2020年,海洋产业增加值达到10000亿元,占国内生产总值的比重提高到15.0%以上。拉动地方经济贡献率由现在的8%提高到2010年的13%,半岛海岸带经济占全省GDP 60%～65%;到2020年达70%～75%。

2. 海洋劳动就业。从事海洋经济活动的专业劳动力2003年为255万人,预计2010年为450人,2020年可达近1000万人。

3. 海洋产业结构。到2010年产业结构明显优化,调整目标:"一、

二、三"结构比例为 15∶45∶40。

4. 海洋生态环境。到 2010 年,海洋综合管理达到发达国家水平,近岸海域生态环境明显改善。建设一批海洋环保产业项目,建成一批生态示范区及自然保护区。2020 年,使山东沿海成为环境优美、经济发达、社会和谐的具有崭新形象的新东部经济区。

### 四、海洋产业发展的战略方向和重点

（一）发展重点

"十一五"期间,应根据国际经济发展的大环境以及我国经济建设的总体目标,结合我省实际情况,明确市场定位,重点扶持发展潜力大、前景好、对全省经济的发展有较大带动性的产业。对于这些产业,要根据全球经济的大环境,采取分清主次和先后,制定明确有效的发展路线,集中优势资源,重点突出,各个突破,抢占市场和资源的先机,在激烈的市场竞争中立于不败之地,带动"海洋经济"建设向纵深发展。今后应重点发展:

1. 确立以港兴省的战略,构建海上大通道体系。力争在 2020 年以前组建以青岛港为中心包括烟台、日照、威海在内的港口"航母",建成东北亚港航中心。利用世界船舶市场需求旺盛和青岛北海船厂搬迁的良机,高起点建设世界一流造船基地,以船舶工业为重点,振兴山东省海洋机械制造业,调整山东工业结构和制造业的生产链,开辟工业经济新的增长点。

2. 充分挖掘我省丰富的旅游自然资源和人文资源,念好"山海经"。借助青岛 2008 年的奥林匹克帆船赛,进一步完善海滨城市旅游规划,打造"中国黄金海岸"的滨海旅游名牌。加大沿海旅游资源和内地旅游资源的整合力度,积极推进体制和行业管理创新,在资源开发、设施配套、市场开拓等方面打破地区壁垒,实施跨行政区划的区域合作开发,协同一致,密切配合,实现品牌共享,资源共享,市场共享;走大联合、大开发、大市场的路子,发挥整体效益,逐步形成具有国际竞争力的旅游目的地。尤其是在滨海旅游线开发的时候,要在挖掘海洋文化特色上下工夫,结合山东省生态省建设和半岛城市群的规划,联合开发符合 21 世纪人类追求的

生态旅游和文化、探险、休闲等特色的观光旅游。在旅游开发的同时,搞好旅游相关产业的发展,使一根旅游线,变成一条产业带,一根经济"黄金线"。

3. 继续发挥海洋渔业优势,大力发展海洋水产品精加工。调整发展思路和经营模式,实现海洋水产业由传统渔业向现代渔业的转变,规划并建立水产品加工基地,积极实施外向带动战略,通过与外商合资、合作,大力发展加工出口贸易和国际鲜销渔业市场。针对市场需求的多元化、多层次的特点,不断引进和开发先进的加工技术和设备,提高海洋水产品的保鲜保活水平,实现产品的多样化、系列化、标准化。加强该产业的市场管理,逐步完善海洋水产品及其加工产品的市场准入制度和产品质量标准体系。在立足国内市场的基础上,迅速打入并占领国际市场。

4. 大力开发海洋化工业资源,加快海洋化工、尤其是海洋油气化工和海洋药物化工业的产品开发。要依靠科技进步,加大海洋油气业的勘探力度,加快工程建设进度,提高勘探的成功率和采收率,力争在今后五年内使石油产量逐年递增。合理有效地动用现有探明储量,特别是通过加速蓬莱19—3等油田的开发,迅速提高原油产量。在搞好资源勘探与开采的基础上,进一步加大技术改造和结构调整的力度,重点向大型化、集约化、技术密集型方向发展,发展和建立各具特色的石化产品和加工区。

5. 建设海洋药物和生物工程基地。充分利用中国海洋大学和众多海洋科研院所的科研技术资源优势,以研究开发高科技的海洋药物为主要方向。从海洋生物中提炼、开发高效、低毒的抗衰老、防癌抗癌和新型抗菌素等新药和新型药物制剂,在海洋生物制药技术方面形成规模化、市场化、产品要符合国际相关标准的方向发展。海洋药业要面向省内外、国内外市场,并以国际市场为导向,实现研究所、制药企业、市场销售为一体,积极发展成科工贸一体化的外向型山东省海洋药物业的发展模式。争取五年上一个台阶,2020年建成世界一流的制药基地。

(二)各海洋产业的发展

"十一五"期间,应该充分发挥我省在海洋资源和科技资源方面的两大优势,按照有限目标,重点突破的原则,主要扶持发展潜力大、前景好的行业、企业、产品,尽快形成规模优势和竞争优势,带动"海上山东"建设向纵深发展。

1. 调整优化渔业结构,重点发展优质高效水产业

以优质高效为目标,坚持开发与保护并重,严格控制近海捕捞,积极发展海水增养殖业,大力发展远洋渔业。要坚持可持续发展原则,保护和合理利用近海渔业资源,全面实行捕捞许可证和禁渔期制度。精心组织实施沿海捕捞渔民减船转产转业工程,制定相关规划和政策措施,引导鼓励捕捞渔民向非捕捞业转移,要通过发展养殖业、远洋渔业、水产品加工业和服务业,积极转化近海渔业捕捞能力,力争到 2010 年,全省报废中小型机动渔船 5000 艘,转产转业渔业劳动力 3.5 万人。到 2020 年,全省报废中小型机动渔船 6000 艘,转产转业渔业劳动力 4.2 万人。要紧紧抓住国家扶持远洋渔业发展的机遇,积极实施"走出去"战略,把远洋渔业作为山东省优先发展的重点,着力提高技术装备水平和探捕水平,大力发展超低温延绳钓船和围网船组等大洋性渔船。在巩固现有西非、北太平洋渔场基础上,重点开辟西南太平洋、南大西洋渔场。鼓励远洋骨干企业在国外建立生产、运销配套的渔业基地。争取到 2010 年,全省远洋渔船发展到 300 艘,产量 20 万吨,其中大型大洋性渔船发展到 130 艘。到 2020年,全省远洋渔船发展到 400 艘,产量 28 万吨,其中大型大洋性渔船发展到 270 艘。加快渔港基础设施建设,重点建设荣成石岛、胶南积米崖、牟平养马岛、日照石臼、寿光羊口、莱州三山岛等 11 个大型综合性中心渔港,配套完善渔船避风、供油供水、船用配件供应、水产品加工贸易等基础设施。

加快水产良种繁育推广,大力发展优质高效海水产品养殖。要充分发挥我省海洋渔业科技优势,在优质种苗生产上下工夫,做大做强水产种苗业。抓紧研究、引进和培育一批优质高效、抗逆新品种(系),搞好原有优良品种的提纯复壮及名、特、优、新、珍、稀品种的繁育和更新换代,把我省建成我国优质水产种苗生产基地。进一步加强海水养殖病虫害防治技术、高效饵料生产技术、生态调控技术的研究与开发,促进海水养殖的健

康发展。要实行养殖许可证制度,在环境容量许可的范围内确定养殖规模,改善养殖环境。改革传统、粗放的养殖方式,发展生态型、规模化、集约化、标准化增养殖,重点推广工厂化养殖和大型抗风浪深水网箱养殖技术,逐步形成烟台、威海的扇贝、海带及珍稀海产品养殖基地,青岛、日照鱼类、梭子蟹养殖基地,潍坊、东营、滨州贝类、对虾、蟹类养殖基地。

大力发展生态渔业,保护和改善渔业生态环境。搞好资源增殖,扩大增殖品种和规模。在巩固中国对虾、日本对虾、海蜇、乌贼四大品种放流增殖的基础上,积极探索魁蚶、梭子蟹、牙鲆等品种的放流增殖试验。在渤海、黄海海域选择适宜海区,建设人工鱼礁,营造鱼、虾、贝、藻等海洋生物适宜的栖息生长环境,形成两大人工鱼礁新生渔场。

2. 大力发展水产品精深加工和流通服务业,提高渔业产业化经营水平

充分利用我省水产品加工能力大的优势,针对市场需求多元化、多层次的特点,着力发展水产品精深加工,努力提高水产品加工增值率。重点搞好高档鱼、虾、贝、蟹等名贵海产品的保活保鲜和藻类、低质鱼类的深加工。引进开发先进加工技术和设备,加强渔业加工企业的技术改造,提高水产品保鲜保活水平,开发多样化、系列化、标准化的方便系列食品,占领大中城市市场。要树立品牌意识和质量意识,加大名优产品宣传力度,创建3—5个国内外知名品牌,依靠名牌产品开拓市场,进一步提高市场占有率。要加大资产重组的力度,依托现有骨干企业,实施联合兼并,形成一批集捕捞养殖、加工销售于一体的企业集团,力争到2010年,销售收入过5亿元的企业达到20家,到2020年,销售收入过5亿元的企业达到30家,销售收入过10亿元的企业达到15家。

积极实施外向带动战略,通过与外商合资、合作,大力发展加工出口贸易和国际鲜销渔业。进一步巩固日、韩等亚洲传统市场,努力开拓欧美等新兴市场。大力培育出口创汇龙头企业,在资金、税收、政策方面加大扶持力度,引导更多的企业通过 HACCP 认证和欧盟注册,获得进入国际市场的通行证,形成一批创汇企业群体。抓住加入 WTO 的机遇,充分利用国际国内两个市场、两种资源,发挥胶东半岛独特的地理优势和水产品

加工出口优势,努力扩大生产规模,形成我省沿海水产品加工出口产业带。

加快市场体系培育,完善市场流通功能。科学规划,合理布局,以一批骨干渔港和水产品加工基地为依托,加强水产品批发市场建设。继续搞好与市场配套的保鲜、贮藏、加工、运输等设施建设,增强市场服务功能和辐射带动能力。"十一五"期间,重点抓好石岛、日照、海阳等大型水产品批发市场的建设,按照现代物流理念,建立完善水产品市场信息网络,积极发展代理配送、连锁经营、竞价拍卖、网上交易等新型营销方式,广辟销售渠道,使之逐步成为在全国有影响的成龙配套现代化水产品集散市场。力争到2010年,形成10处年交易额超过10亿元的大型水产品批发市场,到2020年,形成20处年交易额超过10亿元、10处年交易额超过20亿元的大型水产品批发市场。

3. 以船舶工业为重点,振兴海洋机械制造业

要坚持自主开发和引进技术相结合,选准突破方向和重点,加大企业技改投入,增强企业技术创新能力和产品竞争能力,在多功能、多用途客货运输船、旅游船、专用工程船、远洋捕捞船以及石油开采设备、渔机具等方面形成一定优势,提高市场占有率,进而带动海洋机械制造相关行业的发展。要加快企业的联合重组步伐,膨胀企业规模,以现有海洋机械制造骨干优势企业为基础,选择一批关联度强、产品市场前景好的企业,实施联合重组,建立大型船舶企业集团。在此基础上,探讨组建山东省船舶修造集团公司,优化资源配置,提高整体竞争力。今后一段时间,集中力量抓好烟台、青岛、威海三个沿海修造船基地建设,带动全省中小修造船业和船舶配套产品的发展。烟台以泰山造船公司和莱佛士船业公司联合体为龙头,组建国内一流、国际先进的建造特种工程船舶为特色的企业集团,重点发展海洋工程船、全回转支持船、工程供应船、高速电动船、高速豪华游艇,造船能力达到80—100万载重吨。青岛以搬迁后的北海船厂和灵山船业公司为中心,重点发展5000至万吨级机动船、海洋工程船、5000立方米以上液化气天然气运输船、万吨级客滚船、客箱船、玻璃钢全封闭救生艇等,形成我国重要的大型修造船基地,造船能力达到55万载

重吨。威海以黄海造船公司和威海造船厂为龙头,重点发展远洋鱿鱼钓船、超低温金枪鱼延绳钓船、玻璃钢冷海水保鲜金枪鱼延绳钓船、3000 吨级远洋捕捞加工船、万吨级以下多用途集装箱船、成品油和化工等船舶,形成以远洋捕捞船为主的建造基地,建成大洋捕捞渔船建造基地。以济南钢铁集团公司、济南、潍坊、淄博柴油机厂、青岛锅炉厂、青岛锚链有限公司为重点,大力发展船用中厚钢板、系列柴油机、锅炉、锚链、五金仪表等配套产品,形成年产 8000 台船用柴油机、40 万吨船用中厚钢板、5 万吨锚链的生产能力。力争到 2005 年,造船能力达到 200 万载重吨,产量达到 140 万载重吨;到 2010 年,造船能力达到 400 万载重吨,产量达到 280 万载重吨。

4. 发挥海洋油气和盐卤资源优势,加快海洋化工、石油化工行业发展

充分发挥山东省海洋油气资源优势和海洋盐卤资源优势,在搞好资源勘探与开采的基础上,进一步加大技术改造和结构调整的力度,大力发展深加工产品,实行规模化、集约化生产,搞好综合利用,提高产品的市场竞争力。胜利油田要依靠科技进步,不断提高勘探成功率和采收率,探明新的油气远景区和新的含油气层位,加大浅海埕岛油田开发力度,基本稳定石油产量,5 年实现采油 4321 万吨;配合国家搞好蓬莱 19—3 油田的开发工作,积极作好油田陆上基地的争取工作,使烟台成为油气开发基地。石油化工,重点向大型化、集约化、技术密集型发展。齐鲁石化作为骨干企业,乙烯由 50 万吨扩建到 70 万吨,配套发展多牌号的树脂、合成橡胶等合成材料及各种有机原料,提高加工深度;尽快启动青岛合资大炼油项目,配套建设 60 万吨乙烯项目;对胜利稠油处理厂、青岛石化、广饶石化等骨干企业的炼油装置进行改造,增加原油加工量,发展各类合成材料、有机原料和精细化学品。利用岚山、青岛、烟台的液体化工码头,进口原料,发展各具特色的石化产品加工区,力争"十五"后期和"十一五"期间有大的突破。纯碱生产,依托山东海化、青岛海湾两个企业,通过技术改造,着力发展低盐重质碱,提高重质纯碱比例。加大纯碱深加工产品的开发力度,开发生产过碳酸钠、硝酸及亚硝酸钠、白碳黑等系列产品,提高

产品附加值。"十一五"期间,重点建设山东海化集团 60 万吨低盐重质纯碱项目。烧碱生产,重点扶持规模在 5 万吨以上的氯碱企业,逐步淘汰能耗高、产品单一的小氯碱,引导氯碱工业向集约化方向发展。鼓励企业走碱盐联产和碱电热联产的路子,降低生产成本,提高市场竞争力。"十五"期间重点扩建改造鲁北化工集团、东营化工厂、齐鲁石化氯碱厂、青岛化工厂、潍坊化工厂的氯碱生产装置,增加离子膜烧碱的生产能力;扩建潍坊化工厂的氯化聚乙烯生产装置,提高规模化水平和效益。继续加大溴资源的调查勘探力度,着力发展溴系列产品,提高转化率。根据溴资源的分布情况,以海化、鲁北化工两大企业为骨干,在扩大制溴规模的同时,努力搞好企业技术创新,大力发展医药中间体、染料中间体、感光材料等多品种溴系列产品。重点建设山东海化中以合资溴化物项目、鲁北化工集团 5000 吨高纯氢溴酸项目和莱州 8000 吨溴素等项目,使我省成为全国重要的海洋化工生产基地。

5. 进一步完善港口功能,构建海上大通道运输体系

要围绕山东省经济国际化这个战略重点,以建设青岛为龙头的国际航运中心为目标,以港口建设为重点,优化沿海地区港、航、路结构布局,加快航运现代化进程,逐步建立起与其他运输方式相衔接、布局结构合理、功能较为完善的港口体系和水路、陆路运输体系。结合国家港口体制改革,将国家下放山东省的青岛、日照、烟台三大港口和省属港口全部下放到属地管理,加快沿海城市经济的发展。港口建设以优化布局和调整泊位结构为主,重点完善青岛、日照、烟台三个枢纽港口的配套设施,发展龙口、威海、岚山三个区域性港口,严格控制沿海中小港口布点。青岛港以建设第三代以上集装箱泊位为主,加快前湾三期工程建设,完善煤炭、矿石、油品等大宗散货运输系统,提高专业化水平,争取"十五"末集装箱吞吐能力达到 500 万标箱以上。烟台港要尽快建成三期工程,形成一定规模的集装箱吞吐能力,并以烟大铁路轮渡码头建设为契机,完善配套汽车轮渡码头,拓展以综合物流为中心的现代港口功能。日照港要尽快开工建设东港区三期工程,同时做好西港区一期和矿石码头的前期工作。龙口、威海、岚山三个区域性港口,要坚持量力而行的原则,在调整现有泊

位功能、充分挖掘既有泊位潜力的基础上,集中力量建设急需的深水泊位和专用泊位。进一步加强港口配套公路、铁路集疏运基础设施建设,"十五"期间,建成同三线山东段、青银国道主干线山东段、日东高速公路工程,建成烟大轮渡和码头等配套工程,建成并通车蓝村到新沂铁路,扩大沿海港口辐射范围,提高集疏港能力,形成沿海港集疏大通道。到2005年,沿海港口泊位达到253个,其中深水泊位100个左右,货物吞吐能力达到1.75亿吨左右,吞吐量2.4亿吨。到2010年,沿海港口泊位达到300个,其中深水泊位160个左右,货物吞吐能力达到3.2亿吨左右,吞吐量4.5亿吨。在加快港口建设的同时,大力发展远洋和集装箱运输,建立一支以远洋大型船舶为主、近远洋结合、大中小配套、船舶类型齐全、具有竞争力的现代化运输船队,努力壮大海上运输能力。通过建设山东国际运输团队,壮大海上运力规模。"十一五"期间,重点进行海洋运力结构调整,从追求总量规模的外向扩张型向注重质量的内涵提高型转变,坚持"控制总量、优化结构、鼓励更新、有序发展"的原则,进一步促进沿海船舶向大型化、专业化、现代化、年轻化方向发展,重点发展集装箱船、滚装船和客滚船。加速老旧船舶更新换代,降低船龄;加大海上客运向旅游化、舒适化、高速化、客滚化、区域化方向发展的力度,鼓励发展公、铁、水等多式联运。到2005年,运输船舶达到249万载重吨,客运量5.5亿人公里,货运量4200亿吨公里;到2010年,运输船舶达到380万载重吨,客运量8亿人公里,货运量7000亿吨公里。

6. 大力开拓旅游资源和市场,加快海滨旅游业的发展

充分挖掘我省丰富的自然资源和人文资源,以"走近孔子,扬帆青岛",打造"中国黄金海岸"名牌为目标,进一步完善海滨城市旅游规划,加大沿海旅游资源的整合力度,强化滨海大旅游观念,积极推进体制和管理创新,在资源开发、设施配套、市场开拓等方面打破地区壁垒,实施跨行政区划的区域合作开发,协同一致,密切配合,实现品牌共享、资源共享、市场共享,走大联合、大开发、大市场的路子,发挥整体效益,逐步形成具有竞争力的国际、国内著名旅游目的地。要进一步突出海滨风光和悠久的历史文化,在挖掘海洋文化特色上下工夫,联合开发符合21世纪人类

追求的生态旅游和文化、探险、海滨、渔村、渔业等特色观光旅游,着重抓好青岛薛家岛、烟台市区海滨、蓬莱水城、威海刘公岛四个全省旅游优先发展项目和示范项目开发建设,做好青岛中国奥林匹克水上运动中心、长岛"渔家乐"、栖霞牟氏庄园、牟平养马岛、威海世界渔村、荣成河口胶东民俗渔村、日照阳光世界、日照刘家湾赶海园等特色旅游项目建设,逐步提高青岛、烟台机场档次,搞好青岛、烟台、日照游船专用码头建设,开辟海滨各城市之间的专用观光旅游专线,提高海滨旅游的品位和档次,把青岛、烟台、威海、日照建成国内外知名的"黄金海岸"旅游线。要围绕风俗民情和深厚的历史文化,进行综合开发,以潍坊国际风筝会为龙头,加快建设多样化民俗旅游项目,开发民俗旅游系列产品,形成我国北方典型的民俗旅游地。做好古老黄河文化与海洋文明结合的文章,围绕黄河入海口景观和原始自然风光,形成自然生态旅游区。要进一步加强旅游综合配套设施建设,坚持"吃、住、行、游、购、娱"六大要素配套发展,高中低档设施相互补充,提高综合接待能力。要在开发客源市场上下工夫,充分发挥青岛奥运分会场的奥运效应,策划组织好青岛啤酒节、烟台葡萄酒文化节、荣成渔民节、日照太阳节等有影响的节事活动,加大宣传促销力度,提高接待服务水平和质量,重点抓好日本、韩国、东南亚等周边市场以及欧美市场的开发,加强省内和京、沪、粤、东北和周边市场的开拓力度,形成全方位的客源市场开发新格局。到 2005 年,争取达到接待境外游客84.3 万人次,创汇 5.35 亿美元;接待境内游客 5800 万人次,旅游收入460 亿元;到2010 年,争取达到接待境外游客 261 万人次,创汇 14.6 亿美元;接待境内游客 8500 万人次,旅游收入 978 亿元。

7. 以海洋生物工程建设为突破口,大力发展海洋高新技术

充分利用我省丰富的海产资源,努力发展海洋生物化工和制品。以海洋生物活性物质提取为突破口,加强基础研究和技术开发,加强医用海洋动植物的养殖和栽培。针对人类重大疾病如肿瘤、病毒、免疫疾病、心脑血管疾病等,开发一批具有自主知识产权的新型海洋药物;积极开发抗衰老、调节免疫功能、儿童保健、耐缺氧、抗疲劳的保健型、功能型海洋食品和具有特殊功能的海洋生物生态化妆品。"十五"和"十一五"期间,以

山东洁晶集团、国风药业集团、山东鸿洋神水产科技有限公司、鲁北药业集团为主,重点开发海洋抗癌药物、岩藻聚糖硫酸脂、文蛤多糖等新型海洋药物和脑营养物系列产品、氨基酸海鲜精、褐藻酸钠等营养保健食品及添加剂,力争有3—5种海洋新药和10多种医用材料实现产业化,把青岛、威海建设成我省重要的海洋生物工程基地。要加大高新技术在海水综合利用方面的产业化水平,重点在三倍体育苗与养殖、全雌育苗与养殖、耐海水植物育种和种植、海水直接利用、氨基低聚糖农作物抗病增产剂、均相膜规模化生产、十溴二苯基乙烷制备、补强型氢氧化镁阻燃剂等技术的产业化上下工夫,力争"十五"期间形成规模,"十一五"有较快发展。同时,开工建设烟台日产16万吨核能海水淡化项目,缓解沿海城市淡水资源短缺的矛盾。

## 五、海洋经济空间布局

### (一)海洋经济空间布局的基本思路

山东海洋经济发展要以半岛港口为轴心,以海域和海岸带为载体,以港兴城,以海促陆,以陆兴海,陆海一体,梯次推进,全面发展,包括发挥半岛沿海区位、资源、科技、开放优势在内而形成的大海洋经济。

发展格局:以青岛、烟台两个国家沿海开放城市为"龙珠",以东营、潍坊、滨州、日照为"两翼",搭起半岛海洋生态带、半岛海岸带经济带、半岛城市带、半岛国际旅游度假带的骨架,翘起山东腾飞的"龙头"。

半岛城市带建设,要按照城市规划美、建筑艺术美、自然生态美的原则,高标准规划、布局,其建筑风格要新颖独特,富有个性,形成山耸城中、城随山转,海围城绕,城与岛连,融山、城、滩、岛、海于一体的海洋生态城市、海洋花园式城市。半岛海岸带经济圈建设,要充分发挥区位优势,进一步增强大局意识和协作观念,坚决打破地域分割消除市场壁垒和体制性障碍,增强集群竞争力,在更高水平上参与国内外市场竞争与合作,把半岛沿海地区建设成为环渤海经济圈、东北亚经济圈乃至太平洋经济圈最具发展活力和竞争力的地区之一。

青岛市以建设国际港航中心为依托,以胶州湾为载体,发展港口、海洋、旅游三大特色经济,增强城市功能,膨胀城市规模,建设"品"字形大青岛,进入全国特大城市行列;烟台在现有城市格局的基础上建设全国特大海滨城市。要充分发挥半岛东端港口密集、县域经济实力雄厚以及与韩国、日本隔海相望,贸易关系密切的优势,着力培育其集群竞争力。可以在适当时间将烟台、威海重组为大烟台,通过半岛东段高速公路整合,突出其港口群优势,把龙口、招远、蓬莱、长岛、莱阳、海阳、乳山、荣成、文登、建成大烟台的卫星城,形成半岛东端城市群和港口板块经济凸起带,使大烟台与青岛形成比翼双飞格局,成为半岛大龙头名副其实的两只耀眼夺目的"龙珠"。突出潍坊莱州湾区域中心城市的地位,从建设大潍坊的战略高度,可考虑把烟台的莱州市划归潍坊市管辖。通过扩大建设莱州港,来进一步增强城市功能,培养其核心竞争力,把潍坊建设成我国北方最大的海洋化工城和莱州湾畔明珠大都市;突出东营石油城和黄河三角洲开放开发区的优势地位,从建设大东营的战略高度,实施西部地区人口东移战略,大幅度增加城市人口,膨胀城市规模,建设区域性中心城市和中国北方海洋石油大都市,拉动纵深沿黄经济带的崛起。发挥欧亚大陆桥头堡优势,对石臼、岚山两港整合,把日照亚欧桥头堡建成生态港口城、大学科技城和现代新兴工业城;把滨州建成黄河三角洲最大的陆海一体的海洋特色农牧化基地和新兴工业基地,滨州的发展方向是融入济南,使省会成为沿海城市,滨州也获得更大的发展空间。

(二)海洋经济空间布局重点

"十一五"至 2020 年,要坚持依靠科技进步,实施产业化经营、多元化投入、规模化发展、市场化运作,突出重点,整合优势,加大产业结构调整力度,改造传统产业,膨胀主导产业,提升优势产业,培植新兴产业,实施强势突破。通过实施"四大工程"来构筑"四个半岛带",打造循环经济,实现半岛沿海地区生态、经济、社会的高度协调发展,建成世界一流的海洋经济区。

1. 实施海洋农牧化工程,构筑半岛海洋生态带

生态环境是资源、是资产、是潜在的发展优势和效益。就全国而言,在经济快速增长的条件下,污染物排放总量还在增加,生态环境恶化的状

况尚未根本改观。当前我省海洋生态环境总体上是良好的,局部生态环境破坏继续加剧。陆源污染排放对海洋生态造成严重影响,渤海每年接纳陆源污水 28 亿吨,各类污染物 70 多万吨,在海湾底泥中汞和锌的含量超标 100 到 2000 倍。近岸海域生物多样性降低,传统渔业资源严重衰退。莱州湾生态环境遭到严重破坏,海水成深黑色,臭气冲天,鱼虾类产卵场呈荒漠化。海洋生态环境问题成为半岛社会经济发展的重要制约因素。构筑建设半岛海洋生态圈是建设半岛海岸带经济圈、城市圈和国际旅游度假圈的重要前提和基础。要发挥半岛沿海地区的龙头作用,建设"大而强、富而美"的社会主义新山东,必须把综合治理海洋生态环境,作为重中之重的硬任务来完成。要着力于海洋农牧化工程建设,积极推进生态建设产业化、经营管理市场化、城乡环境生态化,在半岛沿海形成以循环经济为核心的生态环境体系、可持续发展的自然资源保障体系、山海秀美的生态环境体系,全面增强半岛地区经济社会的可持续发展能力,实现半岛海洋生态环境整治和生态渔业的新突破。要通过建设半岛海洋生态保护区、生态渔业经济带,来完成半岛海洋生态圈的建设目标。

(1)半岛海洋生态保护区建设。主要抓好三个方面:一是海洋自然保护区建设。要以维护海洋生物多样性,保护海洋生态良性循环为目标,加强珍稀海洋生物的保护和自然保护区的建设,争取半岛建立 30 多处海洋自然保护区和 20 多处国家级生态示范区,保护面积由现在的 46 万公顷扩大到 150 万公顷以上。二是生态渔业区建设。控制近海捕捞强度,逐年实施减船转产工程、捕捞限额度制度和渔船强制报废、国家赎买制度,扩大人工增殖放流,把渤海建成中国的"濑户内海"似的海上大牧场。大力发展以垂钓、赶海观光和体验渔家风情的休闲渔业和假日渔业,全省建设垂钓基地 1000 处以上。要全面实施"海底森林"营造工程,在渤黄海岩礁地带营造 10 万亩以上海底藻类长廊,在渤黄海营造两个大型人工渔礁区,有效改善海洋生态环境质量,营造良好的鱼虾贝藻等海洋生物栖息生长环境。三是海洋环境功能区建设。要认真实施《渤海碧海行动计划》、《渤海综合整治规划》和《山东省碧海行动计划》,尽快出台《山东省海洋环境保护条例》,加大海洋环境保护工作力度,强化海洋环境的监督和保护。要按照《山东近岸海域环境功能区划》、《山东省海洋功能区划》要求,实行重点海域排放总量控制制度。建立健全海洋环境监督监测网络,实施例行监测和应急监测,定期发布海洋环境质量公报。"十一五"期间,到2010年全省 COD 入海量控制在15万吨以下,总磷和总氮分别控制在0.6万吨和2.5万吨,使近岸海域环境功能区水质基本达标,海洋生态环境显著改善,使半岛海洋生态区成为生态大省的一个亮点。

(2)半岛生态渔业经济区建设。充分发挥海洋生物资源优势,走循环经济发展之路,建立半岛三大生态渔业经济区。根据半岛不同的海域地质条件,分为西部沿海生态渔业经济区,即渤海湾至莱州湾泥沙质滩涂生态渔业经济区;南部沿海生态渔业经济区,即黄渤海岩礁区生态渔业经济区。在三个经济区内发展生态型、标准化、无公害养殖,建立高效海水健康养殖、池塘养殖、工厂化养殖基地,建立海水人工增殖基地、深水抗风浪网箱养殖基地和大型游钓基地。西部沿海生态渔业经济区,要发挥其泥沙质滩涂优势,建立400万亩滩涂贝类精养基地和100万亩上粮下鱼(虾)基地。中部沿海生态渔业经济区,要发挥岩礁海域优势,建立100万亩海水扇贝、海带贝藻间养基地,建立400万平方米工厂化和大棚等名优养殖基地。在岩礁海域建设20万亩精播海参区,20万亩鲍鱼底播区,建立半岛优势海珍品、对虾及名优海水鱼养殖产业区,形成规模效益。建立渤黄海大面积网箱养鱼基地和抗风浪深水网箱商品鱼基地。南部沿海生态渔业经济区,要建立日照、青岛国家和省级原、良种和育苗基地。建立一批名优水产养殖示范基地。建立1000万亩人工海上牧场,开展池塘养殖和中国对虾、日本对虾、乌贼、海蜇四大品种人工放流增殖。到2010年三个生态渔业经济区的产品产量达到280万吨以上,实现产业增加值120亿元以上。

(3)半岛渔业创汇基地建设。渔业是我省重要的创汇产业,在全国渔业系统和省大农业中举足轻重。要通过优化投资环境,外向带动,实施加工标准化、原料基地化、经营外向化和发展远洋渔业、实施多元化市场发展战略来实现创汇渔业的新突破。重点加强三大创汇基地建设。

一是远洋渔业创汇基地建设。要紧紧抓住国家扶持远洋渔业发展的机遇,积极实施"走出去"战略,把远洋渔业作为我省优先发展的重点,大力发展超低温延绳钓船和围网船组等大洋性渔船。在巩固现有西非、北太平洋渔场的同时,重点开辟西南太平洋、南大西洋渔场。争取到2010年,全省远洋渔船发展到300艘,其中大洋性渔船200艘,产量20万吨,产值24亿元以上。

二是无公害水产品加工创汇基地建设。以高科技为先导,全面实施"无公害水产品行动计划"重点搞好鱼、虾、贝、蟹等名贵海产品的保活保鲜和藻类、低质鱼虾类的深加工。开发多样化、系列化、标准化的方便系列食品,拓展大中城市市场。要以日韩欧美贸易加工区为重点,按照国际标准新建水产食品加工出口贸易园区30余个,加工面积达到30万平方米,形成具有半岛特色的水产品加工出口产业带。到2005年,全省水产品精深加工能力达300万吨以上,经营收入突破5亿元的企业达到15家以上。

三是渔业流通创汇基地建设。加快市场体系培育,完善市场流通。按照现代物流理念,建立完善水产品市场信息网络,积极发展代理配送、连锁经营、竞价拍卖、订单渔业、网上交易等新型营销方式,使之成为全国有影响的配套成龙的现代化水产品集散市场。十五期间重点抓好石岛、日照、海阳等大型水产品批发市场建设,到2010年,形成20处年交易额过20亿元的大型水产品批发市场。全省现有渔业外资企业1270多家,获得入境检疫局注册的企业400多家,获HACCP认证的企业200家,其中欧盟注册100家。按照扶优扶强的原则,加大对外向型龙头企业的扶持力度,扶持出口创汇超千万美元水产加工龙头企业50家。进一步巩固亚洲传统出口创汇龙头企业,引导更多的企业获得进入国际市场的通行证,建成一批创汇企业群体。加强国际鲜销渔业基地建设,全省鲜销渔船控制在100艘左右,大幅度增加海上鲜销总量。到2010年水产品进出口总额达到45亿元美元以上。

2. 实施临海工业工程,构筑半岛海岸经济带

沿海工业是依托海洋区位优势,以港口为载体的新型工业体系。它既是海洋特色经济,又是港口板块经济的重要组成部分。全面有效地利

用海洋资源和海岸带优势,努力扩大临海工业规模,优化产业和产品结构,是构建以港口为依托的半岛海岸经济带的关键所在。临海工业,2010年重点抓好科教产业城和四大基地建设。

(1)建设半岛海洋科教产业城。充分发挥我省半岛科教力量雄厚优势,大力实施"科教兴海"战略,提高海岸带产业的竞争力,全面拉动产业升级。要进一步整合全省海洋科技资源,科企联姻,建立青岛国家海洋科教中心、日照大学城、威海渔业科技城和一批国家重点实验室、工程技术中心、搞技术示范基地,把青岛建成集基础研究、应用开发、技术推广于一体的海洋科教产业城,辐射带动全省海洋科技的发展。要组织优势力量,强化优势集成,围绕海洋精细化工、船舶制造技术、海洋生物工程、海水利用技术、海洋生态技术、海洋病害防治、减灾防灾等重点领域研究攻关,突破一批产业化关键技术,搞好技术储备,增强海洋产业竞争力。

(2)建设半岛船舶工业基地。振兴海洋机械制造业是临海工业的一个亮点,在国民经济116个产业部门中,船舶工业对其中的97个部门有关联作用,发展船舶制造业对拉动经济增长和劳动力就业作用巨大。山东处于日本、韩国和中国构成的世界造船业"金三角"的中心,山东制造业体系完备,要抓住造船业东移的战略机遇期,建设以青岛、日照为中心的特种船生产基地和以烟台、威海为中心的远洋专用运输船生产基地。

(3)建设半岛海洋化工生产基地。要发挥海洋油气和盐卤资源优势及块海洋化工、石油化工业的发展。要以胜利油田、齐鲁石化、山东海化、鲁北化工等重点企业为骨干,加大浅海油气田的开发力度。要积极配合国家搞好蓬莱19—3油田开发工作,争取烟台成为新的海洋油气开发基地。石油化工向大型化、集约化、技术密集型发展。齐鲁石化乙烯由50万吨扩建到70万吨,启动青岛合资大炼油项目,配套建设万吨乙烯项目。大力发展低盐重度碱,提高重质纯碱比例,"十一五"期间在重点建设山东海化集团60万吨低盐重质纯碱项目的基础上,继续加大溴资源的勘探开发力度,重点扩建改造鲁北化工集团、东营化工厂、齐鲁石化氯碱厂、青岛化工厂、潍坊化工厂等厂家的生产能力。着力发展医药中间体、染料中间体、感光材料等多品种溴系列产品。争取5年内重点建设山东海化中以合资溴化物项目、鲁北化工集团5000吨高纯氢溴酸项目和莱州8000吨溴素等项目。力争到"十一五"末,使我省成为全国重要的海洋化工生产基地。

(4)建设半岛海洋生物工程基地。要充分发挥半岛海洋科教优势,以高科技园区为载体,以洁晶集团、国风药业集团、山东鸿洋神、鲁北药业集团等骨干企业为龙头,产学研相结合,以海洋生物工程建设为突破口,大力发展海洋高新技术,开发一批具有自主知识产权的新型海洋药物以及保健型、功能型海洋食品和具有特殊功能的海洋生物生态化妆品。"十一五"期间,重点开发海洋抗癌药物、岩藻聚糖硫酸脂、文蛤多糖等新型海洋药物和脑营养物系列产品、氨基酸海鲜精、褐藻酸钠等营养保健食品及添加剂,力争有10种或更多的海洋新药和10多种医用材料实现产业化。把青岛、威海建成我国重要的海洋生物工程基地。

(5)建设半岛新兴工业基地。充分发挥半岛区位优势,扩大利用外资规模,吸引更多的世界500强企业到半岛安家落户,带动半岛特色经济的发展,促进半岛在电子家电、钢铁、汽车、新材料等产业化基地和加工制造业基地建设上有新的突破。要把招商引资和发展加工贸易作为扩大对外开放的突破口。青岛、烟台、威海、日照等市要充分利用港口地缘优势和经济互补性强、合作基础好的有利条件,加速与日韩合资合作,承接国际产业转移。要以各类经济园区建设为重点,大力引进国外先进技术、关键设备和原材料、搞好产品配套、延伸生产链条,形成一批特色产品集聚区,实现产品的大进大出。

3. 实施港航工程,构筑半岛城市带

港口的龙头地位极强,一个港口能带动一个城市的振兴,形成港口板块经济和区域经济带。山东半岛地区背靠欧亚,面临太平洋,半岛地区现有交通港口26处,港口密度居全国之首,拥有生产泊位43个,青岛、烟台、威海、日照等对外开放港口17个,国际航线遍及五大洲100多个国家和地区。半岛沿海众多的港口不但振兴了港口城市,也繁荣了半岛沿海经济。

实施港航工程,打造半岛城市带。要坚持"四动":港口推动。发挥半岛港口优势的核心,是整合优势,凝聚力量,加速半岛港口群的优化升级,大幅度提高城市化水平。要围绕全省经济国际化和提高城市化这个战略重点,以建设青岛和大烟台为龙头的国际航运中心为目标,以港口建设为重点,集中财力,整合优势,统筹规划,高起点,高水准,大中小配套,建设具有现代化水准的半岛港口群,聚集沿海城市人口,膨胀半岛城市规模,增强城市功能,形成以港口城市为龙头的板块经济带,拉动半岛城市圈的崛起。要充分发挥我省渔港星罗棋布的优势,建设现代渔港经济区。渔港经济区是渔区经济、文化的中心,是一、二、三产业聚集、带动与辐射渔区经济发展的杠杆,是渔区物流、人流、资金流、信息流的平台,是渔区城镇化、渔区经济繁荣、渔民小康的重要标志。通过加大渔港基础设施的投入,在建设现代化渔港的基础上,结合集镇建设和产业聚集形成以渔港为龙头、集镇为依托、渔业产业为基础,集渔船避风补给、水产品集散与加工、休闲渔业和海滨旅游、集镇建设和渔民转产转业为一体,产业层次高,结构优、辐射带动明显的现代渔港经济区,对实现“渔区城镇化、渔业产业化、渔港产业多元化、渔港现代化”,带动 110 个渔港经济区内数百万人提前 10 年进入小康社会。园区拉动。要抓住经济开发区和园区建设,实施沿海城市的规模扩张,以新兴城区建设来拉动城市化的提高。产业带动。围绕扶持和培育具有比较优势的二、三产业,努力提升产业层次和水平,建成以现代制造业,电子信息业、海洋生物工程为重点的高新技术产业带,以新型工业化带动半岛城市化的提高。开放促动。优化营造环境,更大规模、更深层次、更高水平地扩大开放,加大招商引资力度,借外力促发展,不断聚集城市的人流、物流、信息流,以开放促进半岛城市化水平的提高。通过以上战略打造,使半岛黄金海岸矗立起一座座现代化、美丽的海滨城市。

　　港航建设,要紧紧跟 21 世纪世界港口的发展潮流,强化自身竞争优势,向世界集装箱装卸中心和综合物流枢纽中心方向发展。国际多式联运是未来全球运输发展的主导方向,是物流全球一体化的重要表现。现代物流业的发展将使未来港口的综合化功能得到加强。要充分利用我省港口群优势,突破传统的中转和产品分拨运输功能的限制,向提供全方位的附加增加值功能发展,成为集物流、商流、资金流、信息流、技术流、人才流为一体的战略基地,从而促进和带动我省港口板块经济的快速形成与发展。要优化沿海地区港、航、路结构布局,加快航运现代化进程,逐步建立起与其他运输方式相衔接、布局结构合理、功能较为完善的港口体系和水路、陆路运输体系,构建现代化海上高速公路。要加强港口配套高速公路、铁路集疏运输基础设施建设,逐步建成同三线山东段、青银国道干线山东段、日东高速公路工程、烟大轮渡和码头配套工程,建成并通车蓝村到新沂铁路,扩大沿海港口辐射范围,提高集疏港能力,形成沿海港集疏大通道。要以重点开放港口为基点,大力开发建设我国南北海上通道,争取国家尽快启动建设烟台—大连跨海火车轮渡、蓬莱—长岛—旅顺南桥北隧工程,建成大流量的渤海海峡通道。为适应半岛城市圈的需要,在半岛建设一个具有国际水准的航空大港。利用世界大洋航线,巩固和发展与我省沿海港口的海运联系,开辟新航线,形成内接腹地、外联五洲的国际化海运网。在加快港口建设的同时,大力发展远洋和集装箱运输,建立一支以远洋大型船舶为主,近远洋结合,大中小配套,船舶类型齐全,具有竞争力的现代化运输船队,壮大海上运力规模。争取"十一五"期间,运输船舶达到 250 万载重吨,客运量 5.5 亿人公里,货运量 4500 亿吨公里。

4. 实施滨海旅游工程,构筑半岛国际旅游度假带

要紧紧抓住本世纪前 20 年重要战略机遇期,适时推出半岛安全国际旅游度假名牌,广泛吸引国外旅客,打造半岛国际旅游度假新格局。要坚持高标准、全方位、大规模开发沿海旅游资源,重点发展国际旅游,积极发展国内旅游,形成集人文景观、自然景观和海洋景观为一体的旅游、观光、娱乐、康复、度假、避暑、国际会展等现代综合旅游经济,把半岛建成享誉海内外的国际旅游度假圈。充分挖掘我省丰富的自然资源和人文资源,以"走进孔子,扬帆半岛"打造"山东半岛黄金海岸"名牌为目标,高标准完善半岛城市圈的旅游规则,加大半岛旅游资源的整合力度,树立滨海大旅游观念,实施跨行政区划的区域合作开发,实现品牌资源、市场共享、走大联合、大开发、大市场的路子,发挥整体效益,培植具有竞争力的国际、国内著名旅游胜地。要突出半岛海岸带、海岛风光、悠久历史文化和海洋

文化,开发人类崇尚追求的生态游以及文化、探险、民俗风情、海上游乐等特色观光旅游。重点抓好薛家岛、蓬莱水城、海上仙岛长岛、刘公岛、烟台市区海湾等示范项目开发,做好青岛中国奥林匹克水上运动中心,长岛渔家乐、牟平养马岛、威海世界渔村、荣成河口胶东民俗渔村、日照阳光世界等等特色旅游服务项目建设。要提高半岛旅游品位和档次,把青岛、烟台、威海、日照建成国内外知名的旅游胜地。要围绕深厚的历史文化和风俗民情,进行综合开发,以潍坊国际风筝会为龙头,加快建设多样化民俗旅游项目,开发系列产品,形成北方特色的民俗旅游地。做好古老黄河文化与海洋文明结合的文章,围绕黄河入海口景观和成山头的天尽头原始自然风光、大天鹅自然保护区,形成自然生态旅游区。要策划组织好青岛海洋节、啤酒节、烟台葡萄酒文化节、荣成渔民节,长岛妈祖庙灯会、日照太阳节等有影响的节庆活动,旅游搭台,海洋特色经济唱戏。

(三)建设各具特色的海洋经济区

1. 黄河三角洲油气开发区和高效生态经济区

本区西起滨州地区的大口河口,东至潍坊小清河口,属淤泥质平原海岸,多沙洲,泥质滩涂广泛发育。包括滨州的无棣、沾化两县和东营市的河口区、东营区以及垦利、利津和广饶两区三县,大陆岸线589千米,具有大面积的潮间带滩涂。

优势海洋资源是油气资源和滩涂贝类。区内海陆石油、天然气资源丰富,东营市是我国主要的海上油气开发基地之一;大面积的泥质滩涂和黄河口区域蕴藏着丰富的海洋渔业资源,为海洋渔业的稳定发展奠定了基础;另外滨州港和东营港构成区内海上交通的主要通道和海上油气资源开发基地。

未来海洋经济发展重点是:重点勘探开发黄河口西部、蓬莱19—3油气区,争取尽快实现山东海上油气资源开发的突破;强化渔业资源可持续发展,实现滩涂贝类资源的农牧化经营和海水养殖的规模化、集约化生产;调整区内海盐生产能力,发展海洋化工产业;强化海洋生态意识,加强自然保护区建设和滨海生态旅游的发展。

2. 莱州湾海洋精细化工产业区

本区西起小清河口,东至龙口市屺姆岛高角,其中小清河口至莱州市虎头崖属淤泥质平原海岸,泥质滩涂广泛发育;虎头崖至屺姆岛为岩石海岸,礁岩、沙滩广泛分布。本区包括潍坊的寒亭区和寿光、昌邑两县和烟台的莱州、招远两县的全部和龙口市的一部分,海岸线长约300千米。

主要资源包括海水资源、地下卤水、海洋渔业资源等,是山东乃至全国重要的海盐产区和盐化工基地。以山东海化、鲁北化工等大型化工企业为龙头的纯碱、烧碱、溴素提取等生产均居国内前列。

未来海洋经济发展重点是:对流入莱州湾的主要河流,如小清河、弥河、潍河、胶莱河等采取有效治理措施,从根本上缓解河流污染物对莱州湾海域水质的影响。优化海盐生产结构,提高海盐生产效率,加强对海盐化工企业的升级改造,逐步实现盐化工企业的规模化、集聚化生产经营,提升生产工艺的科技含量,加大海洋精细化工产品的比重;调整渔业结构,实现莱州湾海洋渔业资源的稳定发展,在保证环境质量的前提下,进一步扩大海水养殖规模和提升海水养殖质量;稳定滨海金矿开采,做好龙口海底煤矿的前期环境评价和开发准备工作;改造潍坊港、莱州港和龙口港,提升港口功能。

3. 烟台、威海海岸带海洋经济区

(1)烟台新兴海洋工业区

本区北起烟台市八角,东达威海初村,以基岩海岸为主,包括烟台市区、牟平和烟台经济技术开发区,海岸线总长167.6千米。优势海洋资源是旅游资源、港口资源和渔业资源。区内包括烟台港、八角深水大港预留区,金沙滩、养马岛两个省级旅游度假区,海洋开发基础好,海洋经济比较发达。

海洋经济主要发展方向为:积极发展船舶制造业、海洋工程设备制造业、海洋水产品精深加工等临海工业;在维护生态平衡的前提下,调整海洋捕捞业和海水养殖业,鼓励发展远洋渔业,控制并提升近海养殖业层次,实施近海养殖精品工程;强化烟台深水大港建设,提高烟台港综合发展水平;以海洋科技为先导,大力发展海水综合利用;搞好综合规划,发展滨海特色旅游。

（2）威海渔业工业区

本区北起威海与烟台交界的初村，东达成山头，南至靖海湾，包括威海市区、刘公岛、荣成市，海岸线总长 673 千米，主要为礁岩海岸，海湾众多，自然及文化遗产丰富。主要优势资源为海洋渔业、滨海旅游、港口运输。区内包括威海港、龙眼港和石岛港三个国际开放港口，其中石岛港是我国北方最大的渔港。

未来海洋经济主要发展重点是：加强海洋渔业整体规划布局，调整海洋捕捞和海水养殖结构，重点发展远洋渔业和海珍品养殖，实现海珍品的规模化、集约化和生态化养殖；规范养殖生产，提高海水养殖的科技含量，逐步淘汰传统的粗放式养殖方式，减少养殖对海岸带环境和滨海湿地、沙丘的破坏，利用基因工程等高新技术手段提升海水养殖的竞争力；推动海洋生物技术的应用，加强海洋水产品精深加工产业的发展和海洋保健食品和功能食品的开发力度；保证港口建设和旅游用海，促进海上运输和滨海旅游经济的健康协调发展；进一步强化威海市国际旅游度假城市的建设，完成威海环海公路的建设，深化刘公岛、成山头旅游管理体制改革，推动滨海观光旅游的持续稳定发展，同时在重点开发环翠旅游度假区、天鹅湖旅游度假区和石岛旅游度假区三个省级旅游度假区的基础上，进一步开发孙家疃旅游度假区、虎头角旅游度假区、绿岛湖旅游度假区和虎山旅游度假区；积极引进国内外资金，开发利用海洋能。

4. 青岛国际航运及海洋高新技术产业区

本区西起日照与青岛交界的黄塘湾，东至青岛与莱阳交界的丁字湾，包括青岛市区、黄岛经济开发区以及即墨、胶南、胶州三市，分为三个组团，一是环胶州湾组团，从团岛到薛家岛的环胶州湾一线，海岸线长 230 多千米，区内包括青岛港、前湾港在内的多个具有万吨深水码头泊位的港口群；东部组团自团岛以东至即墨与莱阳市分界处，海岸线长 320 多千米，滩涂面积 48 平方千米，青岛前海风景旅游区、崂山国家风景名胜区和石老人国家旅游度假区都在本区内，是青岛滨海旅游发展的核心区；西部组团从薛家岛脚子石至胶南市与日照市交界处，海岸线长 280 余千米，滩涂面积 78.6 平方千米，是青岛未来船舶制造、临海工业和海水养殖的重点发展区域。

主要优势资源为港口资源和滨海旅游资源,未来海洋经济发展重点是:加强国际合作,推动青岛港老港区改造和前湾新港深水码头的开发建设,建设青岛东北亚航运中心和国际货物周转基地;以海西湾船舶修造基地为中心,加快青岛船舶制造基地的建设,优化产业结构,提升国际竞争力;完善旅游景区和景点的开发建设,以 2008 奥帆赛为契机,促进海上运动休闲产业的发展,规划开发游艇码头,开辟海上旅游航线,完成滨海旅游大道建设。搞好灵山岛和大公岛海洋保护区建设,推动滨海旅游的海陆并举;调整渔区经济结构,在重点滨海旅游区控制对海洋环境造成破坏的海水养殖发展力度,并逐步缩小养殖规模,提升养殖科技含量,发展以海洋生物工程苗种培育、海水工厂化养殖等高科技含量的产业类群,建设青岛国家科技兴海示范基地;积极推动海洋药物和海洋保健食品的应用研究和产业化生产、海水资源综合利用技术的研究与开发以及海洋仪器仪表、海洋防腐防污涂料等海洋化工产品的开发研究,建设青岛海洋高新技术产业基地。

5. 半岛生态经济区

(1)黄河口湿地保护。针对黄河三角洲湿地生态系统因断流、改道引起的输水、输沙量、湿地面积和生物物种逐年减少的情况,组织开展淮河口海洋生态调查,采取有针对性保护措施。建设和加固防潮堤坝,防止风暴潮侵袭。加强湿地保护区管理,防止石油污染。

(2)文登—乳山—海阳生态试验区

本区西起丁字湾,东至靖海湾,包括威海市的文登、乳山两市和烟台的海阳、莱阳两市,海岸线长 589 千米,礁岩和沙滩交互分布,具有多处天然的万米沙滩,自然环境优美。原始海岸环境保持相对完好,具有保存完好的沿海防护林带。主要优势资源的海洋渔业和环境资源,适宜开展海水健康养殖和生态旅游。

未来海洋经济发展重点是:重点保护海阳凤城万米沙滩、乳山银滩、文登小观金滩等优质沙滩资源,制订综合的保护及开发规划,科学适度地开发凤城省级旅游度假区和银滩省级旅游度假区;规划建设环海旅游观光公路,五龙河口湿地、乳山河口湿地、黄垒河口湿地和母猪河口湿地保护区,大乳山自然保护区和沿海防护林带保护区,控制海水养殖对湿地和原始海岸沙坝和防护林带的破坏,逐步恢复原有的河口湿地景观,进一步完善沿海防护林带体系,开展滨海生态旅游、民俗旅游和休闲渔业;调整海洋渔业结构,投放人工渔礁,配合休闲渔业开发,实施海洋农牧化,恢复近海渔业资源;提升海水养殖层次,逐步降低传统的粗放式池塘养殖方式对原始海岸带环境的破坏,实现海水养殖的生态化经营;适度开展海洋能源开发,以潮汐能、波浪能利用为重点,并在环境允许的前提下,谨慎开发核能利用,实现本区的绿色能源开发。

(3)日照生态经济区

本区东起日照与青岛交界的黄塘湾,西至绣针河口。海岸线长94.9千米,潮间带面积50.6平方千米,主要为沙质海岸,具有优质的海滨沙滩、沿海防风林带资源和中国北方最大的泻湖。本区海域环境优良,适宜开展海珍品养殖和发展滨海旅游业。目前已建设有欧亚大陆桥头堡功能的枢纽石臼港,省级旅游度假区和国家级滨海森林公园各一处。

未来海洋经济发展重点是:进一步完善石臼港和岚山港的功能,积极开拓港口腹地和货源,配合青岛国际航运中心的建设,实现石臼港亚欧大陆桥头堡的地位和功能;完善前三岛海洋保护区、万平口泻湖和海滨国家森林公园的建设和保护工作,重点开发建设山海天省级旅游度假区,环海旅游公路,推动日照滨海民俗旅游和度假休闲游的发展;调整海水养殖结构,实现海水养殖的生态化清洁生产,从根本上缓解海水养殖对沿岸海域环境的不良影响,以实现海滨生态环境的良性循环,推动日照滨海旅游的持续发展。

6. 海岛经济区

山东近海共有海岛326个,除了前面产业布局中已提及的庙岛群岛和刘公岛外,还有293个分布在山东沿海的7个地市,其中:滨州89个,主要为沙质岛,具有丰富的地下卤水和滩涂贝类资源;烟台市44个,大多为基岩岛,适宜海珍品养殖和旅游开发;威海市86个,全部为基岩岛,适宜海珍品养殖和海洋能利用;青岛市68个,多为潮间岛、岛连岛和人工陆连岛,全部为基岩岛,具有丰富的海洋渔业和滨海旅游资源;日照9个,均为基岩无居民岛,岛屿周围海域具有丰富的海洋渔业资源,适宜刺参等海珍品的增养殖。从山东近海各海岛的资源状况来看,其资源优势主要体现在海岛周边海域的海洋渔业资源和自然风光,但大多数岛屿面积小,缺乏淡水,生态系统脆弱;少数有居民大岛有一定的资源优势,但受到环境、能源及交通等的影响,经济基础薄弱,制约了海岛的进一步发展。

(1)庙岛群岛及其临近海域经济区

本区域范围包括庙岛群岛周围海域和蓬莱毗邻海域。海岸线长146.26千米,其中大陆岸线长86.26千米,32个基岩岛屿分布于整个渤海海峡,毗邻海域面积5800平方千米。本区是我国刺参、皱纹盘鲍、栉孔扇贝、紫海胆、魁蚶等多种海珍品的主要产地;蓬莱阁、长岛半月湾等是著名的旅游胜地,现有国家级自然保护区一处,省级自然保护区两处。

未来海洋经济发展重点是:进一步加强海域环境综合治理,突出自然保护区和旅游码头建设,完善海陆通道布局,积极发展以蓬莱阁为主的,以长岛渔家风俗文化、休闲渔业和长岛国家森林公园为辅的滨海旅游业;调整水产养殖结构,推动渔业保护区和生态养殖区规划建设,重点发展海参、鲍鱼、海胆等海珍品工厂化养殖和底播增殖,开展环境友好的健康养殖。其中,南五岛以贝类、鱼类增养殖为主,北四岛以刺参、盘鲍、栉孔扇贝、紫海胆等海珍品增养殖为主;引进国内外先进技术,积极开发海水淡化和海洋能利用产业。

(2)海岛及邻近海域经济区。

加大海岛和跨海基础设施建设力度,加强重点岛屿的绿化建设,提高其水源涵养功能,开发风能和潮汐能利用;调整海岛渔业结构和布局,重点发展海珍品增养殖,建设海岛海珍品增养殖示范基地;推广海水综合利用,建立各类海岛保护区,在确保海岛生态和海岛及周边海域自然环境得到保护的前提下,发展休闲渔业、娱乐度假和特色生态旅游。

根据不同海岛资源的特点,进行科学规划,逐步形成各具特色的海岛开发功能区:以生态和自然景观保护为主,设立或完善省级自然保护区建设,兼顾生态旅游和渔业开发功能的海岛开发区,包括:无棣棘家堡子岛、海阳千里岩岛、荣成海驴岛和苏山岛、青岛长门岩、大公岛和鸭岛、日照前三岛等；以海珍品增养殖为主，兼顾休闲渔业和观光度假功能的海岛开发区，包括：无棣岔尖堡岛、龙口桑岛、烟台崆峒岛和担子岛、荣城鸡鸣岛和镆铘岛、乳山南黄岛和小青岛、崂山大福岛和大小管岛、胶南灵山岛、斋堂岛和沐官岛等；以休闲度假和观光为主要功能的海岛开发区，包括：牟平养马岛、威海刘公岛、褚岛和楮岛、即墨田横岛、青岛小青岛和竹岔岛等；其他大多数无人小岛主要以渔业功能为主，有条件的可设立海岛渔业保护区，进行休闲渔业和娱乐度假开发，如崂山仰口度假区近海的马儿岛和兔子岛等。

### 六、推动海洋经济发展战略对策

（一）加大改革与重组力度，加强海洋经济创新主体建设

在经济全球化和我国加入世贸组织，市场竞争日趋激烈背景条件下，山东海洋经济的发展必须紧跟形势，与时俱进，通过深化改革，体制与机制创新，培育一批经济规模大，市场覆盖面广，科技含量高，具有国际竞争力的开发主体。由于市场的不确定性，创新主体很难准确把握技术、市场的未来发展情况。因此，必须提高创新战略前瞻能力和创新管理水平，建立快速反应机制，及时捕捉、分析创新过程不同阶段的信息，做出相应的决策。

要改变目前涉海企业总体数量多，规模小，零散出击，缺少合力和竞争力的状况，打破地区、行业和所有制的界线，按照建立现代企业要求和市场竞争需要，通过兼并、重组、参股控股、收购和资产授权方式，对现有存量资产中的资金、技术、人才和资源等生产要素优化组合，实现规模经营和规模效益。组建一批包括渔业、水产加工、海洋化工、海洋药物、旅游、船舶修造等产业在内，经济总量在十亿元以上的大型企业集团，特别要打造一批诸如青岛港集团，山东海洋化工集团这样竞争优势明显的大企业。抓好企业制度建设，通过明晰产权，优化内部组织结构，完善分配制度和建立激励机制措施，促进企业强身健体，做大做强。破除偏见，解放思想，更新观念，鼓励民营企业，股份制企业以各种途径参与海洋开发，

加快科研院所体制改革,利用其科技优势,以成果为资产投入,参与项目招标和技术入股,以独立身份加入经济建设主战场,形成科技密集型的开发主体。

(二)双向开放,内引外联,为创新发展奠定雄厚的资金基础

首先,改革和优化投资环境。海洋经济是一个开放的系统,是山东对外开放战略,发展外向型经济的重要组成部分。海洋经济建设过程中,要适应国内外经济形势的变化,锐意改革,再造突显的发展环境优势。山东半岛和沿海地区是对外开放的前沿和海洋经济建设核心地带,有青岛烟台等大中城市,港口密集,交通便利,资源丰富,基础设施完备,具有对外开放区位和政策优势。必须充分利用其优越条件,创造良好投资环境,加大开放的力度。要重点抓好一批国家和省级经济技术开发区,高新技术产业区、滨海旅游度假区、保税区等园区的建设,继续完善水、电、路及通讯为中心的基础设施,为吸引外资提高良好的硬件。根据改革初期吸引外资的政策优势趋于弱化的情况,要把工作重点转入以服务为中心的软环境上来,各级政府部门要转变观念,强化服务意识,精简和改革繁杂的审批制度,提高政府工作效率。以诚信服务为中心,为投资者提供准确的投资导向和相关政策咨询。要加强执法的公正和通明度。我国已加入世贸组织,必须遵守承诺,恪守规则,严格与国际惯例和规则接轨。借鉴国外经验,加强制度建设,优化市场秩序,实行公平竞争机制和建设诚信经济。

其次,实施全方位对外开放,扩大招商引资力度。为解决建设资金瓶颈,为海洋经济发展注入动力,必须面向国际国内两个市场,两种资源,通过多种方式、多种渠道,努力提高吸引外来资金的数量、规模和质量。①采取多元化引资策略,招商引资的对象不仅是发达国家,还包括发展中国家、国内各省市及著名大公司大企业。②转变招商方式,由被动等待的消极方式,向主动出击和方式灵活多样转变,沿海及经济中心城市,要成立招商促进局及相关机构,走出去,请进来。到国外举办招商会,项目推介和洽谈会吸引外商,通过各种媒体宣传、介绍海洋经济建设,扩大国内外知名度和吸引力。③重点抓好一批国内外大公司、大企业、大财团的引

进,营造山东海洋经济国际化特色。在这方面青岛港与荷兰、英国等著名航运公司联姻,共同构筑中国北方航运中心,即是可供借鉴的成功范例。

第三,全方位对外开放,扩大经济交流与合作。山东半岛及沿海地带是连接内地,扩大开放与世界经济接轨的前沿,担负着内引外联,双向辐射的功能,在经济全球化背景下,海上山东建设应充分利用自身的优越条件,不断扩大对外开放的深度和范围,加快国际化进程。增强海洋经济建设的开放性,必须以全球化的视野和海纳百川的胸怀,打破狭隘、封闭的地域观念,借助一切能为我所用的资源、要素,来谋求自身发展,要广泛参加国际经济技术合作,努力扩大贸易出口,加快外向型经济发展,提高与国际市场的依存度和国际资本、技术、劳动力等要素的对流量。要进一步扩大对外开放的领域,根据山东海洋产业发展的方向和结构调整需要,吸引国外资本进入包括港口建设,海运、石油开采、船舶制造、旅游、水产等一批重要领域,在资金、技术、管理等方面全面合作。制定优惠政策,鼓励外商投资海洋高技术产业及包括保险、信息、金融等服务业,带动山东海洋经济结构升级。经济技术合作过程中,要加大国外技术领域合作与交流和高新技术的引进消化、吸收。

第四,探索灵活多样的融资方式。在融资领域,即要注重长期合作,又要注重规避风险,采取灵活多样的方式。通过举办海洋经济大型招商和项目洽谈会,吸引外资注入,采取项目招商、技术招商、技术资金组合引进途径,鼓励外商以独资、合资、合营、控股和参股的方式投入。研究不同国家和地区的国情、商情,采取分区招商、区别对待的策略;要着力抓好世界著名大公司、财团投资动向的跟踪研究,建立快速反应机制和政府对中方企业投入扶持机制,寻找时机,促成合作;要鼓励有实力的国营大型企业海外上市融资;对于海洋经济的重大项目,可以采取海外及国内发行政府债券、金融债券方式直接融资。生态建设和环境保护等公益项目,努力争取世界银行、亚洲开发银行等国际组织和政府间贷款。

(三)坚持科技兴海、提高科技创造能力,开辟创新发展的动力源泉

第一,制定海洋高技术及产业发展战略。科技是第一生产力,必须从战略的高度,确立科学技术在海洋经济建设中的地位和作用,始终坚持科

技兴海方针,加快科技进步与创新的步伐。

围绕总体目标,制定与之相配套的科技与高技术产业发展的规划方案,实施步骤和具体措施按照突出重点,有限目标,适度超前的原则,精心筛选出一批对可持续发展具有影响,市场潜力巨大、经济效益明显和示范带动作用强的关键技术,组织立项,整合科技力量,联合攻关。重点抓好海洋农牧化技术,养殖新品种培育,海洋生物技术和生物制药,海水提溴、淡化与综合利用,海洋防灾等技术。制定鼓励高科技向现实生产力转化为核心的科技政策和措施,具体要包括优先发展项目编制,财政税收、融资等倾斜政策,搞好服务配套环节,加快产业的进度,形成一批在高端技术具有竞争优势的产业群体,培育山东海洋经济新的增长点。

第二,加大海洋科技开发资金的投入。根据海洋高技术涉及领域广,投资数量大的特点,采取政策倾斜、财政支持、企业参与内外结合等多种方式,广辟渠道,动员全社会力量加大海洋科技开发的力度。①省及沿海各市县财政建立海洋科技开发专项基金,根据财政收支状况和高技术产业的需要,逐年增加投资比例。②金融政策和投资导向高技术产业倾斜,通过降低信贷利率和建立专款信贷,扶持科技创新和关键技术突破。③建立和完善科技开发风险机制,或采取科研、企业、金融财政共同投资的方式,加大投入,化解风险。④促进科研院所与企业联合,企业超前投入,优先享受技术成果。继续争取承担国家海洋"863"项目在内的海洋基础研究和重大攻关课题,获得国家基金支持。

第三,重视人才培养和引进,提高科技创新能力。人才是科学技术的重要载体和实现技术创新的中坚力量。适应山东海洋经济发展和技术创新的需要,必须建立一支适应二十一世纪现代海洋开发需要,勇于开拓,富于创新精神和专业门类齐全的优秀人才梯队。要实施"人才工程"不拘一格广纳人才,人才队伍建设要以提高山东整体科技创新的能力为中心,自我培养与大力引进相结合。山东海洋科研,教育和管理机构众多,青岛享有海洋科技城、教育城的盛誉,充分利用有利条件,发挥其教育培训功能。努力将青岛中国海洋大学建成世界著名,海洋特色鲜明的综合性大学和综合性人才基地。建设山东海洋科技人才数据库,并通过供需分析预测、调整专业设置,定向培育。根据科技创新的需要,建立示范培训基地和各类技术创业中心,发挥孵化功能,加快科技成果转化。中科院海洋所,中国水产科学院及地质研究所等国家院所科技实力雄厚,人才荟萃。要充分发挥其作用,可以在不触动隶属关系和行政建制的前提下,以课题招标,项目承包,成果转化,产业开发为纽带,打破单位界线,强强联合,优化科技资源配置。要因人适用,根据科技创新的需要,鼓励人才在省内保持相对流动。制定优惠政策,以政策广揽人才,以政策留住人才。人才的引进要有针对性,注意对口、配套,不仅要重视专业性人才,还要重视复合型、管理型的人才。对于国内著名的科研机构,可以更优厚的待遇,成建制引进,在这方面,青岛市引进中国船舶总公司研究院九七一所即是有远见的举措。

第四,加强引进,努力提高自主创新能力。海洋开发技术是集中了现代科学和工业技术的大跨度、综合性的体系。许多技术密集型海洋产业普遍涉及包括电子、生物技术、工程机械、激光、自动化、遥控遥感在内的众多学科和研究领域。从海上山东建设和发展高技术产业的实际需要看,还涉及分析预测、信息、规划设计、人文地理、经济、环境保护等学科领域,仅凭山东自身的科技存量远远不够,必须坚持引进与自主创新相结合的原则,从国际国内更大的范围,引进先进的科技成果和科技资源,为我所用。引进工作要有针对性,要与产业结构调整和技术进步相结合,与市场需求相结合,与企业改造和技术创新相结合。引进工作既要重视科技成果先进性,又要有适用性,特别要抓好关键技术的引进。方式包括知识产权和专利技术购买;采取技术联姻、联合开发、达到知识技术与利益共享;发展与国内外知名科研机构、企业的长期技术合作关系,加强国际科学技术领域的交流。在技术引进基础上,要加强外来技术的消化、吸收、移植和再创新工作,形成一批具有独立知识产权和核心技术的科技成果,建立自主创新的技术体系和组织结构,全面提升山东科技的竞争力。

第五,建立有效的科技推广机制。科技推广是技术创新——产业化的中间环节,是科学技术向现实生产业转化不可或缺的必经阶段。为解决大量科技成果仍停留在试验阶段或长期束之高阁的状况,提高转化效率,必须建立有效的科技推广机制。在目前科技市场发育尚不成熟的情况下,需要加强政府的干预、引导,建立和完善科技转化必需的依托条件,包括培育技术市场、发展中介组织,健全有偿转让机制和信息服务,鉴定评估,咨询服务和法律仲裁服务机构。科委及相关部门编制"高新技术成果指南",定期举行科研信息发布会,成果推荐会、介绍科研动向和阶段开发情况,成果项目的内容,水平和应用范围。推动科研机构与企业直接见面,减少技术供给与需求的错位,明确供求,直接委托;推动大中型企业参与科研项目,直接享用成果利益。鼓励技术中介组织机构,进行市场化运作;建立各种类型科技示范园,发挥示范效应。为推动高新技术产业化进程,要建立企业进入时的鼓励机制,动力机制和风险机制。

(四)完善海洋管理体制,强化制度创新的保障作用

按照省委省政府的要求,努力实现海洋管理"三个创新":一是海洋经济发展机制创新。积极跟踪国际、国内海洋经济发展趋势,组织、参与海洋经济战略研究,认真研究制订各级海洋发展规划及相关规划,适时研究、提出促进海洋经济发展的重大政策、举措。加强发展海洋经济、建设海洋强省的宣传,增强全社会的海洋国土意识、海洋生态意识。进一步加强与涉海各部门、驻鲁国家海洋机构的组织协调和紧密联系,建立海洋开发的协调机制,共同推动海洋经济发展和省委、省政府各项政策措施的落实。二是海洋综合管理体制创新。围绕法制化、科学化、规范化,进一步加强海洋法制建设,严格执行海洋法律法规,落实海洋功能区划制度、海域权属制度和有偿使用制度。合理规划和确定重点开发区、限制开发区和禁止开发区,确定不同区域的功能定位和开发管理战略,努力获取最佳的海洋综合效益。加强海洋环境的监测与评价,逐步建立排海污染物总量控制制度,有效遏制海洋生态环境恶化势头。积极建设海洋自然保护区和海洋特别保护区,保护海洋生态环境,努力为社会创造一个优美的海上家园。提高海洋行政执法能力,维护好海洋开发利用秩序。三是海洋公共服务创新。组织引导海洋高新技术研究,建立促进海洋开发技术支撑体系。全面开展海洋资源调查,评价和评估海洋环境、生态、资源和灾害状况及变化趋势,为制定海洋开发战略提供依据。强化海洋信息服务,

整合海洋信息资源,加强海洋经济信息库和信息网络建设,打造全省海洋经济信息交流平台。健全和完善海洋环境监测、灾害观测预报体系,提高海洋灾害预警预报和快速反应能力。开展海洋开发战略和理论研究,弘扬海洋文化,促进海洋事业健康发展。具体说来:

首先,强化海洋综合管理,建立有效管理运行机制。实践证明,传统海洋管理中由于组织结构形式的缺陷,导致管理职能混乱和权限支离分割的状况,已不适应现代海洋开发的需要,必须代之以全面、协调、综合为特点的现代海洋管理。经过多年酝酿改革,山东已建立了国家与各级政府相结合,综合管理与行业部门相结合的管理体制,成效显著,但从山东海洋开发管理和有效宏观调控的需要,仍需要进一步改善、加强。①设立海洋经济高层决策机构,由省委领导和相关部门主要负责人组成,参与重大发展战略决策、政策制定、指导协调及重大项目立项。②强化海洋综合管理部门的职能。借鉴国内外经验,山东采取了海洋与水产一体化的管理模式,组建了省市各级海洋水产管理机构作为综合性海洋职能管理部门,但受组织结构、工作制度、人员素质、装备条件的限制,转型尚未彻底、职能尚未充分发挥,应继续明确和强化其职能,规范工作范围和制度,解决人员及经费问题。③增强涉海各部门、机构的协调,改变海洋管理中职能模糊,权限重叠造成的政出多门,各行其是和相互推诿现象。除涉及国家利益的外交、军事和油气矿产等战略性资源由国家统一管理外,地方性管理的主要工作主要是抓好海洋资源的开发利用,海岸带区域规划与管理,海洋环境监督保护,省内具有涉海管理权限的水产、盐务、交通、港务、环保、公安、海关等部门要进一步明确分工、职责,并增强外部协调性。妥善解决在渔业资源分配,海岸线利用,海域划界,岛屿、滩涂归属方面存在的矛盾和问题。

第二,加强海洋法制建设,加大依法管理力度,搞好海域管理。法律法规是管理活动的重要依据,海洋可持续利用原则作为对传统开发模式的扬弃,必须首先体现在对资源、环境相关的立法和制度建设上。目前,国家已颁布了《临海及毗连区法》、《渔业法》、《海洋环境保护法》、《海上交通保护法》等一系列法律法规。根据山东的实际还应出台能够反映地区特点和需要的地方性法规,补充规定和实施细则,诸如《山东省海洋资源开发与保护法》、《山东省海域使用管理细则》、《山东省海岸带管理法》、《山东省海洋保护区管理专项规定》等,并对一些不适应形势的规定进行修改,最终形成与国家法律衔接配套,兼有实体性和程序性内容,周密严谨的地方性法规体系。要坚持依法用海,依法管海的原则,贯彻落实海洋管理的各项法规,通过优化执法环境、强化人员素质、加大执法力度,保证海洋开发利用有序进行,要实行严格的海域使用审批制度,环境影响评估制度,海洋功能区划制度,污染控制排放制度,加大对重要海域、港湾的综合治理。

第三,建立海洋安全保障机制,强化服务功能。山东濒临渤、黄两大海域,沿海及海岸带区域城市、人口、企业高度集中,经济发达。这里即是发展海洋经济的核心地带和海洋开发重点区域,同时又是风暴潮、海冰、海浪、台风等自然灾害发生频率较高和损失最严重的地区。为推进海洋经济创新战略顺利实施,必须要强化海洋安全保障,提高抵御自然灾害的能力,减少各类海洋灾害的影响。①加强海洋灾害的监测、预报。抓好对各类海洋灾害有关指示因素动态变化的长期监测,据此做出科学的预报和及时预警,是减轻和避免突发性事故和灾害有效措施。依托国家,环渤海区域和山东省及沿海各市气象系统;建立台风、风暴潮、暴雨、海冰等灾害监测、预报和预警系统。改善监测手段,用先进的卫星、航空、遥感技术和配套海面监测设施,提高对自然灾害的分析、预测能力。省海洋气象预报台定期定时向省领导机关和涉海部门发布山东沿海中短期预测,为制定海洋生产计划和防灾减灾提供依据。②采用现代化信息技术,整合信息资源,加强网络建设,尽快实施"金海工程",实现海洋信息资源共享。③建立有效的灾害应急和防范措施和紧急动员机制。加强海洋安全救护体系建设,规定政府及相关部门在应急时期具有紧急动用军民船只和各种设备的权力和具体联系的方式。④加强沿海城市,重要经济区,旅游景点等区域减灾基础设施和低平海岸风暴潮防御工程体系建设。

(五)加强海洋生态环境保护与整治,促进海洋资源可持续利用

首先,培育人们可持续利用海洋的观念,扩大公众参与管理。良好的

生态环境是人类生存发展的自然基础,是实现可持续发展的基本条件,由于认识的偏差和海洋不合理的开发利用,环境恶化与资源破坏及衰竭的趋势仍未得到彻底遏制。例如,过度捕捞已造成近海渔业资源严重破坏,由于环境污染,生态恶化,赤潮发生频繁对水产养殖、盐业生产造成严重影响,海岸带不合理开发使其丧失了最具价值的利用功能,事实表明人类不能毫无顾忌和无节制利用海洋,必须树立可持续的思想,保护好海洋生态环境,合理有序开发,达到永续利用。因此,实施海洋开发过程中,必须提高广大干部群众可持续利用海洋的观念,通过宣传教育和知识普及,使之认识到生态环境与资源之间内的内在联系;环境与资源承载力的有限性和保护环境与合理利用的重要性,正确处理好环境保护与资源开发,眼前与长远利益的关系,提高保护环境的意识和行动的自觉性;动员一切社会舆论和监督力量,加强海洋管理和生态环境与资源的保护,并将这一工作贯彻于一切决策、生产、管理活动的全过程。强化可持续利用的观念,必须辅之以惩处手段,在市场经济条件和追求利益最大化驱使下,如果缺少约束和惩处,对资源与环境的滥用是一种必然的行为。必须运用法律和惩罚手段,使违者足戒,并达到警示和教育的目的。

保持生态环境的可持续性必须建立一种社会制衡的长效机制,扩大公众参与海洋管理。社会学的意义,保持良好的生态环境是公众的一种社会权益,因此要采取鼓励政策和激励机制,提高公众参与意识。动员一切社会力量参与环境和资源保护。应发展非政府的区域性、行业间和民间环境,扩大公众参与海洋开发管理的参政、议政权。政府部门要广纳民意,积极扩展环境民主和权益,包括监督权、知情权、议政权、索赔权等。

其次,建立环境监测体系,加强环境管理。随着海洋运输,海上石油开采及各种海上活动的增加及沿岸工业化进程,各类海上油溢,排污事件时有发生,为及时掌握环境动态,实施有效执法和管理,应按照统一领导、分级负责和分部门监测的原则,运用卫星、飞机、海洋资料浮标,调查船及滨海观测站等设施和手段形成山东海洋环境立体监测系统,采取例行监测和应急监测相结合,对海域环境进行全方位跟踪监测,及时掌握各种污染物入海通量及在海域的时空分布特征,并对影响环境的因素做出定性定量分析和综合评价,同时要与国家及邻省海洋污染与灾害监测体系构成有机网络,对环境污染状况做出动态分析和预报,监测的重点范围包括,海上石油开采和海上运输油溢、沿海拆船污染,海域富营养化和赤潮污染、海上倾废,陆源污染物排放等人为对环境的破坏。

第三,加强企业污染处理管理,重点防治陆源污染源。海洋环境问题重要原因之一是沿岸工业化进程中产业技术与能源结构落后造成大量污染物入海排放。治理海洋环境必须海陆并重、标本兼治,重点控制陆源污染物转移的数量和速度,特别是限制沿海大中城市,沿河流域工矿企业密集区域企业的排污数量,争取使入海排污量控制在零增长。要运用经济和法律手段。强化排污收费制度为核心的环境的管理。除总量控制,还要对企业污染物的浓度、种类和对环境影响程度具体界定,分类管理,对超标排放和偷排企业要严格处罚,限期整顿和停产。从根本上减少企业对海洋环境的污染,还要从源头抓起,根据中央提出建设新型工业化的思想,对占比重很大的传统制造业、重化工、纺织、造纸等高耗能、高污染产业通过技术创新,工艺改造,提高资源综合利用和循环利用水平,达到减少污染和资源节约的目的。增加投入,完善以城市为重点的环境基础设施,提高对工业污染,城市垃圾的处理净化能力。要重塑产业结构,发展零次和四次产业,努力实现废弃物的再资源化。

第四,建立生态工程,保护重点生态系统。针对山东海洋生态环境状况,运用工程、生态、环境技术、有计划、有步骤开展生态环境的保护治理。(1)加强对重点河口、海域、海湾进行综合治理,其中包括对胶州湾、莱州湾污染进行综合整治,恢复其中生态系统;加强莱州湾海水入侵的治理和黄河、小清河等河口区域及附近海域污染控制的治理,为鱼类迥游、索饵、增殖提供优良环境。(2)建立沿海防潮坝、闸及防潮护岸工程及沿海防护林体系建设。(3)根据资源和环境保护的需要,对某种特有海洋生态系统,珍稀或有特殊保护价值动植物物种主要生存繁衍地,以及自然历史遗迹和风景名胜,建立自然保护区,采取特殊保护政策,减少人为因素的不利影响。根据海洋功能区划,山东已建立和选划了31处海洋自然保护区和28个国家生态示范区建设试点,今后工作的重点是要根据国家有关法律,制定适用本园区的管理条例和管理办法,完善体制,建立健全管理机构并进行有效的管理,以充分发挥其生态与环境功能。

## 10.2 青岛市海洋经济集成创新模式研究

青岛市位于黄海之滨、胶州湾畔,是我国东部沿海重要的经济中心城市和港口城市,是中国历史文化名城和滨海旅游胜地。全市海岸线长862.64公里,沿岸分布着49处海湾和69个岛屿,拥有滩涂375平方公里,20米等深线以内浅水域水面3255平方公里,全市管辖海域1.38万平方公里,比陆地面积大了约1/3,海洋资源十分丰富。青岛风景秀丽,气候宜人,"海"、"山"、"城"相依,构成红瓦绿树、碧海蓝天的特有景色。青岛拥有全国最早建立的中国海洋大学,有20多所海洋科研机构,有占全国约半数的高级海洋人才。青岛市抓住综合开发海洋和科学保护海洋的历史性机遇以及承办奥运会海上项目的有利契机,立足海洋资源、海洋科技和海洋区位等独特优势,突出地方特色,面向国内外,走集成创新之路,大力实施依法管海、科技兴海、经济国际化和可持续发展战略,坚持高起点、高科技带动,快速度发展,全面推进青岛各项海洋事业发展,现在的青岛已经成为一个海洋经济发达、海洋科技先进、海洋体育强盛、海洋文化繁荣、海洋军事强大、海洋管理规范和海洋生态环境优良的海洋强市,成为现代化国际海洋名城。

**一、战略创新定方向**

1. 观念创新作先导

首要工作是强化海洋宣传,全面增强全民的海洋意识。

在青岛,上上下下深深认识到:开发利用和保护海洋,不仅是涉海部门和相关行业的重任,而且是全市人民共同关心的事业,只有全民族的海洋国土意识、海洋经济意识、海洋环保意识、海洋法制意识、科技兴海意识提高了,才能为实现海洋科技产业化,建设海洋产业城,奠定思想基础。1997年,江泽民总书记在视察青岛时指出"我们一定从战略高度上来认识海洋,增强全民族的海洋意识"。为此,他们重视海洋教育,从儿童抓起,把强化海洋意识作为一项长期的战略任务来抓,利用一切宣传手段和宣传渠道,在全民中普及海洋知识;通过"海洋年"、"海洋节"、"海洋日"等重要形式,宣传好海洋在国民经济、国防建设中的重要地位和战略作用,提高全民族开发海洋的责任感、紧迫感、使命感。一是增强海洋国土意识,使每一个市民不但知道青岛市有10654平方公里的陆地面积,还有13800平方公里的海洋面积,克服"重陆轻海"的思想,树立大海洋观念,敢于向大海、向公海、向大洋要资源、要财富。二是增强海洋经济意识。海洋资源丰富、空间广阔,开发利用海洋具有巨大的潜力和广阔的前景。海洋产业具有辐射面广、关联度高、应用空间大、拉动力强等特点,发展海洋产业能够带动相关的众多产业的发展,对于富国富民和可持续发展具有重要的意义。努力树立起开发海洋的意识,将海洋产业逐步培育成国民经济的支柱产业。三是增强海洋环保意识。海洋环境、海洋生态系统一旦遭到污染和破坏,很难治理和恢复,所以开发海洋时要十分重视保护海洋,坚持无公害利用,严格限制向海洋中倾废排污。四是增强海洋法制意识。海洋产业的发展,涉及众多部门,必须坚持以法治海,利用法规的普适性和强制力,调节各种关系,规范当事人的行为,减少管理上的随意性和盲目性。五是增强科技兴海意识,把海洋经济的持续增长转移到依靠科技进步上来。

在更新观念的基础上,青岛市确立了海洋经济创新发展的指导思想与发展目标。

21世纪是海洋世纪,开发海洋、利用海洋已经成为世界各沿海国家竞相发展的领域。为适应当前世界经济结构大调整和经济全球化趋势的需要,突出青岛特色,向海洋要资源、要空间,扩大对外开放,发展高技术产业,带动临海产业带的发展,构筑可持续发展的经济体系,进而带动整个国民经济和各项社会事业向更高层次、更广领域进军,青岛市突出抓海洋经济的发展,围绕着建设现代化国际大城市的总体目标,发挥区位、资源和海洋科技的独特优势,面向国内外,实施依法管海、科技兴海、经济国际化和可持续发展战略,坚持高起点开发、高科技带动、快速度发展,建立以港口为龙头,以大型船舶制造、滨海旅游、海洋渔业、海洋药物及保健品制造、海洋化工等六大产业为重点的海洋产业体系,使海洋经济发展速度明显高于全市国民经济发展速度,在国民经济中发挥重要作用。计划到2010年,全市海洋产业增加值占全市 GDP 的 22.6%,初步建成海洋科技产业城,成为全国一流的海洋科研中心、教育中心、国际学术交流中心和产业基地。

2. 依据问题制定创新战略

青岛市的海洋经济虽然取得了较快发展,但也存在一些问题亟须解决。一是海洋经济结构不够合理,传统海洋产业所占比重比较高,高新技术产业所占的比重有待于进一步提高;二是海洋科技优势未充分发挥出来,成果产业化程度偏低,项目产业化速度慢,科技成果转化投入力量不足,科研与市场在海洋领域存在着"脱节"问题;三是违法用海、破坏海洋资源环境的现象仍然存在;四是青岛的海洋资源丰富,海洋区位优势明显,海洋科技力量雄厚,但海洋经济在国民经济中所占的比重对于一个沿海城市来说还不算高,海洋经济发展还有很大的发展空间,发展潜力有待于进一步深层次挖掘。找准了问题,也就找到了创新发展的钥匙。

3. 确立创新的目标与重点

(1)加快海洋产业发展,建设海洋经济强市

青岛市海洋经济发展有较好的产业基础,"九五"期间,青岛市海洋经济保持年均16%的速度增长,进入"十五"以来,青岛市海洋经济的发展速度进一步加快,2002 年,全市主要海洋产业总产值达到 407.26 亿元,增长 13.1%。主要海洋产业增加值为 193.82 亿元,增长 21.2%,远高于全市国民经济 14.6%增长速度,主要海洋产业增加值已占全市 GDP 的 12.8%。依托这一良好的产业优势,今后青岛市将以港口、旅游、海洋渔业及海洋生物产业为龙头,带动船舶修造、海洋精细化工、海洋药物及海洋保健品、海水淡化及综合利用、海洋工程、海洋环保、海洋能源利用和海洋空间开发等产业的发展,构筑完整的海洋经济体系,保持较快的海洋经济发展速度,力争到 2010 年,全市主要海洋产业增加值占全市 GDP 的 22.6%,建成北方国际航运中心、滨海旅游胜地、国内最大的绿色海洋食

品供应基地及出口创汇基地和国内最大国际一流的修造船基地,初步建成海洋经济强市。

(2)建设海洋生态城市

青岛市是国家环保模范城,海洋环境保护工作一直走在全国前列。青岛市提出了建设生态城市的目标,而海洋生态及环境保护占据了"半壁江山"。围绕着承办2008年奥运会海上项目比赛和建设生态城市的目标,进一步加大了海洋环境保护力度,实施碧海行动计划,严格实施陆源污染总量控制,大力推广生态养殖、健康养殖技术,实现船舶及相关活动零排放目标。加大海洋环境监测,建立起青岛市海洋环境监测站,完成对近岸重点海域环境进行动态监测。建立起奥运赛区水文气象监测系统,完成奥运会环境监测任务,严格工程用海建设项目环境影响评价制度,严格控制工程用海可能对环境造成的污染损害。建立起污染信息事故举报网和赤潮监控网,完善污染事故快速反应机制和应急处理能力。并着力建设好大公岛、灵山岛两个省级自然保护区,新建一批海洋生态示范区。

## 二、海洋生产力创新是核心

### 1. 加大海洋经济投入

青岛市加大招商引资力度,建成立起了多元化开放型投资机制。海洋产业投入多、周期长、风险大的特点出发,他们建立起财政扶持、金融支持、群众自筹、吸引外资的多元化、开放型投资机制,以财政投资的不断增加来引导其他资金的投入,促进海洋产业的发展。并积极引进外资,选出一批海洋大项目到国外招商,吸引境外大财团、大公司参与青岛市的海洋开发,积极争取国际金融组织和外国政府的贷款。制定比陆地更为优惠的政策,引导本市和外地的单位和个人跨行业、跨地区、跨所有制投资,从事海洋开发与保护。大力推行股份制和股份合作制,重点在海洋食品精深加工及海洋药物、海水增养殖、海洋工程式等方面选择一批骨干企业,优先安排发行股票,吸引社会闲散资金。对于已建成的海洋基础设施(如港口、码头)将产权与经营权分开,用出让一定期限经营权的形式回收资金,用于海洋开发的投资,对于竞争性海洋开发项目,允许向集体或个人转让部分产权或全部产权,回收资金开发新项目。建立海洋开发专项资金,用做重点项目的资本或贷款贴息等。积极争取各商业银行的信贷投入和国家政策性贷款的支持。组织政府投资担保公司或会员制担保公司,主要为海洋开发所需贷款提供担保。

2. 大力发展海洋科技教育,建成"中国海洋硅谷"

青岛市的海洋科技实力雄厚,拥有一大批海洋科研机构和众多高层次海洋专家,从1998年起,青岛市充分发挥青岛海洋科技优势,努力推进海洋科技城的扩展,初步建成以海洋生物技术为主的"海洋硅谷"。组建由政府、科研院所、企业和金融界的领导、技术专家、企业家、经济学家、金融家和管理专家共同参加的青岛市海洋高科技创新指导协调机构,组织、协调和指导有关海洋科技创新和海洋高科技发展中有关全局的战略性重大问题,作为"海洋硅谷"的指导机构。依托海洋科研院所,建设好国家海洋科研中心,组建一批面向海洋高科技产业发展要求的以新的运行模式运作和重点实验室,作为"海洋硅谷"的科研基地。加强政府规划的宏观指导,促进产、学、研紧密结合,以企业为主体,以科研院所为技术依托,采取现代管理运作机制,组建海洋高科技产业示范园区,大力实施蓝色种子种苗工程、蓝色养殖工程、蓝色食品工程、蓝色医药工程、蓝色化工工程、蓝色环境工程等六大"蓝色工程",优先发展以海洋生物技术为重点的海洋高技术,逐步形成向全国沿海地区提供海洋水产养殖优质抗逆良种和种苗基地、高健康生态工程化养殖技术的示范基地、新型海洋药物和生物功能性产品的研制与开发基地以及先进的海洋环境监测和灾难预警、预报技术系统、海洋环境保护和生态恢复技术、海水综合利用新技术和金属腐蚀、污浊防护新技术(和新产品)的研究开发基地。

3. 加快科技成果转化

青岛市充分发挥海洋科技优势,加快科技创新的科技成果转化步伐。积极配合科技部国家海洋科技城规划的实施,按照"虚实结合,分布推进"的原则,逐步把青岛建成以国家重点实验室为骨干的海洋科学研究中心、以海洋科技岛为密集区的科技资源共享平台,以3~5个特色海洋产业园区为代表的海洋高新技术产业中心、以海洋研究生院为主体的高层次人才培养基地,逐步建成国内第三个特色科技城。大力实施海洋高新技术发展战略,围绕着海洋生物技术、海洋工程技术、船舶制造技术、海洋遥感遥测、海洋信息技术、海洋化工技术等方面加快原始性创新,抢占高新技术制高点,进一步增强青岛市的海洋科技优势。加大科技成果转化力度,多形式搭建转化平台,畅通转化渠道。大力推进海洋高新技术产业化,以水产优良种苗产业、海水养殖新模式及新型饵料开发、海洋天然产物开发、海水综合利用、重大海洋工程、海洋防火减灾等方面为重点,把青岛市海洋高新技术产业做大做强。

4. 积极促进海洋产业升级

一是加快建设北方国际航运中心。实施"以港兴市"战略,以建设北方航运中心和区域性贸易中心为目标,以口岸经济为支撑,按照发展现代物流业的要求,努力扩大港口的辐射能力,积极调整港区布局,构建起港口多元化发展的产业体系。采取引进、建租结合、建设—经营—转让(BOT)等方式,加快港口基础设施建设,实现港口建设投资多元化。进一步拓展青岛港在世界各地的海向腹地,扩大进出口贸易,提高转口贸易比重。发挥青岛在新亚欧大陆桥桥头堡群中的重要作用,加深与中亚、东欧等地的经贸合作,发展过境运输和国际中转贸易,使青岛港的陆向腹地向纵深发展。大力发展海铁联运、公路直通等多种运输方式,进一步开发中西部货源市场。依托保税区、空港、铁路,推进港区合作、港港联合、港路联合,建立现代物流区。保持了货物吞吐量年均8%的速度递增,集装箱吞吐量年均30%的速度递增,到2005年港口吞吐能力超过1.4亿吨,集装箱运量超过740万标准箱。大力发展航运业,大规模引进国内外航运公司来青岛建立总部、专用码头和物流中心,引进国内外大外贸公司进驻青岛开展业务,不断扩大海洋运输实力。加快发展现货交易市场,组织有影响的代理商、国内大型钢铁、石化、煤炭企业和航运界建立起矿石、原油、煤炭、化肥、粮食等货种的现货交易市场,建成我国北方最大、最有影响的散货交易市场,实现货物大进大出。加快了海西湾修造船基地建设步伐,以制造大型船舶、集装箱船及游艇、救生艇等特种船和修船为重点,兼顾海洋工程及钢结构,造船能力与水平进入中国三强,修船能力达到国内领先、国际一流水平,争取在 2010 年前后跻身世界一流船厂行列,并带动与之相配套的钢铁、机械、电子、仪表、化工、轻工等行业的发展。大力发展集装箱制造业,进一步发展仓储、加工等临港产业,促进环胶州湾产业集聚带规模扩大。加快金融保险、信息中介、口岸服务等软环境建设,完善港口航运贸易加工综合服务体系。

二是重点培植海洋药物及保健品制造业。利用好青岛市在海洋生物活性物质提取、功能食品及海洋药物开发方面的优势,抓好中间环节,以海洋一类药物开发为龙头,以海洋生物制品为主体,以三九集团、国风集团、中鲁远洋、国大生物等大企业为基础,加紧建设海洋药物产业密集区,形成较大规模的海洋药物产业园,重点开发新一代抗肿瘤类、防治心脑血管疾病、肝炎、糖尿病及延缓衰老类的新型药物及海洋滋补保健品,发展海洋西药、海洋中成药、海洋保健品、海洋生物材料 4 个领域的系列产品,将海洋药物及保健品制造业培植成名牌产业和拳头产业。到 2005 年,海洋药物及保健品制造业增加值可达到 15.5 亿元。2010 年争取达到 30 亿元,成为全国一流的海洋药物及保健品生产基地。

三是大力发展外向型高效创汇渔业。瞄准"两高一优",进一步调整优化产业结构,发展高科技含量、高附加值的外向型创汇渔业。加快培育高产、抗逆、无特种病原的优质苗种,目前已经初步建成国内最大的水产良种引进及良种繁育基地。主要做法是:突出发展水产名特优新品种的标准化养殖,加快工厂化养殖和深海抗风浪网箱养殖发展步伐,建成国内较大的绿色安全水产品供应基地。以大宗产品的保鲜保活、贝类产品净化、低值产品的精深加工、废弃物的综合利用为重点,开发海洋系列食品,建成国内最大的水产品深加工和出口创汇基地。加快发展高效鱼用饲料及新型鱼用药物生产厂家,建设国内重要的鱼用饲料和渔药生产基地。集中科技优势,组建了阵容强大的水产技术服务中心,建成国内一流的技术服务基地及信息交流基地。以即墨女岛港公共保税仓库和积米崖港区灵山水产城建设为龙头,大力发展临港型专业水产批发市场和鲜销渔业,形成了与国际接轨的渔业物流中心。到 2005 年,全市水产品总产量将达到 155 万吨,渔业总产值 136 亿元。水产品出口创汇 8.2 亿美元,渔业走上了标准化、产业化、国际化轨道。到 2010 年全市水产品总产量计划达到 188 万吨,渔业总产值 175 亿元,水产品出口创汇 12.5 亿美元,形成捕捞健康、养殖发达、加工先进、流通活跃、服务一流、生态环境优良的外向型现代渔业格局,率先基本实现渔业现代化。

四是积极发展滨海旅游业。围绕着"吃、住、行、游、娱、购"六大要素,突出青岛特色,以观光旅游为基础,重点发展休闲度假和避暑旅游。举办好海洋节、啤酒节等大型节庆活动,承办好奥运会帆船比赛等国际性海上体育赛事,吸引国内外大型会议在青岛召开,以高档次的节会活动来展示青岛海洋的魅力,促进旅游业向更高水平发展。大力发展旅游线,将青岛市滨海旅游与国内外景点连线,把青岛旅游推向全国、推向世界。在海、山、城兼顾的基础上,突出"海"的特色,开辟海上游览、海上游钓、海底观光、海岛旅游等项目。不断开发贝雕、海产品、海洋工艺品等特色旅游商品,争创名牌、加大规模。大力发展宗教游、建筑游、历史遗迹游、文化名人游、科技游、工业游、农业游、商业游等特色旅游,深层次挖掘景点的文化内涵,适应不同的行业、不同层次的游客的要求。强化宣传促销,开拓客源市场,形成客源市场多元化的格局。争取到 2010 年接待海外游客 63 万人次、国内游客 2840 万人次,旅游总收入达到 380 亿元。

五是稳步发展精细化工。巩固和发挥品种优势和规模优势,调整产业结构,发展深加工产品,提高产品质量和附加值,推动海洋化工向多品种、精细化、系列化、外向型方向发展。发挥盐碱联合优势,根据市场需求,适当扩大纯碱规模开发低盐重质碱,年产能力达到 40 万吨。烧碱产量稳定在 15 万吨。开发聚氯乙烯、氯丁橡胶、氯化聚烯、烯烃等产品。发展溴素生产,采用卤水制碱和卤水综合利用以及海水淡化工程结合,开发镁系列产品、溴素和溴化合物产品,提高综合效益。加快发展船舶、海岸工程、集装箱等特种专用防腐蚀涂料及新型渔用防生物附着防污涂料,形成系列产品和规模生产。努力提高海藻化工新产品的质量和深加工水平,并将现有的海藻化工企业组成跨区企业集团,重点发展碘、胶、醇深加工产品,提高整体竞争力。2005 年,海洋化工及海盐业增加值达到 8.4 亿元,2010 年达到 11 亿元。

5. 利用办好奥运海上项目比赛的契机,打造中国帆船之都

青岛市海湾众多,风、浪、水温等自然条件适宜开展水上运动,被奥委会专家公认为是理想的帆船、帆板竞赛地。自 1953 年以来,中国的帆船、帆板、摩托艇、滑水、航海模型、航海多项、海军五项等水上项目均是由青岛市起步、发展起来的,国家体育总局直属的运动学校就设在青岛市。近年来,青岛市先后承办了 OP 世界帆船锦标赛、全国沙滩排球巡回赛、铁人三项大奖赛、汇泉湾游泳公开赛等众多水上体育比赛,尤其是青岛市承办 2008 年奥运会海上比赛项目,有 11 枚金牌在青岛产生,青岛市的海洋体育事业迎来新的发展机遇。2008 年奥帆赛前,已经有各种级别的帆船比赛在青岛举行,尤其是在 2004 年雅典奥运会之后,青岛每年都会举行帆船比赛。目前青岛市初步确定与奥运会相关的项目有 154 项,奥运设施及相关投入达 700 余亿元人民币。其中,规划中的万吨级国际游轮码头项目,位于浮山湾奥运园区现北海船厂内、浮山湾新月形半岛的顶端,定位为环太平洋沿岸重要的亚洲及世界性豪华游轮码头,已于 2004 年动工;奥林匹克广场位于奥运园区内,占地约 0.5 ~ 1 平方公里,计划投资 3000 万元;计划兴建的奥运村工程占地约 4.2 平方公里,建筑总面积约 8.4 平方公里。青岛市帆船比赛基地建设除了满足 2008 年奥运会海上项目比赛需要外,还准备留下最佳的后续功能。2008 年奥帆赛已经结束,设在浮山湾的赛场建设形成三大功能:一是成建制地将水上赛场交给国家体育总局水上运动管理中心,使它成为一个帆船运动基地;二是在这里建立一个国际性的游艇俱乐部,吸纳世界上更多国家和地区有志于这项运动的人来此相聚;三是在这里建设一个永久性的旅游码头,争取让世界各个国家和地区更多的游船到这里停泊。通过承办奥运会海上项目比赛,把青岛市建成中国帆船之都或中国海洋体育之都。到那时,除了碧海蓝天,海面上的亮丽风帆将成为这座城市另一个标志性的风景。

### 三、海洋生产关系创新是保障

1. 组织领导创新

领导到位,把发展海洋经济摆到重要位置。从 1998 年起,实施海洋

经济发展联席会制度,由青岛市委、市政府主要领导定期召集有关部门、中央及省驻青岛涉海机构和军队等方面的主要负责人,集中研究海洋开发利用、治理保护等重大事项。建立海洋经济发展目标责任制,制定《青岛市海洋经济工作考核办法》,定期对督察对象的任务、责任、时限、标准进行考核奖励,以此作为检验干部政绩和干部使用的重要依据。聘请海洋、港口、渔业、地质、环保、旅游、船舶、管理等方面的专家成立了海洋事务咨询委员会,全面负责海洋开发、利用、保护的咨询工作,促进决策的科学化和民主化。加强超前研究,提出更高的发展目标,抓住举办奥运会的有利契机,全面推进青岛各项海洋事业发展,把青岛建成一个海洋经济发达、海洋文化繁荣、海洋军事强大、海洋管理规范、海洋生态环境优良的海洋强市,成为国际化的海洋名城,进一步突出海洋事业在现代化国际大城市建设中的地位和作用。把海洋经济列为国民经济和社会发展计划,从政策上扶持海洋事业快速健康的发展。鉴于海洋经济在青岛市的特殊位置,还在全市的经济统计中,增设"海洋经济"专项统计,便于市委、市政府及时掌握海洋经济发展动态,准确决策。

　　2. 综合管理创新

　　主要是加强海洋综合管理体系建设,创造良好的海洋经济发展环境。为建立起良好的海洋开发新秩序,协调人与自然界、人与人及各利益主体间的关系,有效配置海洋资源,最大限度地发挥海洋开发的整体效益,并维护好国家的海洋权益,进一步加快地方海洋法规体系建设,逐步使海域使用、资源开发、港湾建设、填海工程、渔区(养殖区)、无线电、滨海旅游等各方面都有法可依,形成以法治海、从严管海的局面。在全国的有关规定指导下,大力推行海洋功能区划制度、海域使用权属管理制度和海域有偿使用制度,按照《胶州湾及邻近海岸带功能区划》、《青岛市海域使用规划》等法规规章,规范用海行为。加强海洋环境综合整治,建好海洋自然保护区,维护良好的海洋生态环境。加大海洋执法监察力度,加强海洋管理队伍和海洋执法监察队伍建设,不断改善执法装备,提高执法队伍的整体素质及执法水平,严厉查处对违规用海和破坏海洋资源环境的行为,努力实现海洋的可持续发展。

　　近年来,青岛市的海洋管理工作一直走在全国前列,被国家海洋局确定为国家级海域使用管理示范区,并先后被评为国家级海域使用管理示范区建设工作先进单位。今后,青岛市将紧紧围绕国家级海域使用管理示范区建设任务,进一步加大立法、规划、管理力度,建立起良好的海洋开发秩序,保护好海洋资源和环境成为国内及全世界一流的海洋管理样本城市。

　3. 海洋文化创新

　　青岛市把大力弘扬海洋文化,建设海洋文化名城作为重要创新工作。青岛市是中国历史文化名城,海洋文化是青岛城市文化的主要特色。进入新时期,青岛市重视深入挖掘海洋文化的丰富内涵,大力弘扬海洋文化。重点做了以下工作:一是塑造以"海纳百川,追求卓越"为主要内容的城市精神;二是注重保护延续"红瓦绿树、碧海蓝天"的自然人文景观特色和山海城浑然一体的城市风格,建设了长282公里的滨海大道和贯穿市区前沿一线的滨海步行道,突出城市"海"的特色,塑造亲海环境;三是建设了一批品位高雅、风格独特的标志性海洋文化设施,进入新世纪以来开始重点建设中国海军博物馆、极地海洋世界、水族馆海底世界、海洋公园、汇泉湾发行工程、海洋旅游度假区、奥林匹克水上运动中心、海洋生物馆和海洋生物标本馆等海洋主题公园或场馆,建设一批海洋主题雕塑;四是认真总结大型舞蹈诗《大海梦幻》的成功经验,创作了一批反映时代精神,具有鲜明的海洋特色、思想性、艺术性和观赏性融为一体的精品力作;五是强化品牌意识,举办好每年的"海洋节"、"青岛之夏"艺术节、"海之情"旅游节、"金沙滩文化旅游节"、"开渔节(上网节)"、"海洋科技与经济发展论坛"、"中国海洋科技博览会"、"中国国际渔业博览会"等一批有影响的重大海洋节庆文化活动;六是加强海洋知识和海洋科技、文化的宣传普及活动,在中小学中开设海洋知识课堂,编辑出版《海洋小百科全书》,增强全民的海洋意识特别是亲海意识;七是办好海洋文化研究所和《中国海洋文化》年刊,在大学中开设好《海洋文化概论》课程。通过以上措施,将海洋文化渗透到城市的每个角落,为青岛市增添厚重的"蓝色"文化底蕴。

### 四、集成创新出效益

1. 形成更大的海洋经济优势

通过创新,使青岛市的海洋经济优势更优,特色更特;提升了城市持续创新力和核心竞争力。

一是形成了科技集成优势。青岛是我国进行海洋科研、教学和国际学术交流的基地,海洋科技密集程度居全国之首。全市共有 25 个海洋科研、教育、管理机构,海洋专业技术人员 5000 余人,占全国同类人员的40%,其中高级专业技术人员 1100 余人,占全国同类人员的 35%,现有涉海中国科学院院士和工程院院士 14 名,中国海洋大学是我国最大的综合性海洋高等学府。青岛海洋科研、教育学科门类比较齐全,设备比较完善,拥有各种海洋调查船 22 艘,排水量 3 万余吨。在海洋生物、海洋水产、海洋地质、海洋化学、物理海洋、环境海洋、海洋腐蚀与保护、海洋经济等学科的研究与教学方面,居全国一流水平。

二是海洋区位优势明显。青岛市位于亚欧大陆和太平洋的海陆交会地带,是我国的重要港口,是山东省、沿黄流域的主要出海口岸之一,是亚欧大陆桥的东方桥头堡,是天津市与上海市之间最大的经济中心城市和外贸港口城市,是环渤海经济区的重要城市和山东改革开放的龙头,距韩国、日本仅 300~800 海里,具有便利的海上交通条件。近年来,世界经济重心正在向太平洋地区转移,国际经济发展的大潮,把包括青岛在内的我国沿海地区推向了国际经济合作与交流的前沿,这是青岛经济崛起的难逢机遇。青岛市的创新发展,证明已经抓住了这一机遇。

2. 构筑了可持续发展的经济体系

青岛市努力加大结构调整力度的创新举措,促进了海洋产业优化升级。青岛市海洋产业结构调整的总体要求是:以市场为导向,加快第一产业的发展,提高第二产业的水平,增加第三产业的比重,建立起高素质的海洋产业体系。从资金、技术、市场这 3 个方面的限制条件出发,海洋产业主要向技术水平高、市场规模大的海洋产业或项目倾斜,重点推动海洋药物及保健品、水产种苗产业、设施渔业、远洋渔业、创汇渔业及海洋食品精加工、港口海运、船舶修造、旅游业以及一些新兴产业的发展,以保证丰富的海洋资源获得充分利用并获得更大的经济效益。还制定促进外海开发的扶持政策,引导海洋开发由近海向外转移,以此减轻了由于近海过度集中开发而引起的对资源环境所造成的压力。

3. 获得了可观的产出效果

近年来,青岛海洋经济取得长足发展。2002 年全市主要海洋产业总产值达到 407. 26 亿元,比上年增长了 13. 1%,主要海洋产业增加值达到 193. 82 亿元,比上年增长了 21. 2 亿元。主要海洋产业增加值已占全市 GDP 的 12. 8%,正逐步成为全市经济新的支柱产业。青岛港是全国最大的集装箱中转港、全国最大的进出口油中转港、北方最大的矿石中转港和全国重要的煤矿转运基地。2002 年货物年吞吐量达到 1. 2 亿吨,集装箱年吞吐量 341 万标箱,跨入全国三强和世界前十五强。滨海旅游业发展迅猛,2002 年接待海内外游客 1836. 7 万人次,实现旅游总收入 150. 52 亿元,旅游业首次超过海洋渔业成为海洋经济第一大产业。海洋渔业的素质的效益明显提高,以苗种培育、工厂化养殖、深海抗风浪网箱养殖和海岛开发为代表的高科技、高标准、高投入、高效益的现代渔业发展迅猛,渔业科技水平、出口创汇、利用外资和设施渔业等方面在国内城市中保持领先优势,全市海洋水产品年产量达到 127. 2 万吨,总产值 136. 88 亿元,占海洋产业总产值的 33. 6%,位居各海洋产业第二位,临港工业不断壮大,其中修造船厂有 10 余家,年造船综合吨达 7. 2 万吨,年产值 14. 1 万余元,海西湾大型船舶修造基地工程正在加紧建设中。盐业及盐化工保持稳步发展,原盐产量 43. 9 万吨,主要盐化工产品产量达到 74. 5 万吨,实现工业总产值 20. 72 亿元。海水利用产业发展较快,全市海水日利用量达到 210 万立方米,全年海水利用产值 23 亿元。海洋工程建筑业稳步发展,总产值 15. 2 亿元。海洋药物和保健品制造业成为新的经济增长点,目前正在研究开发的海洋药物和保健品 50 余个,国风药业、海尔、澳柯玛、中鲁远洋、山东海汇、三九集团等企业大规模进军海洋药产业,2002 年实现产值约 1. 44 亿元。

总之,通过集成创新,展示了青岛"海洋城"的形象,彰显了青岛在海洋资源、海洋科技、海洋产业、海洋管理及其文化的雄厚实力及其丰富内涵,提高了青岛在海内外的知名度,实现了海洋经济科学、协调、和谐、健康发展,推动了青岛市整个经济社会的更好更快发展。

# 11　海洋经济集成创新
# 战略的实施对策

　　本书前面分析海洋经济三位战略以及研究集成创新战略理论模式时,是以海洋战略创新主体和创新外部环境为假定条件的。然而,海洋经济集成创新战略形成思路以及实际实施过程却是战略创新主体依据战略创新环境(包括海洋自然环境、海洋经济、社会环境和国际海洋权益竞争环境)展开的战略创新和实践创新的过程。战略创新主体推动战略创新运行是贯穿运行过程的一条主线,战略创新主体在创新运行中的作用是极为重要的。因此,进一步分析海洋经济集成创新战略主体的塑造以及实施海洋经济集成创新战略的对策措施是不可或缺的。

## 11.1　重塑集成的海洋经济战略创新主体

　　我国的海洋经济集成创新是依据中国国情进行的自主创新,从一定意义上讲,塑造合格的战略创新主体,是战略实施的首要对策。

### 一、战略创新主体的内涵与多元互动

　　海洋经济集成创新战略作为一种重大的创新战略,是由创新主体来设计并组织实施的。所谓战略创新主体,是指创新战略实践活动的承担者。海洋经济集成创新战略主体是具有战略创新的动力和能力的、创新投入、活动和收益的承担者。在全球化的知识经济时代,随着"全球治理"活动的进展,一种"广泛的、动态的、复杂的互动合作"在逐渐推行。这是一种由国家与非国家实体、官方实体与私人实体、国内实体与多国实体参与制定并指导与控制它们管理共同事务包括创新活动的多种软法与

硬法机制的互动过程。在中国发展海洋经济过程中,战略创新主体是多元的,也是多层次的。宏观与微观,国家与地方,是互动的。已经广泛推行的"产、学、研、管"四位一体的产业创新战略,就是多元互动的。这说明,集成创新战略的主体已经泛化。从集成创新的三位三维看出,集成战略的主体具有层次性,海洋经济的微观单位如企业是海洋经济集成创新的主体要素,中央政府、地方政府、各种产业部门和海洋管理部门以及服务组织同样也是集成创新的主体。集成创新战略主体的多元化不仅成因于集成创新中的合作需要,也是经济社会转型过程中行政管理向社会管理转变的必然产物。随着我国体制改革和市场经济的发展,政府管理开始由直接管理变为间接管理,公共管理事务开始社会化,政府职能向社会转移或委托代理,加快了创新主体多元化的形成。多层面的非政府机构愈来愈多地提供多种公共服务。特别是在海洋环境资源、区域管理、公共工程等领域,其作用愈来愈明显。海洋经济集成创新运行比陆地经济更复杂,更具有创新主体多元化的特点。国外学术界的创新流派一般都把政府的创新职能定位于创新系统的必备要素和关键变量。主要指的是中央政府。中国的国情与国外不同,除中央政府以外,中国的沿海地方政府在开发海洋资源和发展海洋经济过程中有很大的管理权。因此,本课题认为,中国沿海的地方政府也是海洋经济战略创新系统的创新主体要素。随着战略创新复杂性的推进,创新资源需要集成,战略创新主体也需要互动集成。我国发展海洋经济实践中,沿海区域战略创新主体和国家战略创新主体都是重要的主体,而中央政府处于国家战略创新的最高层次。

## 二、塑造合格战略创新主体以及科学整合的必要性

发展海洋经济,必须要有规范的、合格的战略创新主体。集成创新,由于需要系统整合与过程协同,必然要求各创新主体要运用掌握的创新资源开展合作与协调,在企业、政府与公共管理部门之间建立各种伙伴关系。这一过程就是主体间的互动过程。可见,集成创新战略的实施过程是众多创新主体合作与协调的过程。没有合作与协调,复杂的海洋经济创新任务难以完成,集成绩效目标也就难以达到。也就是说,确立了战略

创新系统中的各种主体尚不等于自动地获得了"系统绩效"。要真正解决"系统失效",获得"系统绩效",就需要各个创新主体之间、各个创新主体构成的核心层与创新空间之间形成有机的联系。

从作为战略创新主体互动的国际趋向来看,世界各国政府越来越重视制定促进融合不同创新行为的创新政策,以促进各种形式的合作,如同行业与企业的合作、国家研究机构与企业的合作、大学与企业的合作、政府与产业界和地方的合作等。甚至提出,有必要把促进创新作为经济、社会和法律政策框架中的一个目标。事实上,随着经济一体化的发展,许多建立合作关系的地区,如欧盟、北美自由贸易区、东盟等都在海洋经济的众多领域展开了合作互动。国际上大量案例表明,海洋经济集成创新的互动,是各类行为主体相互交流、相互联合、相互作用、共同促进创新运行的过程。

从海洋经济集成创新的内在关联特征分析,不同创新主体必须相互合作、相互依赖。这种合作,依赖的实现必然伴随着高度复杂的交易活动和交易费用的增加。因此,各创新主体间的合作、依赖并不是很容易的,需要制度创新来促成,而制度创新又受到技术、产业、知识创新的制约。这些方面处理不好,创新主体就出现相互分离。这种分离的结果,既有可能使创新功能不能有效发挥。也有可能使创新效率得不到提高,这就产生了"系统失效"。要切实解决"系统失效",就必须要有集成战略创新主体互动、整合的新思路。

### 三、我国海洋经济战略创新主体存在的问题

我国的海洋管理实行中央与地方相结合、分级管理海洋事务的体制。海洋开发和管理,从体制上看,可分为企业运作主体、行业管理主体和综合管理主体三大类。企业是按照市场经济的法则进行创新的,海洋行业管理主体的创新是指国家的行政部门对开发利用海洋资源的某一产业及其活动进行的行政管理创新;海洋综合管理主体创新则是指海洋主管部门通过政府制定的海洋政策、规划,调整海洋各产业之间和各种海洋开发活动之间的关系,以及局部利益与国家利益的关系,实现保护海洋生态环

境、合理开发利用海洋资源的管理创新。国家海洋局是国务院管理海洋的行政主管部门，隶属国土资源部，是监督管理海域使用、海洋环境保护、依法维护海洋权益、组织海洋科技研究的行政机构。渔业、运输、环保等部门也有部分海洋管理职能。各沿海省、自治区、直辖市分别设有海洋局（厅），沿海各市县也设有海洋管理机构，管理海洋事务。

我国的海洋体制从总体上看存在两方面的问题：一是行业各自为政，多头分割式管理，"多龙治水"。即按照海洋自然资源的属性及其开发行业部门职责分工管理的，属于松散型的行业管理，尚未形成统一的行业管理模式。例如，海洋渔业隶属于农业部，海洋运输隶属于交通部，海洋化工隶属于国家经贸委下属的国家石油化学工业局等等。这种管理体制使得原本具有整体性的海洋资源被分割成多个部分，各自管理相应的海洋资源，势必造成各管理部门之间的交叉、重叠，管理效率低下。由于缺乏有效的协调机制，在海洋监管、海洋环保、海洋执法等各项管理中，各部门依据相关法律赋予的权限进行执法管理，往往矛盾迭出，互相掣肘。就像有人形象比喻的"海里的不上岸，岸上的不下海"。

二是地区间无序竞争。近几年来我国主要沿海省市都相继成立了海洋综合管理部门，这对加强海洋的综合管理起到了保证作用。但专家也指出，这些海洋管理机构归属不同，职责不一，整合度较低。像那种既负责渔业又负责海洋综合管理的体制，无形中弱化了海洋综合管理和集成创新的公正性、严肃性和权威性。各海区对海洋资源的开发，虽取得成就，但在无序竞争中，也带来了海洋环境污染、资源枯竭和荒漠化的问题，影响了"和谐海洋开发"。三是中央政府与地方政府在海域管理、资源利用等方面也存在着博弈现象，规划、政策有时难以全面有效的贯彻落实。

#### 四、海洋经济战略创新主体互动集成的思路

（1）在明确战略创新主体定位的基础上推进战略创新体制与机制改革

随着现代海洋科学技术的发展，涉海部门、海洋行业越来越多，海洋资源的开发和利用规模也越来越大。各行业、地区、部门之间的关系缺乏

协调和统一,只从本行业的角度出发,难以充分地顾及和考虑其他行业部门的要求和利益,有可能引起各行业之间的矛盾,影响整体创新,因此需要进一步加强海洋创新的集成管理和综合改革。海洋集成管理与综合改革属于宏观管理,并不干预各个行业内部的管理工作,它站在全局的高度,全面充分地考虑国家、地区、行业和个人利益之间的关系,协调解决有关海洋产业和开发活动之间的矛盾。

从我国海洋经济集成创新战略的要求看,首先要在中央政府方面建立海洋事务委员会,更好地协调各类主体间的相互联系,以统筹思考、协调实施海洋经济集成创新战略。这是完善体制与机制的关键。从我国存在的四大海区的实际情况看,分别建立四大海区海洋事务委员会也是必要的。如在渤海区域,为加强跨省间、跨部门间的合作,建立简洁高效的渤海管理机制,由中央、地方政府组成跨行政区的渤海综合管理协调机构,例如,成立渤海管理委员会,赋予其明确的职责,包括权利和义务,是十分必要的。在国家宏观战略指导下,通过把渤海综合治理的权利和责任落实到有关各方,共同开展渤海海洋资源保护、海洋环境监测和海洋监察执法工作。为了做好工作,同时建立国家和地方相结合的环渤海环境和资源管理协调机制;建立渤海环境综合管理最佳模式;制定渤海环境综合管理行动计划;建立渤海环境综合监视监测系统;加强集成创新能力建设,使渤海的创新管理形成一个有机的整体,中央与地方之间,省市之间、县与县之间,行业之间,实现渤海资源共享与可持续创新发展。

同时,还要明确沿海政府在海洋经济集成创新中的功能定位。沿海政府作为重要的创新主体,在创新实践中有很重要的作用发挥领域,担当着很重要的角色。要准确给地方政府的创新角色进行功能定位,明确地方政府的创新职能及其他相关职能。

中央和地方两级政府要很好的合作互动,才能有效地担负起规划、协调和促进地区海洋经济发展的重任,才能对海陆经济的发展方向目标与重点作出决策并组织实施,协调好部门间、产业间的公平与效率关系,实现协调发展。要按照海洋经济的需求和市场经济的要求推动市场发育,创造市场化的体制和制度环境,制定实施科学的法规条例,创造海洋事业发展的公平竞争的环境,为海洋经济平等竞争创造条件。总之,要靠多主体的积极性,推动战略创新,提升海洋经济发展的水平。

(2)不断完善战略创新主体对创新资源的有效集成和组织形式

海洋经济的集成战略创新,需要有各种资源的投入。由于创新资源是有限的,创新对资源的需求永远处于矛盾对立状态。创新主体对创新资源的掌握不仅有多寡之分,而且有管理体制和职能上的分工不合理状况。有些公共机构职能重叠,主体间就有不和谐行为。在创新资源的各个源头上,如信息源、技术源、产品源、资金源等方面,都存在类似的问题。因此,明确不同创新主体的职能分工和互补,弥补存在的功能空白,做好资源的结构性调整和有效集成,是促进创新主体互动的重要基础性工作和重要内容。

战略创新主体的互动、集成,不仅要在掌握创新资源上有合理的分工与合理的制度安排,同时也要有必要的互动、整合的载体,即一定的组织形式。互动的过程,也是组织形式的变迁过程。海洋经济发展的过程中,在体制改革的推动下,已经出现了一批新的组织形式,如海洋发展中心,海洋工程中心,海洋工程院,技术开发中心等,以沟通企业与科研机构的联系;又如学校中试基地,大学开发中心等,以沟通企业与学校的联系等。再如新的产业创新模式,以沟通产、学、研、管之间的广泛联系等。新兴的海洋工业园区已成为不同创新主体高效互动,融合不同创新行为,集成创新资源的主要方式。海洋区域间的互动,也出现了如环渤海地区一体化等组织形式,这些组织形式也应继续完善。这里着重指出,要进一步完善我国的海洋创新合作机制,建议采用涉海部门联席会制度,多出台超越部门利益的政策措施。

(3)不断完善战略创新主体集成的制度环境,加强制度建设

海洋经济战略创新的制度环境建设包含的内容很多,必须立足于从系统整体的思路上来把握。由于我国处于经济社会转型期,计划与市场的结合作用往往难以把握好,因此,就要努力深化改革,促进以市场经济为配置创新资源的制度安排和体制改革的进程,同时完善政府的调节创新资源的功能。总之,创建、培育有利于创新主体集成的制度环境,不仅

要关注单个创新主体的动力的激发和能力的提高,而且要全面考虑,合理安排,通过法律制度建设,强化创新主体在知识网络条件下的不同方式的合作,来改进创新主体间的相互作用和合作。

## 11.2 确立全球定位的战略思维

健全合格的海洋经济战略创新主体,制定实施海洋经济集成创新战略,促进海洋经济发展,必须要立足于宽广的世界眼光与宏观的战略思维。之所以如此,是由我们所处的时代主题与中国国情决定的。跨入新的世纪以来,在和平、发展、合作的时代主题大背景下,经济全球化、信息化与多极化同时并存、相互交织,共同构成了世界经济发展的总图景。海洋开发领域,“海洋世纪”的到来以及世界范围的开发热潮,已经成为世界经济发展的热点。适应时代要求与海洋经济发展的趋势,加快海洋开发与保护步伐,是历史赋予中华民族的一项光荣而伟大的艰巨任务。走向大洋,走向世界是整个中华民族的愿望。

《联合国海洋法公约》生效后,全球海洋的1/3已成为各国的专属经济区,深海大洋的竞争更加激烈。新世纪来临,一些国家正在调整自己的海洋政策,日本斥巨资投入海洋科技,明文提出要在海洋科学里“起领导作用”;韩国提出了“21世纪海洋韩国”发展目标;美国于2001年成立海洋政策委员会,2004年又提出“21世纪海洋蓝图”的报告,接着成立了部长级的海洋政策委员会。世界各国对海洋的投入和开发都在全面升级,形势已不允许我们掉以轻心。在海洋问题上,我们不能只“坐陆观海”,不争大洋。总之,世界眼光和战略思维是非常重要的。

立足世界眼光,首先要求要有海洋世纪的历史定位:21世纪作为海洋世纪,已经写入联合国文件。联合国海洋法公约的生效和海洋科技的迅速发展,为海洋经济提供了动力和历史性机遇。紧紧抓住海洋开发的机遇,把我国建设成具有综合竞争力的海洋强国,对促进现代化建设,实现中华民族伟大复兴具有重大意义。

其次,要有全球空间定位。要在全球大坐标系的视角中,寻求我国海洋经济发展的位置。我国是一个海陆兼备的国家,海洋面积约 300 万平方公里,这是拓展空间,培育新增长点的重要国土资源。要把这一国土的开发利用放到国际开放开发的大环境考察,以确立海洋为中心的经济圈层理念和兴海强国建设的理念,维护海洋权益,享受海洋利益。

再次,要从大坐标系中寻求战略定位。海洋是人类可持续发展的宝贵财富和最后空间。为缓解全球性环境污染、人口增加、资源枯竭和能源危机等全球性问题,为促进进出口贸易,确保海洋运输与战略通道的航行安全,为积极参与国际社会共有的公海与国际海底的开发利用,为促进各国经济共同繁荣发展,建立国际政治经济新秩序,必须要有科学的战略定位。

立足战略思维,就要把海洋经济发展看成我国现代化建设的重大工程和实现中华民族伟大复兴的根本性任务。历史经验告诉我们,强于世界的民族必盛于海洋,盛于海洋的民族必强于世界。海洋与一个国家或民族的兴起与衰落有直接联系与作用。加快海洋经济创新发展是一个全局性、根本性、长远性与前瞻性的战略任务。300 多万海洋国土,必须要尽快列入国家战略[1],不仅仅是提出战略,而且要构建大战略。为此,就要求我们要实现传统战略观的新突破。除已经树立的海洋国土观、海洋自然观、海洋权益观外,还应特别树立:

一是全球海洋观。要有"大海洋"战略意识,从全球视野来认识与利用海洋。在利用好我国的海洋国土的同时,树立深海、远海发展观,把全球海洋作为中华民族发展的物质资源基础和战略环境。

二是创新发展观。海洋经济的发展是一个系统工程,遵循系统的规律必然要求创新发展。为了取得最优化创新绩效,应当在资源开发上有序、有效、有偿发展;在产业发展上协调高效;在区域建设上一体联动;在海洋主权与权益维护方面,毫不含糊。在知识经济时代,更要以信息化引领资源开发,产业升级,实现陆海联动。总之,要以创新求发展。

三是集成战略观。海洋经济集成创新战略的层次性表明,单一的海

---

① 张向冰:《尽快制定我国海洋发展战略》,《中国海洋报》2005 年 3 月 8 日。

洋战略,形不成最优绩效,只有在海洋经济发展的规律体系集成的基础上,提出发展战略的集成创新,确立集成经济性这一具有国际竞争力的目标,以形成竞争优势提高发展海洋经济的水平,才能把我国建设成为海洋强国。

四是合作开发观。要顺应经济全球化的趋势,进一步强化海洋经济的国际合作与交流,充分利用两种资源,两种市场,特别是重视开发利用大洋和海外资源,互惠互利,发展自己,壮大自己。

## 11.3 切实加强海洋事业的执政能力建设

按照海洋经济集成创新战略提出的提高海洋经济综合竞争力,实现最经济、最持续、最大福利的目标要求,谋取海洋经济的最大集成绩效,海洋经济创新主体必须紧密结合海洋事业的特点和实际,认真加强执政能力建设。对这种能力建设,国家海洋局已有了一般性要求①。从建立健全海洋事务委员会,实施集成创新战略的角度看,能力建设应该有更高的要求。要以新的视野高度重视海洋事业,努力提高统筹海洋开发与保护、统筹海陆发展,统筹国内开发与国际合作的能力。做到全球空间定位思考与整体优化行动。把海洋开发提高到更高的位置,在海洋集成开发战略导向下,实施全球视角下的以实现集成经济性、提高国际竞争力为目标的集成创新战略,尊重海洋开发规律,协调海洋资源、环境与产业发展、区域经济的共存发展,把政府宏观控制和市场调节有机结合起来,提高中国海洋经济创新能力和开发保护水平,促进海洋经济国际化的进程,实现海洋经济可持续集成创新发展。

海洋经济合格的战略创新主体,从事集成创新,一定要以科学发展观和复杂性科学为指导,努力提高创新管理水平:

(1)从战略高度重视海洋国情调查研究工作。国情研究专家已经指出,海洋国情调查与研究是一项基础性的系统工程。从整个国家的立场

---

① 王曙光:《我国海洋事业与时俱进蓬勃发展》,《海洋开发与管理》2005年第2期。

上,从宏观的战略的高度来统筹安排,系统研究,以保证海洋国情调查研究的系统性、完整性和实用性,是十分必要的。笔者同意这些观点。一是要加强海洋调查的基础工作。一定要实施好 908 调查项目,有计划、有步骤地开展海洋环境和资源的综合调查研究与评价,为大规模开发海洋做好前期准备工作。已经进行的"海洋渔业资源调查"、"海洋矿产资源调查"、"海洋水文调查"等,都是单项的孤立进行的,是为行业服务的,现在应该把它们提到国情调查的高度。二是要尽快构建海洋国情研究的机制。海洋国情调查研究工作的技术、资金投入量大,周期长,本身有很强的综合性、配套性和知识密集性。因此,需要集中财力、物力,集中优秀人才和先进技术设备,形成政府、民间、产业三位一体的海洋国情调查研究体制。三是努力改善海洋国情研究的科技手段。四是要重视海洋国情研究成果研究和评估。建立海洋发展研究中心,提高开发利用海洋的总体能力。同时要重视海洋国情调查研究成果的转化工作,认真做好资源信息共享和研究成果的有偿转让工作,最大限度地为经济发展服务。①

(2)提高海洋经济集成创新的设计水平和组织水平。由于海洋经济集成创新是环境巨变、不确定性增强条件下的复杂创新,它所涉及的管理模式和方法也就非常复杂。因此,要对海洋经济发展的大量数据和活生生的实践进行分析,认真研究海洋经济科学、协调、和谐发展的系统集成,探索其规律性,把握海洋经济创新发展的本质与创新思路。要强化科学创新观、复杂性理论、模块化设计等的指导。要把海洋经济与涉海经济、沿海经济、海外经济结合起来,要深入研究实施海洋经济集成创新,加快建设创新型海洋经济强国的目标措施。按照我国建设创新型国家的总要求,把增强集成创新能力作为发展海洋经济的战略基点,着力推进原始创新、集成创新和引进消化吸收再创新,推动海洋科技的跨越式发展;把增强自主创新能力作为调整海洋产业结构、转变海洋经济增长方式的中心环节,建设资源节约型和环境友好型社会,推动经济社会又好又快发展;

---

① 中国国情调查研究委员会:《研究海洋国情　促进海洋经济发展》,《中国海洋报》2005 年 8 月 16 日。

把增强集成创新能力作为国家战略,贯穿到海洋事业的各个方面,激发民族创新精神,培养高素质创新人才,形成有利于集成创新的体制机制;使中国的自主创新能力显著增强,海洋科技经济社会协调发展和保障国家海洋与经济安全的能力显著增强,促进我国进入创新型国家行列,为全面建设小康社会提供强有力的支撑。各类海洋集成创新主体要搞好合作,在海洋经济集成创新中扮演好角色,切实把握好集成创新对海洋经济发展的影响,对海洋经济集成创新实施最优化管理,以促进海洋经济集成创新在高水平状态下动态有序运行。

(3)掌握转变海洋经济增长方式的方式方法。要努力提高对集成创新的认识,充分看到它是一种全新的创新模式,是应对信息化和全球化挑战的发展战略选择。要树立海洋经济科学创新观,积极调整创新方式,从注重单项创新转变到集成创新上来,强调海洋经济创新发展的合力和动态协调以及可持续。集成创新的实质是将集成思想创造性地应用于创新实践的过程,通过科学的创造性思维,从新的角度和层面来对待各项创新资源要素,并运用多种方法和手段,促进要素、功能及优势之间的相互匹配,保证创新的顺利运行。集成创新的有效性和系统化的思路和方法,对我们挖掘海洋经济的发展潜力,加快发展海洋经济有直接的应用价值。在海洋经济的转型与变革期,海洋经济要走良性循环与可持续发展之路,必须以巨变的国际国内竞争环境为切入点,分析海洋经济转型的矛盾与难题,探索新的经济社会环境下海洋经济集成创新、健康发展的整体思路、战略选择和实现模式,对海洋经济实行持续的集成创新。特别是要在发展战略、技术与产业选择、制度因素以及管理体制等大系统上面构建新功能互补的创新思路,注重集成方法方式选择,以形成合力,提高创新发展的集成绩效。

## 11.4　编制合纵联横的经济区划和集成开发规划

实施海洋经济集成创新战略,就要把"新东部"这块新划定的海洋领域范围纳入国家经济区划。所谓经济区划是国家按一定的地区区情进行的国土单向或综合分区,系国家政策制定和实施、经济布局和建设的基础。我国沿海经济的发展显示了海洋在国民经济中所占的地位,国家在今后的整体经济区划和发展规划当中,应明确确立"新东部"的战略地位,填补经济区划忽略管辖海域的空白。"确立'新东部',不仅是一个文化视野、思想观念的问题,也是一个经济视野的问题,更是一个政治视野的问题"①。

从思想观念看,"海陆和合"的理念给人以启发。"海陆和合"是避免"海陆对立"、实现"海陆共赢"的必然选择。

从经济来看,随着海洋开发的深入,海陆关系越来越密切,海洋产业群的形成与发展,不仅与陆地相关产业互为依托、相互促进,而且经济的发展水平随海陆一体互动获得更大发展。沿海国家间的经济联系日益密切。沿海国家都已经出现工业向沿海地区转移的趋势,利用海洋的纽带作用和廉价的海运优势,在沿海地区发展大产业,发展来料加工、大进大出的出口加工业和高新技术产业,引进先进技术,扩大金融、信息和人才交流,形成了众多的滨海工业区,使沿海经济充满活力。可见,海陆经济一体化,要求人们从陆海互动的视角认识开发海洋的重要性,遵循陆海一体化原则,将海洋发展纳入整个国民经济计划系统,发挥海洋在整个经济和资源平衡中的作用。

从政治上看,海陆一体互动,加强交流合作,是以和平方式管理和利用好海洋国家和大陆国家之间的地缘关系,以促进地区和平、发展与繁荣的重要举措。

实施海洋经济集成创新战略,本课题组建议,要在坚持开放、合作的前提下,在确立"新东部"战略地位的基础上,进一步确立"东部"与"新东部"联体互动的战略地位与规划问题。如前所述,由陆海一体联动发展的内在需要所决定的海陆联体区划具有的重要战略地位,因此,要认真研究联体区划,同时科学编制海陆一体发展规划。从国家层面规划海陆联

---

① 张一玲等:《"新东部"构想》,《中国海洋报》2005 年 3 月 18 日。

动发展。联体规划是指对我国沿海区域(海域与陆域)长远而全面的发展构想,是描绘海洋区域未来发展的蓝图,规划的主要任务是根据沿海11省(区、市)与海洋专属经济区区域的发展条件,从海洋经济发展的历史、现状和未来社会需求出发,明确海洋经济的发展战略和目标,对海洋区域的生产性和非生产性建设项目进行统筹安排,并对环境保护等方面进行总体部署。作为政府引导该区域海洋经济发展的宏观的指导性文件,使之成为落实沿海地方社会和经济发展总体规划的一项重要的规划。规划编制的指导思想要以科学发展观为指导,坚持以人为本,促进人与自然、经济与社会、城乡区域的和谐发展,遵循和落实海洋科学发展观和集成创新观,以海域资源可持续利用为根本出发点,兼顾经济、社会、生态和环境效益的统一发展。坚持统筹兼顾,协调发展,搞好与沿海城市群规划、海洋功能区划、海岸带等规划的衔接。统筹协调海岸、海面、水体、海床和底土的开发利用;统筹协调海岸带陆域、水域开发利用和经济社会发展规划,统筹海洋经济与涉海经济、沿海经济、海外经济的发展。

同时,在编制海陆联体规划的同时,应继续加强海洋规划体系建设。科学规划是合理开发利用海洋资源的前提,是对海洋事业的长远而全面的规划,是涉及海洋资源、产业、区域的体系,还是涉及海洋经济、海洋政治、海洋科技、海洋生态环境、海洋军事等在内的综合规划体系。而我国以往的五年计划中有一个重要的缺陷,就是对海洋重视不够,基本上是陆域的规划。至今仍然缺少一整套相互关联、相互衔接、疏而不漏的管理规划体系。目前,海洋各产业部门大都依据本部门的实际情况和特点,制定各自的产业发展规划。由于各种规划分别制定,因此,单一行业特征的海洋发展规划并不能协调各海洋产业之间的关系,带来海洋经济发展的整体效益。正是由于对海洋发展缺乏统一规划和管理,使得各海洋产业、地区、部门之间的矛盾滋生,甚至出现地方保护、行业保护和分割状态,最终造成海洋开发秩序混乱,海洋生态环境遭到破坏的局面。这种局面必须改变。需要根据我国海洋区域的发展条件,从海洋经济的历史、现状和未来社会需要出发,制定全国综合性的、全面的海洋开发战略规划,制定横向的环渤海、长三角、珠三角和北部湾开发规划,制定纵向的新东部规划、东部与新东部联体发展规划,形成合理的规划体系,推动海洋经济的健康、快速发展,有效维护国家海洋权益,提高我国的海洋综合国力,以最终把我国建设成为海洋强国。

## 11.5　强化重点创新领域的
## 自主创新和超前部署

在我国全面贯彻科学发展观、促进全面小康社会建设的进程中,要使海洋经济继续保持高于国民经济的增长速度,实现更健康的可持续发展,必须以科学创新观为指导,认清海洋经济集成创新的趋势、特点,遵循其规律,对重点领域超前部署,积极拓展发展的新途径。

### 一、大力发展海洋知识经济,努力挖掘增长源泉

海洋开发的难度和复杂性决定了海洋经济增长必须依赖海洋开发知识和高新技术。近些年,现代高新技术用于海洋经济开发领域,海洋经济的发展得到了高新技术的支撑。以海洋探测、深海潜水、海底机器人、海底采掘、海水淡化、海底潮汐发电、海洋生物基因工程为标志的海洋高新技术取得了重大突破,同时电子计算机、遥感、激光、材料、海洋机械制造等方面也取得了许多重大技术突破,这些技术成果被迅速应用于海洋开发从而使以这些高新技术为产业技术基础的新兴产业不断兴起。海洋技术、知识不仅具有很高的科技内涵、更具有很大的经济价值、社会价值,是科技、经济、社会三重价值的载体。这种可以迅速放大的价值优势对于海洋经济发展的推动是传统海洋开发技术无法比拟的。今后,随着知识经济和信息社会的发展,人类将在海洋高新技术方面取得更大突破,这将为大规模开发利用海洋提供强有力的技术支持。随着这些高新技术不断用于海洋经济的开发领域,技术、知识资源成为海洋经济增长的不竭源泉。由于技术、知识资源转化为生产力要经历商品化、产业化和社会化的演进过程,所以要在技术开发、推广应用和产业化运作的各个环节加快转化和演进。首要途径是按高新技术发展的规律并借助一系列的外生政策推动

加快实现技术的商品化。其次是按照产业演进成长的机制迅速实现产业的产业化、社会化、国际化,以进一步扩大增长源泉。

### 二、积极构建海洋循环经济,切实打牢增长基础

从海洋资源开发的整体看,人类已经突破了按海洋自然规律或海洋经济规律办事的局限,扩展到统筹人与自然的和谐发展,统筹人与社会的和谐发展。在海洋开发中实现海洋自然资源、生态环境和社会发展的和谐统一,是海洋经济增长的重要前提。人类在海洋开发中的行为主体因利润诱惑,在被视为日益稀缺的环境资源的利用上,必然选择过度开发与牺牲环境质量的做法,行为主体的外部不经济情况大量存在,导致海洋资源配置的低效率。这种对海洋资源的过度索取已经造成了极大危害。因此,强化资源环境约束,大力发展循环经济,推行"和谐海洋开发",对加快海洋经济发展具有重要意义。政府基于宏观经济管理的责任,应当在干预外部不经济、加快发展循环经济方面发挥重大作用。政府要用经济的、法律的、行政的或其他方面的约束,对海洋环境资源加强管理,既要考虑行为主体对环境资源提出的各种需求的相对合理性,又要考虑整个社会的环境管理要求。由于海洋环境资源是共享资源,各行为主体都应有提高环境质量的责任。应进一步加强发展循环经济的政策机制建设,围绕建设经济效益与社会效益、环境效益相一致的生态化大产业,在生态环境保护、可持续循环利用上做文章,形成具有中国特色的海洋循环经济发展模式。

### 三、大力促进产业升级和集群,强化增长的引擎动力

海洋经济的快速增长,是海洋产业的结构优化升级和集群发展的结果。随着海洋科技的不断进步,海洋新兴产业形成群体,进入快速成长期。沿海旅游、海洋电力、海水利用、海洋造船、海洋增养殖等大部分新兴产业已渡过形成期开始进入成长期,显示出巨大的增长潜力。海洋化工、海洋石油、海洋药物、采矿、信息服务等已经起步,正孕育着激变,发展前景看好。海洋新兴产业在海洋经济系统中的比重迅速增加,推动产业结

构升级的作用日益扩大。以海洋资源开发生产所产生的经济价值在继续
增长,以服务业为基础的海洋经济发展更为迅速。随着产业的发展,产生
了遍及经济活动各方面的海洋产业相关经济活动,包括海洋调查、勘探等
基础活动、海洋教育、科研、开发等科教活动、海洋环境监测、治理等环保
活动、海洋市场、融资、救助、信息服务等公共服务活动等,海洋经济成为
综合性的复杂经济体系。适应这种变化,在产业政策上,应努力优选战略
产业,积极培植新的长远增长点,从而带动海洋经济的长足发展。据对海
洋各产业技术进步、产业关联、产业贡献等方面的分析,滨海旅游、海水利
用、海洋油气、海洋能源、海洋化工、海洋船舶、海洋科研教育和综合服务、
海洋生物工程应作为战略产业加以对待。要把有限的资金投到这些产业
上去,投到关系长远发展的关键环节上去,使产业结构在动态发展中优
化,在前进中升级、提高。另外,在产业集群发展的指导上,要制定各项优
惠政策,切实搞好海洋科技产业园的建设,提高产业竞争优势,实现产业
发展的突破。必须鼓励产业园区的多样化发展,大学园区、产学研基地、
留学生创业园、企业工业园等都应积极探索。

**四、建立健全海陆一体机制,再挖板块增长潜能**

海洋经济不仅是高新技术促进产业发展的结果,而且是空间变化与
空间组合的结果。海洋产业与陆地产业的再生产过程是相互联系、相互
影响的,随着海洋开发的深入,海陆关系越来越密切,海陆之间资源的互
补性、产业的互动性、经济的关联性进一步增强。海洋资源的深度和广度
开发,需要有强大的陆域经济做支撑,海洋经济发展中的制约因素,只有
在与陆域经济的互补、互助中才能逐步消除和解决。陆海一体将使技术、
资源、人才、资金得到合理配置与有效利用,在各种要素的组合过程中,空
间选择范围扩大,要素组合更加优化。海洋资源优势只有在与沿海陆域
经济联动发展中,在与全国的生产力布局紧密结合中和与国际社会的合
作中才能得到充分的开发和利用。所以,构筑陆海一体发展格局就显得
十分重要。过去,由于管理体制和管理机制的束缚,陆海分治,在很大程
度上抑制了海洋经济的发展。近几年沿海城市经济圈或沿海经济区的崛

起,使我们看到了经济增长的巨大潜能。只要我们努力搞好海洋区域经济的战略空间定位和区域开发规划,统筹海域与陆域的发展,统筹海洋开发的国内区域合作和国际合作与竞争,在海陆一体化或联体发展上多做文章,对现存的经济资源进行重新合理配置,海洋经济定会产生最佳的配置效益,取得更大增长。

### 五、强化集成创新发展的战略导向,努力提高集成绩效

传统海洋经济的发展,主要是外延式、粗放式发展。扭转这种增长方式,实现集成创新发展是科学的选择。海洋经济既是水体资源经济、海洋产业经济,又是区域海洋经济的三重性,要求海洋经济必须整合这三大系统,实现以人为本的全面、协调、配套、集成创新发展。这一思路是对传统思路的挑战。以往的思路,往往难以避免目标的单一化,多为单目标和单项突破,很难形成集聚效应。主要指标以产值增长为主,注重增长,忽视发展。在实施创新举措时,也往往配套不够。促进海洋经济大发展、上台阶,必须要树立集成创新意识,实施集成创新。应该认识到,在复杂的变革环境中,只局限于单一或某几方面的创新是远远不够的,必须在复杂性科学和系统思维的指导下,适应巨变的不确定的复杂环境,采取集成的模式,对经济发展的方方面面进行系统整合创新,才能显著地增强海洋经济进行持续变革的能力,从而形成有活力的有较强竞争力和优势的经济类型。在全国强调树立和落实科学发展观强化自主创新的形势下,要建设创新型海洋经济强国,海洋经济发展必须积极调整创新发展模式,转变粗放增长方式,强化海洋经济创新发展的合力和动态协调以及可持续,努力走集成创新求发展求绩效之路。

## 11.6　走开放、借鉴、合作之路

由于海洋问题涉及资源、经济、政治、军事和社会发展等多个领域,历来为世界各海洋国家所重视。这几年来,主要发达国家在促进海洋经济集成创新发展方面有重要进展,应加强国外海洋经济环境和有关战略与

政策的研究,明晰大势和走向,作为我国实施集成创新战略的重要借鉴。特别要研究海洋大国的兴衰经验,适应世界海洋开发的新形势和新趋势寻求积极的战略互动。

在国外,虽然没有提海洋集成创新和管理,但一些国家实行海洋综合管理。所谓海洋综合管理是加强对海洋发展的统一协调的重要管理模式,它带有集成管理的一些特征。综合管理是世界海洋发展的大趋势。美国制定了顺应这一趋势的新的国家海洋政策,建立起真正有权威的海洋管理协调机制。2000 年 8 月,美国通过了 2000 年《海洋法》,要求成立完全独立的海洋政策委员会,再次对国家海洋政策进行全面审议。美国总统任命并成立了由 16 名海洋各领域的资深专家组成的美国海洋政策委员会。该委员会的主要职责是为解决目前许多挑战性的海洋问题提出政策、建议,包括海洋渔业和生物资源管理问题、海洋环境问题,以及联邦政府、州政府、地方政府三者之间在海洋管理中的关系等。2000 年的《海洋法》还提出了制定新的国家海洋政策的原则:即有利于促进对生命与财产的保护、海洋资源的可持续利用;保护海洋环境、防止海洋污染,提高人类对海洋环境的了解;加大技术投资、促进能源开发等,以确保美国在国际事务中的领导地位。这是美国 30 多年来第二次全面系统地审议国家的海洋问题,帮助国家制定真正有效的和有远见的海洋政策。2004 年年底,美国海洋政策委员会向美总统提交了全面的国家长期海洋政策报告。内容包括:加强联邦政府各部门间的横向协调;加强联邦政府、州政府和地方政府间的纵向协调;加强对渔业和其他涉及生态系统的人类活动的管理;加强对流域的管理,因为其陆源活动给海洋环境造成不利影响。新政策提出了全新的海洋理念、具体明确的行动措施,可操作性比较强。①

印度政府积极推行海洋综合管理,其中一项重要的举措是在 1991 年颁布了海岸带管理条例。为了强化管理,沿海各邦和领地也结合各自情况制定了海岸带管理计划。为了开展海洋综合管理,印度海洋开发部不

---

① 国习:《美国 21 世纪的国家海洋政策一瞥》,《中国海洋报》2005 年 4 月 26 日。

断加强海洋综合管理能力建设,并通过培训,推广海岸带综合管理知识和经验。该部在海岸带综合管理方面的重点工作包括:确定沿海水域的用途;负责建立为实施管理计划服务的地理信息系统;根据各河口和海湾的污染物净化能力,确定各区域的污染物可允许排放量;制定环境影响评价指南,为沿海地区主要开发活动(如港口码头建设等)、排污倾废以及旅游等提供指导;帮助一些地区制定示范性的海岸带综合管理计划。① 印度为海洋综合管理活动确定的目标是:使地方政府和民间能够积极参与制定并实施海洋综合管理计划,从而实现对海岸带地区和海洋系统全面的管理,进而达到保护、保全和可持续利用海洋环境及其资源的目的。通过建立协调机制,最大限度地减少各部门、单位和个人在沿海陆地和海域利用方面的冲突和矛盾。保护重要的生境,从而保护海洋生物多样性和濒危物种,实现海洋的生态平衡。通过污染物总量控制,对海洋环境的污染状况实行系统管理。通过制定并实施环境影响评价指南,规范各类海洋开发利用活动,最大限度地减少开发活动对海洋生态环境的影响。

可以看出,加强对海洋资源与环境的综合管理,是规范海洋开发利用秩序,实现海洋经济可持续发展的根本保证。发达国家海洋综合管理的经验和做法,对我国实施海洋经济集成管理有重要启示。但要管理好我国的海洋,加快海洋经济创新发展,更应当从我国国情出发,走自主创新之路。我国政府在海洋综合管理方面,已经做了大量工作。党和国家已经把海洋开发作为重大战略提出来,2002 年起施行的《海域使用管理法》,是我国加强海洋管理的一项重要举措,也是适应世界海洋综合管理潮流的一个重大创新。为实现海洋管理统一、有序、有力的目标,国务院又于 2004 年 9 月印发了《关于进一步加强海洋管理工作若干问题的通知》。这都为我们促进海洋管理工作再上新台阶、再创新局面奠定了坚实的基础。今后,应进一步加大自主创新的力度,努力建设创新型海洋经济强国:

一是对海洋经济集成创新一定要有紧迫感,务必加快启动海洋经济

① 李景光:《印度的海洋综合管理》,《中国海洋报》2005 年 9 月 9 日。

集成战略的构建与实施。要紧紧抓住我国树立和落实科学发展观,加快转变经济增长方式的有利时机,尽快建立国家海洋事务委员会,使其成为海洋战略指导中心,把实施集成战略放到重要位置,以建设创新型海洋经济强国为目标,努力提高创新能力,优化海洋资源配置,实现海洋经济的最优化、最持续发展。

二是法制建设和集成管理要上水平。我国已在海洋发展的有关方面结合国情做了大量创造性工作,今后应继续做好。法制建设上,在相继颁布了《领海及毗连区法》、《专属经济区和大陆架法》、《海域使用管理法》、《海洋环境保护法》及《海上交通安全法》、《渔业法》、《矿产资源法》等法律和配套法规的基础上,努力形成完备的全国海洋法律法规体系。抓紧进行与海域法、海环法相配套的法规和实施细则的完善与修订工作。省市要抓紧修订同国家法律不一致的地方性法规和规章;规划制定上,在发布了《全国海洋经济发展规划纲要》、《全国海洋功能区划》、《国务院关于进一步加强海洋管理工作若干问题的通知》等一系列纲领性文件的基础上,进一步出台指导性规划,日益完善海洋规划体系;管理实践上,在已经形成的国家、省、市县三级海洋行政管理和执法监督组织体系的基础上,大力完善综合集成管理创新的制度安排和政策体系,加强海洋集成管理,建设海洋经济强国。通过规范管理,切实转变海洋经济的宏观管理方式方法,建立健全区域间、产业间的竞争与协作长效机制,基本扭转海洋开发利用中"无度、无序、无偿"的局面,全面推行海域使用权属管理制度、海洋功能区划制度和有偿使用制度,努力解决部分海洋资源开发过度与总体开发不足的矛盾,切实维护海域所有权人和海域使用权人的合法权益。克服经济外部性,有效地维护国家海洋权益。

三是进一步深化改革和扩大开放。要采取措施,进一步促进国际海洋经济与技术的区域合作与产业对接,提高海洋经济的国际综合竞争力。环渤海、台海、南中国海等海区都应加强这方面的工作。以"环黄海经济圈"为例:"环黄海经济圈"是日、韩两国学者根据环黄海地区在经济上的互补性所提出的一个地方交流层次的经济合作体系,包括中国的辽东半岛、山东半岛和鲁东南地区、江苏北部地区、日本的九州和山口地区、韩国的西海岸地区等。在东北亚地区,中、日、韩三国依托黄海建立起了空间联系,并环绕黄海构成了一个合作圈层,即"环黄海经济圈"。与当今世界上所形成的一些国际经济同盟不同,"环黄海经济圈"所侧重的是一种地方与地方之间的交流,这种地方层次上的交流由于其规模小,相互间的文化趋同,因而在实践中越发显示出其灵活性,往往能更好地发挥作用。① "环黄海经济圈"各个层面的合作已经作了一些探索。沿岸各国通过一定的联系管道和网络,在操作层面上开展了各种交流活动,从而有效地开发利用区域内的人文、地理、科技和社会信息资源,推进区域内贸易及投资的自由化,强化了"知识连锁"的伙伴关系,使区域经济合作更加协调和深入开展。并在对外贸易和资金利用的主要区域,扩大了中日韩三国间的产业实质性合作,进一步实现相关产业的有效对接。其他海区也具有合作发展的独特优势和地理条件,应在区域合作和产业对接已有基础上积极探索新路径。这种按经济圈层进行资源、产业、沿海城市整合的思路,可以分解为海岛、沿海港口、沿海旅游业、沿海城市群等一系列圈层整合,同时可以进行集成整合。

## 11.7 营造和谐优化的海洋经济集成创新环境

### 一、构筑与完善海洋经济集成创新平台

平台的本质是一种支撑物体,也可视为某项活动的运行基础。集成平台就是为集成创新要素提供支撑和运行基础的软硬环境,是进行集成运作的载体。集成创新平台建设涉及创新的所有要素,是各种要素的总和形成的支撑结构。创新平台的建设,对集成创新的运行有很重要的作用。它既是重要的最有价值的创新资源,也是提高创新竞争力的驱动器。构筑集成创新平台,就要构建创新支撑体系。创新支撑体系,包含创新能力、创新供给、创新需求、创新环境和基础设施等基本要素。

① 韩立民:《加强环黄海区域经济合作与产业对接》,《大众日报》2004年1月26日。

从海洋经济创新的实际情况看,创新平台支撑体系建设应在整体框架视角下按三大创新主体分层采取对策。首先要以中央政府为核心,构建统一的创新软环境,建设国家创新体系,其次,以沿海的地方政府和公共部门为依托,结合当地实际落实营造软环境,为创新活动提供全方位服务;以企业为主体,建立企业创业、创新中心,构建旨在提高企业创新能力和改善创新环境的面向未来的企业创新政策体系。

创新平台建设的重要方面是公共信息网络平台建设。在知识经济社会,知识成为创新主体相互作用的基本方式,同时也成为提高集成创新绩效的重要途径。加快集成创新速度与提高互动效率,必须要有相应的海洋知识管理与之匹配。因此,要在海洋创新平台建设中,不断完善海洋经济知识的搜集、流动与扩散的机制,进一步强化知识和信息网络建设,增强创新主体获取和使用一切有用知识的能力。由于创新主体的集成互动构成一个复杂交互作用的网络,并且在多个层面上交织,其互动、集成是有机的整体过程,所以,对知识的要求就更高。因此,也要要继续有计划地利用现代科技手段,通过组织实施"我国近岸海域综合调查与评价"专项,加强海洋基础信息数据等公益服务信息体系的能力建设,加强与沿海地区的信息连接,逐步构建结构完整、功能齐全、技术先进、标准统一、资源共享的全国"数字海洋"体系,不断提高海洋事业各项管理信息交流的准确率和时效性,尽快缩小与国际先进水平的差距。

海洋经济创新系统是国家创新系统的有机组成部分,一个国家的创新网络系统是全球创新网络系统的有机组成部分,因此,海洋经济创新网络系统必然会受到其他更大范围创新网络系统发展的影响。在这种情况下,海洋经济创新网络系统内部各创新主体还必须加强与其他创新系统的联系,积极参与创新活动的合作,加强相互之间的交流与学习,提高创新水平。

## 二、营造良好的海洋经济集成创新运行环境

为保障海洋经济集成创新战略系统的有序运行,必须在环境建设上做到"六个营造"。

第一,营造良好的海洋创新文化环境。海洋文化是重要的战略资源,海洋经济的发展和海洋强国的崛起必须依赖先进的海洋文化。海洋大国之间在海洋经济、科技、资源、海权力量等方面的激烈竞争的背后,实质上是海洋文化的竞争,中国的海洋文化,在近代落伍了。传统的文化既有有利于创新的一面,又有不利于创新的一面,我们应当解放思想,与时俱进,继承弘扬有利于创新的文化遗产,加强创新意识、创新能力的培养,以掌握创新的主动权,在更高水平上实现海洋经济创新的大跨越。当前,我国要进一步加大力度,在全社会培育重视海洋,崇尚创新,尊重创造的创新文化。大力弘扬开放、创新、科学、兼容的海洋先进文化,建立起鼓励海洋文化创新的激励机制和认可机制,营造良好的海洋创新社会文化氛围,拥有更多的战略创新文化资源,为兴海强国提供思想保证、精神动力和智力支持。

第二,营造良好的海洋经济集成创新服务环境。实施海洋经济集成创新,要在强化政府的创新功能的同时,大力加强公共服务机构和基础设施、特别是技术类基础设施的建设。对各层次的创新体系都要加大投入和服务力度。要加大对海洋科技中心和创新服务系统的建设,在科技与经济部门之间架起桥梁,推动海洋新技术的扩散。政府要着重建设和支持在海洋科学研究前沿攀登科学高峰和为解决国家长远、关键及战略性科技问题攻关的科研基地。要大力支持和扶植具有发展前景和市场竞争力的工程中心与企业技术中心。要支持海洋战略和规划的研究。要以多种渠道尽快建设与完善海洋通讯系统、计算机网络等信息基础设施。要建立完善海洋开发预警和应急系统,减轻和避免开发风险。还要努力营造其他方面的社会公共服务环境。

第三,营造良好的集成创新政策环境。海洋经济创新面临着复杂的创新环境,特别需要出台灵活有效的政策体系。要在已有政策的基础上,研究构建适应新形势加快海洋经济发展的新政策体系。要通过海域使用、技术应用、土地、金融、税收、政府服务等方面提供一系列优惠政策,为海洋经济集成创新发展创造宽松的外部环境。创新政策体系主要包括以下几个方面:一是技术供给政策;二是需求激励政策;三是基础设施政策;

四是企业创新政策。特别要制定、出台海洋海洋经济重大创新工程的政策,通过发行海洋工程债券,加大投入,解决关键性问题和重大制约因素,支撑工程的运转。

第四,营造完善的海洋经济创新法律体系环境。要研究制定和完善有关创新的法律和法规,使海洋经济集成创新网络系统牢固地建立在法律的基础之上,并受到法律的有效保护。体系内容涵盖海洋经济圈层的所有方面,如海洋权益、开发与保护、海陆联动等方面的法律体系。通过立法的形式反映国家和社会公众的利益,通过法律的形式规范开发竞争秩序,规范创新活动规定的有关行为主体的职能、权利和义务,规定政府在海洋创新活动中应当承担的责任以及与其他创新行为主体的关系等等,促进海洋经济健康发展。

第五,营造良好的创新人才资源的开发与利用环境。创新需要人才,海洋经济集成创新更需要人才。人才资源是第一资源。创新人才资源的开发利用在集成创新发展中具有基础性、决定性作用,是维系创新成败的关键。在创新平台的构筑与完善过程中,一定要把创新人才的培育、开发当作头等大事和重要战略任务。要牢固树立"人才资源"的观念,实施海洋人才开发战略,在实践中转变管理理念、模式、方式,更好地适应集成创新发展的要求。目前我国的海洋人才资源相对不足,制约海洋经济创新发展。海洋类大学发展缓慢,海洋职业教育也重视不够。人才资源开发,关乎海洋经济的创新发展,关乎海洋经济的竞争力提高和国际地位的提升,关乎国家海陆经济一体化的科学发展以及中华民族的伟大复兴。在研究促进海洋经济集成创新时,一定要从国家发展全局出发,树立人才大开发观念,不仅抓好人才的潜在能力培养开发,而且抓好使用性开发,政策性开发,推动全方位、立体型、多角度的海洋人才资源开发,走靠人才促进创新,创新反哺人才的良性循环之路,适应海洋集成开发对人才的需求。

第六,营造有效维护国家海洋权益的国际环境。努力维护国家海洋权益,是全面建设小康社会、实现中华民族伟大复兴的必然要求。要继续依据海洋法律法规以及《联合国海洋法公约》等国际法律制度,抓紧制定维护国家海洋权益的政策、措施。组织力量开展海洋专项调查,深入进行法理、历史等方面的研究,建立和完善决策技术支持系统,做好与周边国家海上划界的工作。按海洋管理有关部门的要求①,积极推动大陆架和专属经济区巡航监视执法工作,强化对管辖海域的日常巡航监管制度,对发生在管辖海域内的侵犯海洋权益、损害海洋环境与资源等各类违法违规行为进行及时、有效的监管,并妥善处理海上涉外侵权事件。要继续拓展南极、北极以及国际海底工作的新领域,进一步提高科学研究水平,抢占国际竞争先机。在有争议地区,落实好"搁置争议,共同开发"政策,维护我国应当享有的权益。准确运用交流、合作以及其他的外交手段,搞好海洋文化、政治、社会、外交与军事的通力配合,努力营造有利于提高海洋经济创新发展绩效的良好国际环境。

---

① 　王曙光:《我国海洋事业与时俱进蓬勃发展》,《海洋开发与管理》2005 年第 2 期。

# 结　　论

归纳本书的调查研究,主要的结论与创新点概括如下:

## 12.1　海洋经济集成创新战略的
## 提出与重大意义

进入海洋世纪,在信息化、全球化加速发展,海洋资源开发与经济发展的竞争日益激烈的严峻形势下,海洋经济社会环境发生巨变,进入了一个全新的阶段。这一阶段就是海洋经济适应国际海权竞争和整个变革环境而转型的阶段。转型进展的现实可能就是沿海地域经济发展将逐步进入一个新型沿海经济发展时代。也就是说,随着经济信息化和全球化的进展,海洋经济在经历了以直接开发海洋资源的产业发展阶段以后,跨入了激烈国际竞争背景下以高新技术为支撑的海陆一体的、以经济发展、社会进步、生态环境不断改善为基本内容的系统整体协调发展新阶段或新时代。

应对经济信息化和全球化的挑战和新的发展时代的来临,仅仅依靠海洋经济的单项突破已不能解决加快发展科学发展的问题。只有树立集成创新理念,走集成创新之路,实现各项创新要素的全方位优化、合理搭配和有效协同,才能促进海洋经济的转型和转轨,提高海洋经济的系统的、综合的、有效的创新能力和竞争能力,获取更大的创新发展。也就是说,海洋经济要科学发展,必须积极调整创新方式,从注重单项创新转变到集成创新上来,强调海洋经济创新发展的合力和动态协调以及可持续。因此,必须在战略指导上实现战略整合与提升,构建全新的、高位阶的海洋经济集成创新战略。

海洋经济作为海洋资源经济、海洋产业经济、海洋区域经济三位一体的综合性经济,其发展有自身的客观规律,具有技术要求高、风险性大、区域性强、综合性浓的特点。由海洋经济的特殊性决定,海洋经济创新不只是一个地区或一个企业的自身行为,而是一个多主体适宜自然、经济、社会、文化变革的复杂过程,更是一个需要国家政府协调统一的过程。海洋经济的创新是一项系统工程,包括资源开发、科技进步、产业发展、区域协调等内容,创新是全方位的,其体系涉及生产力、生产关系和上层建筑诸方面,创新具有系统性、动态性、协同性的特征。在全国强调树立和落实科学发展观强化自主创新的形势下,海洋经济必须制定和实施海洋经济集成创新战略,积极调整创新模式,转变粗放增长方式,全方位地、系统地、持续不断地集成创新,才能提升海洋经济的成长品位,从而谋求长远发展的活力和后劲,实现创新发展的集成最优化,促进海洋经济强国建设。

海洋经济集成创新具有重要战略意义:(1)集成创新是海洋开发事业健康发展的科学选择;(2)实施集成创新是海洋经济最优化发展的必由之路;(3)集成创新战略是应对环境变革建设海洋强国实现民族复兴的重大对策。

## 12.2　海洋经济集成创新战略理论模型、运行机制与实现模式

海洋经济是海洋水体资源经济、海洋产业经济、海洋区域经济三位一体的综合性经济系统。经济位的差异引致战略位的差异。我国海洋经济战略指导上的资源开发战略、海洋产业战略和海洋区域发展战略是海洋经济创新发展的三大主导战略导向。海洋经济集成创新战略系统是复杂的网络系统,是由目标导向战略创新、核心创新、保障创新等系统构成的相互紧密联系、相互作用的有机整体。其中目标导向(战略)创新是创新的先导和灵魂;核心(生产力)创新是基础和基石;保障(生产关系)创新是支撑和保证。以上三大创新系统相互作用、相互依存、相互协调,构成

了海洋经济集成创新网络系统。三大创新系统既是创新的动力源,又是创新的本质要素的集成,称为"创新三维"。以上战略三位是海洋经济创新发展的客观历史过程。由于战略主导着三维创新要素的连接和整合,因此,战略位不同,创新要素的连接和整合就有不同的特点,也就产生不同的创新绩效。我们把由三位三维构成的海洋经济集成创新研究范式称为"海洋经济集成创新战略理论模式"。

海洋经济创新的本质是创新系统的整合和创新过程的协同:(1)从创新系统来看,指的是海洋经济创新系统创造性的融合、互补,形成有机系统,促使系统整体功能增强,以产生规模效应和群聚效应;(2)从创新过程来看,指的是若干创新要素匹配、协同、协调的创新过程,以达到系统整体演化的最优化。海洋经济集成创新强调的是,在创新要素复杂、分离的条件下,创新要素要实现匹配、整合,创新过程注重群体性、系统性,形成一种创新资源优势互补、创造性融合的有机整体,形成 $1+1>2$ 的创新效果。本课题把这种创新集成绩效称为"集成经济性"。

关于集成经济性,不仅包括经济学界已经提出的聚集经济性、规模经济性、范围经济性、速度经济性、网络经济性等内容。还包括生态环境经济、人力经济、外部经济等内容。本课题把集成创新所取得的所有经济性的组合称为集成经济性。集成经济性是由创新带来的绩效组合。集成绩效的本质是集成经济价值的创造。海洋经济集成经济性避免了单一的经济效益,综合反映了人与自然物质变换过程中的各个方面的关系和建立在社会化大生产基础上的新的经济时代的人类发展海洋经济行为的理智性、社会性、节约性、有效性、近期性、长期性、局部性与整体性的内在有机统一。集成创新战略的战略目标是提高海洋经济综合竞争力,实现最经济、最持续、最大福利的要求,谋取海洋经济的集成优化和最大集成绩效。

目标导向维系统在整个集成创新系统中处于引导的地位,起着导向的作用。由于目标导向维主要表现为海洋经济三位的演变发展与战略选择,所以,本书在剖析海洋经济发展的战略危机背景下,提出了海洋经济战略集成创新的思想,认为加快海洋经济创新必须实行战略整合和战略提升。

核心创新维系统是指在整个海洋经济集成创新网络系统中居核心地位的创新系统。核心创新系统是海洋经济创新的基石，它既决定着海洋经济创新发展的产生和存在，又决定着海洋经济创新发展的成败。这种核心地位是由它所代表的海洋生产力的地位所规定的。其他各项创新，包括目标导向创新和保障创新都要围绕核心创新维系统来实施运行，为其提供服务、支撑和配合其运转。

保障创新起着保障海洋生产力实现创新发展的作用。保障创新也是一个整体创新集合或网络系统。为了有效地配置海洋资源，促进海洋生产力创新发展，必须在海洋经济发展的各个方面和各个环节，实施有效地组织、管理和作出制度安排，同时也要发挥海洋文化等的创新整合作用，以保障创新系统的有效运行。

海洋经济"三位三维"创新，是一个复杂的立体空间结构。它是众多创新单元在横位和纵位上的连接、聚集而成的，是立体的。

所谓横位，是指在立体空间结构中，三位系统按照位差所形成的横向平面体。在资源位上，形成资源战略导向下的核心与保障创新三维平面，简称资源位三维创新；在产业位上，形成产业业战略导向下的核心与保障创新三维平面，简称产业位三维创新；在区域位上，形成区域战略导向下的核心创新与保障创新三维平面，简称区域位三维创新。本书把这种资源开发的生产力与生产关系的适应、产业协调发展的生产力与生产关系的适应、区域一体化创新的生产力与生产关系适应三种状态，称为"导向创新三横面"。

所谓纵位，是指在空间结构中创新单元系统按照位差所形成的纵向（纵面）联系。除导向系统外，核心创新系统和保障创新系统也会形成纵位联系，它们中的各自创新单元都可以形成纵位，它反映了不同历史时期和不同战略导向下的各单元的集成创新的发展。我们称之为"创新单元纵构面"。

所谓全立体，是指由"三位三维"创新构成的整个复杂空间结构图像。不仅是由多种单元创新状态构成的整体，而且是多种状态互动、集成而构成的整体。它是三位在三维连接上构成的平面进而形成的立面的综合体。

　　本课题认为,要搞好资源位三维平面结构集成创新,最重要的是明确海洋资源的价值,尊重海洋资源的规律和理顺资源开发上的生产关系适应生产力发展的集成创新思路。要实施产业位三维平面创新,最重要的是研究海洋产业创新发展的趋势及其产业集成创新的实现模式。要实施区域位三维创新,最重要的是摒弃纯海域经济思维,从经济全球化中寻求海洋经济创新的新定位和实施海陆一体化战略创新。

　　对目标导向维的纵向立面,关键的是战略位的集成、提升。影响创新绩效的主要问题:一是集成中战略缺位(如不重视环保);二是战略越位(如不顾客观条件选择战略);三是错位(战略的选择正确,但位置错误)。因此,依据时代要求和客观条件,在资源开发、产业发展和区域联动方面切实研究战略位的合理定位以及集成提升非常重要。这是提高集成经济绩效的重要保证。

　　在核心维所反映的生产力创新立面,海洋技术与产业发展是随战略位的位移提升,并在保障系统的支撑下的集成提升。开发资源技术→各类产业技术→全球化、一体化条件下的海洋知识的发展是永无止境的,是一个不断的螺旋上升过程。由此而带来的产业发展,也必然是自然资源产业→工业产业→综合产业的永无止境发展。

　　在保障维所反映的生产关系创新立面,海洋经济的各项制度安排、管理措施以及体制机制和海洋文化也随之提升。资源管理、制度安排向产业管理、制度安排,再向综合管理制度安排发展是无止境的。创新主体的组织创新也会由水产型组织向海洋产业管理组织,再向海洋综合管理组织提升,这也是一个无止境的上升过程。

　　以上立面的集成内容提升,是在集成中逐步提升的,通过集成创新,结果是三维创新空间达到优化。即战略优化、科技与产业优化、管理制度与体制机制优化,本书称为"三维立面创新优化",这是海洋生产力与生产关系相互适应的创新发展理想状态。

　　总结以上分析,"三位三维"创新立体结构,就是一个海洋开发的以科学的战略目标导向指导的海洋生产力与海洋生产关系辩证统一的空间

结构,其内容可简化为:由生态、产业、海陆互动创新构成的三重创新空间。即:

海洋经济三重创新空间＝生态平衡＋产业协调＋海陆一体互动;

生态平衡的集成创新思路是资源产业化以及产业化管理及其制度安排;

产业协调的集成创新思路是科技产业园区以及软硬环境建设;

海陆一体互动的集成创新思路是全球定位的海洋区域综合创新建设。

三重创新立体空间优化是海洋资源开发与经济发展的客观规律交叉集成综合作用的结果,体现了海洋经济的全面、协调与可持续发展,可以称为科学创新观。实施海洋经济集成创新战略,其实质是把创新精神、创新举措贯穿到海洋经济发展的各个环节和各个位元系统,以有效地解决创新中的局部与整体的矛盾、因果关系中的矛盾和过程中的生克矛盾,规避创新风险,实现海洋经济发展的最经济、最持续与最大社会福利的集成最优状态。

## 12.3　海洋经济集成创新的优化管理和战略对策

实施海洋经济集成创新要取得集成经济性,除要确立集成绩效创造为核心的创新发展模式、实现有效创新以外,还需要进行最优化管理,努力使创新达到最优化状态。

本书依据集成创新主体多元化、群体性的思路,从海洋经济创新的实际出发,认为,要促进创新系统中不同创新主体的互动,不单是要在现行体制和结构状态下强化管理,更重要的是要进行制度性、结构性调整,即必须以实现海洋科技、经济、文化与社会的有机结合为指向,进行组织的重整和体制的改革,在重塑创新主体的过程中强化创新主体之间的整合与互动。合格的创新主体,从事集成创新,一定要以复杂性科学为指导,努力提高创新管理水平:一是要树立海洋经济科学创新观,认真研究海洋经济发展的系统集成,探索规律性,把握海洋经济创新发展的本质与创新思路,强调海洋经济创新发展的合力和动态协调以及可持续。二是要提高海洋经济集成创新的设计能力和组织能力。三是对海洋经济集成创新实施最优化管理,以促进海洋经济集成创新在高水平状态下动态有序运行。

集成创新的实质是将集成战略思想创造性地应用于创新实践的过程,通过科学的创造性战略思维,形成科学创新观,从新的角度和层面来对待各项创新资源要素,并运用多种方法和手段,促进要素、功能及优势之间的相互匹配,保证创新的顺利运行。集成创新的有效性和系统化的思路和方法,对我们挖掘海洋经济的发展潜力,加快发展海洋经济有直接的应用价值。在海洋经济的转型与变革期,海洋经济要走良性循环与可持续发展之路,必须以巨变的国际国内竞争环境为切入点,分析海洋经济转型的矛盾与难题,探索新的经济社会环境下海洋经济集成创新、健康发展的整体思路、战略选择和实现模式,对海洋经济实行持续的集成创新。特别是要在发展战略、技术与产业选择、制度因素以及管理体制等大系统上面构建崭新的、功能互补的创新思路,注重集成,以形成合力,提高创新绩效。

本课题提出的海洋经济集成创新的战略对策是:

1. 塑造集成的合格的海洋经济战略创新主体,建立健全战略创新体制与机制。在明确战略创新主体的定位的基础上推进体制与机制改革。建议在中央政府方面建立海洋事务委员会,更好地协调各类主体间的相互联系,统筹思考、协调实施海洋经济的集成创新战略。进一步完善我国的海洋创新合作机制,建议采用涉海部门联席会制度,多出台超越部门利益的政策措施。

2. 战略重点必须立足于宽广的世界眼光与宏观的战略思维。立足世界眼光,首先要求要有海洋世纪的历史定位。其次,要求要有全球空间定位。再次,要从大坐标系中寻求战略定位。立足战略思维,就要把海洋经济发展看成我国现代化建设的重大工程和实现中华民族伟大复兴的根本性任务。加快海洋经济集成创新发展是一个全局性、根本性、长远性与前瞻性的战略任务。300多万平方公里海洋国土以及公海利用与陆地的统筹,必须要尽快列入国家战略,不仅仅是提出战略,而且要构建大战略。为此,就要求我们要实现传统战略观的新突破。除已经树立的海洋国土观、海洋自然观、海洋权益观外,还应特别树立:全球海洋观、创新发展观、集成战略观、合作开发观。在从事海洋经济合作的同时,一定树立海洋主权观念,采取措施更好地维护国家主权。

3. 加强海洋事业的执政能力建设,提高集成管理水平。海洋经济管理主体必须紧密结合海洋事业的特点和实际,认真加强执政能力建设。合格的战略创新主体,从事集成创新,一定要以科学发展观、复杂性科学、科学创新观为指导,努力提高创新管理水平。从建立健全海洋事务委员会,实施集成创新战略的角度看,能力建设应该有更高的要求。要努力提高统筹海洋开发与保护、统筹海陆发展,统筹国内开发与国际合作的能力。要把海洋政策作为一个整体来经营,谋求资源配置容量与效益最大化、最优化。做到全球空间定位思考与整体优化行动。以新的视野高度重视海洋事业,树立建设创新型海洋经济强国的目标,把海洋开发提高到更高的位置。在海洋集成开发战略导向下,实施全球视角下的以实现集成经济性、提高国际竞争力为目标的集成创新战略,制定长期集成规划,协调资源、环境、产业、经济区协调发展,把政府宏观控制和市场调节有机结合起来,加大投入,提高中国海洋经济的创新能力和开发保护水平,促进海洋经济国际化进程,实现海洋经济最优化集成创新发展。

4. 切实做好经济区划和集成经济规划,统筹海陆发展。本课题建议,国家要在确立"新东部"战略地位的基础上,进一步确立"东部"与"新东部"联体互动的战略地位,并重视编制规划。由陆海一体联动发展的内在需要所决定,海陆联体区划具有的重要战略地位。因此,要认真研究联体区划,同时科学编制海陆一体发展规划。建议国家制定"十二五"规划时将其列入国家战略规划,明确海洋区域经济的战略空间定位,从国家层面规划海陆联动发展,坚持以人为本,促进人与海洋、与经济社会的和谐发展。同时,在编制海陆联体规划的同时,应继续加强海洋规划体系建设,形成一整套相互关联、相互衔接、疏而不漏的"合纵联横"规划体系,海陆统筹,近海大洋统筹。既需要根据我国海洋区域的发展条件,从海洋经济的历史、现状和未来社会需要出发,制定全国综合性的、全面的海洋开发战略规划,又需要制定横向的环渤海、长三角和珠三角规划,制定纵向的新东部规划、东部与新东部联体发展规划,制定分区规划,形成合理的规划体系,实现规划的"合纵联横",推动海洋资源开发与保护以及海洋经济的健康、快速发展,提高我国的海洋综合国力,尽快把我国建设成为海洋经济强国。

5. 对重点创新领域超前部署,积极拓展海洋经济创新发展新途径。必须认清海洋经济集成创新的趋势、特点,遵循其规律,积极拓展发展的新途径:大力发展海洋知识经济,努力挖掘增长源泉;积极构建海洋循环经济,切实打牢增长基础;大力促进产业升级和集群,强化增长的引擎动力;建立健全海陆一体机制,再挖板块增长潜能;强化集成创新发展的战略导向,靠集成创新发展求绩效。

6. 借鉴沿海发达国家的经验,走海洋经济自主集成创新发展之路。一是对海洋经济集成创新一定要有紧迫感,务必加快启动集成战略的构建与实施。二是法制建设和集成管理要上水平。要建立国家海洋战略指导中心,大力完善综合集成管理创新的制度安排和政策体系,加强海洋集成管理。三是深化改革和扩大开放,加强国外海洋经济环境和有关战略与政策的研究,明晰大势和走向,按海洋经济圈层进行资源、产业、沿海城市战略规划整合,积极开展海洋经济区或特区发展试点,促进国际海洋经济与技术的区域合作与产业对接,提高海洋经济的国际综合竞争力。

7. 构筑集成战略实施的平台,营造集成创新的环境。在构筑与完善集成创新平台方面,努力构建创新支撑体系。支撑体系建设在整体框架视角下按三大创新主体分层采取对策。继续有计划地利用现代科技手段,加强信息网络平台建设。在营造良好的集成创新运行环境方面,做到"六个营造":营造良好的海洋创新文化环境;营造良好的创新服务环境;营造良好的创新政策环境;营造完善的法律体系环境;营造良好的创新人才资源的开发与利用环境;营造有效维护国家海洋权益的国际环境。继续依据海洋法律法规以及《联合国海洋法公约》等国际法律制度,抓紧制定维护国家海洋权益的政策、措施。海洋文化、政治、社会、外交与军事通力配合,努力营造有利于提高海洋经济创新发展绩效的国际环境,保障海洋经济集成创新战略的有效实施。

## 12.4　创新点与发展点

### 一、创新点

本课题从全方位、多视角研究海洋经济集成创新战略,不仅涉及一个全新的角度,而且要创新性地提出新思路,能填补这方面研究的缺憾,达到理论创新和实际应用的"双赢":

理论创新方面,提出"海洋经济位"、"战略位"、"集成位"、"集成创新战略"、"集成绩效"理论,研究"全球视角下的以实现集成经济性为目标的最经济、最持续、最大社会福利的集成创新战略",是海洋经济整体发展思路的创新;对集成创新的全面、系统、协同考察,改变了传统的单纯层面或侧面的研究,突破了传统资源位战略、产业位战略和区域定位战略各自的缺陷,实现战略集成创新,是研究视角和方法的创新;课题在"经济位"基础上提出"战略位"和"战略整合"理论,分析了传统海洋战略的缺陷,提出了全球定位的以集成经济性为目标的资源、产业与海域三位一体集成创新发展战略,代替以往"海洋开发"、"海上中国"等战略提法,具有一定程度的开拓性和挑战性。

实际应用方面,重视集成创新的指导性和可操作性,提出了全球战略空间定位,树立新战略观,确立集成经济性的综合国际竞争力目标,从国情出发实施多战略的系统整合与提升的见解;提出了改革海洋管理体制、完善合作机制的设想;研究了反哺海洋、融合海洋产业、海陆联体互动的思路,探讨了科学编制海陆联动的集资源、技术、产业和区位发展为一体的综合集成规划;提出了将海洋经济集成创新列入国家战略,把海洋经济集成规划列入国家规划,突出海洋资源开发保护及海洋经济发展的战略导向的建议;研究了切实转变海洋经济的宏观管理方式方法,建立健全区域间、产业间的竞争与协作长效机制,建立与完善政府服务支撑体系和构筑支撑平台,扩大国际海洋经济技术的交流与合作,促进中国300多万平方公里海洋国土及周边陆域的产业对接,开发利用蓝色海洋国土,实现海洋与环境资源、经济发展和社会进步的集成最优化发展的整体优化方案。这些思考与建议,尽管还需要详尽论证,但具有明显的时代性、针对性、前瞻性和广阔的应用价值,可以为战略创新主体实施集成战略导向,转变创新发展模式和方式,协调海洋与资源、经济发展、社会进步的复杂关系,提高海洋经济发展的波及效应和乘数效应提供实践指导。

## 二、发展点

1. 海洋经济发展有自身的客观规律,具有技术要求高、风险性大、区域性强、综合性浓的特点。如何从海洋经济发展的特殊性来揭示海洋经济集成创新,还需要进一步深入。

2. 集成创新的最优化管理中,如何处理好局整关系、因果关系、生克关系,以及如何化解创新风险,提高风险管理水平,面临着许多研究难题。

3. 在此基础上进一步揭示书中提出的海洋经济位、战略位、集成绩效等理论观点,丰富海洋经济学的内容,构建中国海洋发展战略学,将是理论深化的一个方向。

4. 海洋经济集成创新战略是以理论模型导入再结合实践进行应用研究的。理论模型仅概括为"三维三位"是不够的,还可以扩展为"N维N位"或"全维全位"。另外,理论模型与实际两者的紧密结合成为需要着重把握的问题,实践中的应用前景十分广阔,进一步分解探讨十分必要,特别是结合点、切入点的研究需要继续深入。

5. 如何将集成战略理论应用到海洋开发与管理的实际工作中,推动海洋开发与管理创新发展,也需要做更细致的工作。

以上后续研究设想,将成为中国海洋经济集成战略研究的重点领域。海洋经济学界以及整个经济理论界应当为此而努力。我们期待着理论研究有更多的精彩,期待着海洋经济理论与战略创新发展有更强的光点,期待着我国创新型海洋强国建设有更大的辉煌。

# 主要参考文献

1. 国家海洋局:《国家海洋经济发展规划纲要》,2003 年 5 月。

2. 蒋铁民等:《环渤海区域海洋经济可持续发展研究》,海洋出版社 2000 年版。

3. 蒋铁民:《中国海洋区域经济研究》,海洋出版社 1995 年版。

4. 孙斌等:《海洋经济学》,青岛出版社 1999 年版。

5. 郑贵斌等:《"海上山东"建设概论》,海洋出版社 1998 年版。

6. 王诗成:《"海上中国"纵横谈》,山东友谊出版社 1996 年版。

7. 宋士昌、李忠林、郑贵斌:《海洋经济研究前沿》(丛书),海洋出版社 2002 年版。

8. 李忠林、孙吉亭等:《WTO 与中国海洋经济》,海洋出版社 2002 年版。

9. 郑贵斌等:《建设海上山东战略研究》,山东友谊出版社 2000 年版。

10. 王诗成:《蓝色的挑战》,中国海洋大学出版社 2003 年版。

11. 王诗成等:《蓝色的崛起》,海洋出版社 2002 年版。

12. 王诗成:《海洋强国论》,海洋出版社 1996 年版。

13. 徐质斌:《建设海洋经济强国方略》,泰山出版社 2000 年版。

14. 管华诗主编:《海洋知识经济》,青岛海洋大学出版社 1999 年版。

15. 郑贵斌、刘洪滨等:《海洋经济年度跟踪研究》,载《历年山东经济蓝皮书》,山东人民出版社 2000、2001、2003 年版。

16. 王诗成、郑贵斌:《海洋强省战略对策研究报告》,《大众日报内参》2003 年第 5 期。

17. 郑贵斌:《蓝色战略》,山东人民出版社 1999 年版。

18. 郑贵斌:《海上山东建设》,山东人民出版社 2006 年版。

19. 韩永文:《农业比较经济效益转换论》,经济科学出版社 1999 年 4

月版。

20. 周立群、谢思全:《中小企业改革与发展研究》,人民出版社 2001 年 12 月版。

21. 程恩富、伍山村:《企业学说与企业变革》,上海财经大学出版社 2001 年 5 月版。

22. 编委会:《创新致胜·万杰集团》,中国经济出版社 1998 年 9 月版。

23. 迈克尔·波特:《竞争战略》,华夏出版社 1997 年 1 月版。

24. 何圣东:《经济全球化与企业竞争优势》,浙江大学出版社 2001 年 7 月版。

25. 张绍焱、梅德平:《中国农业产业化问题研究》,中国经济出版社 1999 年 1 月版。

26. 肖元真:《全球现代企业发展大趋势》,科学出版社 2000 年 8 月版。

27. 玖·笛德等:《创新管理》,清华大学出版社 2002 年 1 月版。

28. 宋养琰等:《企业创新论》,上海财经大学出版社 2002 年 5 月版。

29. 胡树华等:《国家创新战略》,经济管理出版社 2003 年 6 月版。

30. 李有荣:《企业创新管理》,经济科学出版社 2002 年 12 月版。

31. E. M. 鲍基斯著,孙清等译:《海洋管理与联合国》,海洋出版社 1996 年版。

32. 罗炜:《企业合作创新理论研究》,复旦大学出版社 2002 年版。

33. 徐冠华:《加强集成创新能力建设》,《中国软科学》2002 年第 12 期。

34. 张慧:《海洋环境与国际贸易》,《海洋开发与管理》2002 年第 3 期。

35. 海峰:《管理集成论》,经济管理出版社 2003 年版。

36. 徐质斌:《海洋经济学教程》,经济科学出版社 2003 年版。

37. 金锡万:《管理创新与应用》,经济管理出版社 2003 年版。

38. 景维民:《转型经济学》,南开大学出版社 2003 年版。

39. 张耀辉:《产业创新的理论探索》,中国计划出版社 2002 年版。

40. 张华胜:《技术创新管理新范式:集成创新》,《中国软科学》2002 年第 12 期。

41. 陈劲:《集成创新的理论模式》,《中国软科学》2002 年第 12 期。

42. 王毅:《以技术集成为基础的构架创新研究》,《中国软科学》2002 年第 12 期。

43. 江辉:《集成创新:一类新的创新模式》,《科研管理》2000 年第 21 期。

44. 王树文:《企业成长与矛盾管理》,经济管理出版社 2003 年版。

45. 赵黎明:《城市创新系统》,天津大学出版社 2002 年版。

46. 王飞:《战略创新》,民主与建设出版社 1999 年版。

47. A. 巴特利特等,赵曙明主译:《跨国管理》,东北财经大学出版社 2000 年版。

48. 赵春明:《论经济全球化对我国经济的影响及对策》,《内部文稿》2000 年第 10 期。

49. 赵春明:《虚拟经济新探》,《经济问题》2001 年第 1 期。

50. 赵春明:《企业战略管理——理论与实践》,人民出版社 2003 年版。

51. 宋修武:《蓝色的辉煌》,海洋出版社 2000 年版。

52. 栾维新:《中国海洋产业高技术化研究》,海洋出版社 2003 年版。

53. 邵志勤:《东亚经济的发展与调整》,世界知识出版社 2003 年版。

54. 张新:《中国经济的增长和价值创造》,上海三联书店 2003 年版。

55. 孙吉亭:《关于我国海洋第一产业发展的几个问题》,《东岳论丛》2002 年第 3 期。

56. 孙吉亭:《论海洋资源可持续利用》,《海洋经济》2001 年第 3 期。

57. 郝艳萍:《山东省海洋资源可持续利用对策》,《中国人口资源与环境》2002 年第 6 期。

58. 昝廷全:《系统经济学的公理系统:三大基本原理》,《管理世界》1997 年第 2 期。

59. 李正风等:《中国创新系统研究》,山东教育出版社 1999 年版。

60. 黄燕:《中国地方创新系统研究》,经济管理出版社 2002 年版。

61. 陈春花:《企业文化管理》,华南理工大学出版社 2002 年版。

62. 周振华:《新产业分类:内容产业、位置产业与物质产业》,《上海经济研究》2003 年第 4 期。

63. 胡汉辉、邢华:《产业融合理论以及对我国发展信息产业的启示》,《中国工业经济研究》2003 年第 2 期。

64. 陈伟:《从寻租理论看海洋环境》,《海洋开发与管理》2003 年第 3 期。

65. [美]熊彼特著,何畏、易家祥译:《经济发展理论:对于利润、资本、信贷、利息和经济周期的考察》,商务印书馆 1990 年版。

66. 郑贵斌:《海洋新兴产业可持续发展的机理与对策》,《海洋开发与管理》2003 年第 6 期。

67. 马克松:《迈向现代化国际海洋名城》,《海洋经济》2003 年第 2 期。

68. 郑贵斌:《海洋经济创新发展战略的构建与实施》,《东岳论丛》2006 年第 2 期。

69. 郑贵斌:《海洋经济集成创新初探》,《海洋开发与管理》2004 年第 3 期。

70. 郑贵斌:《海洋新兴产业发展趋势、制约因素与对策选择》,《东岳论丛》2002 年第 3 期。

71. 郑贵斌:《推动海洋生物产业规模化发展》,《大众日报》2006 年 6 月 17 日。

72. 郑贵斌等:《海洋新兴产业发展研究》,海洋出版社 2002 年版。

73. 张向冰:《尽快制定我国海洋发展战略》,《中国海洋报》2005 年 3 月 8 日。

74. 王曙光:《我国海洋事业与时俱进蓬勃发展》,《海洋开发与管理》2005 年第 2 期。

75. 李景光:《印度的海洋综合管理》,《中国海洋报》2005 年 9 月 9 日。

76. 中国国情调查研究委员会:《研究海洋国情　促进海洋经济发展》,《中国海洋报》2005 年 8 月 16 日。

77. 张一玲等:《"新东部"构想》,《中国海洋报》2005 年 3 月 18 日。

78. 韩立民:《加强环黄海区域经济合作与产业对接》,《大众日报》2004 年 1 月 26 日。

79. 国习:《美国 21 世纪的国家海洋政策一瞥》,《中国海洋报》2005 年 4 月 26 日。

80. 周世德:《推动黄海三角洲经济一体化联动发展研究》,鉴定课题 2005 年 3 月。

81. 《中共中央关于制定国民经济和社会发展第十一个"五年计划"的建议》,《人民日报》2005 年 10 月 19 日。

82. 苏纪兰:《海洋科学与海洋工程技术》,山东教育出版社 1998 年版。

83. 郑贵斌:《现代经济学学科的演变与发展》,中共中央党校出版社 1990 年版。

84. 郑贵斌、孙吉亭:《我国海域使用权的流转初探》,《东岳论丛》1998 年第 5 期。

85. 郑贵斌:《积极拓展海洋经济发展的新途径》,《中国海洋报》2005 年 2 月 25 日。

86. 郑贵斌:《推动沿海海洋经济集成创新发展的思考》,《中国人口、资源与环境》2005 年第 2 期。

87. 郑贵斌:《海洋新兴产业:演进趋势、机理与政策》,《山东社会科学》2004 年第 6 期。

88. 廖丹清:《水体经济原理》,中国经济出版社 1992 年版。

89. 张华胜、薛澜:《技术创新管理新范式:集成创新》,《中国软科学》2002 年第 12 期。

90. 栾维新:《中国海洋产业高技术化研究》,海洋出版社 2003 年版。

91. 赵曙明主译:《跨国管理》,东北财经大学出版社 2000 年版。

92. 李正风、曾国屏:《走向跨国创新系统》,山东教育出版社 2001 年版。

93. Robert Buderi 著,戴雪梅译:《破译创新》,《世界科学》2000 年第 8 期。

94. 刘洪:《经济混沌管理》,中国发展出版社 2001 年版。

95. 张海峰、夏世福、蒋铁民:《中国海洋经济研究大纲》,海洋出版社 1986 年版。

96. 李万军:《中国海洋经济概论》,海洋出版社 1989 年版。

97. 郑贵斌:《构建海洋经济集成战略,建设创新型海洋强国》,《中国海洋报》2006 年 1 月 17 日。

98. 郑贵斌:《推动沿海海洋经济集成创新发展的思考》,《中国人口、资源与环境》2005 年第 2 期。

99. 郑贵斌:《遵循海洋资源开发与经济发展的规律体系》,《海洋开发与管理》2006 年第 3 期。

100. 郑贵斌:《海洋资源开发战略位理论与海洋开发战略整合》,《山东社会科学》2006 年第 8 期。

101. 王曙光:《海洋开发战略研究》,海洋出版社 2004 年版。

102. 韩立民:《海洋产业结构与布局的理论和实证研究》,中国海洋大学出版社 2007 年版。

103. Liu hong-bin, *China Ocean Development and Management,* Hongkong: Tin Ma Book Company Limited, 1995.

104. Von Hipple, "The Deminant Role of Users in the Scientific Instruments Innoration Process", *Research Policy,* 1976(5).

105. Freeman, C. , *Technology Policy and Economic Performance: Lessons from Japan,* London: Printer, 1987.

106. Managing Innovation: Integration Technological, Market, and Organizational Change, 1997.

107. Willian Miller and Langdon Morris, *Fourth Generation R&D: Managing Knowledge, Technology and Innoration* , New York: John Wiley & Sons, 1999.

108. Best, Michael H. , *The New Conpetitive Advantage The Renewal of American Industry* , New York: Oxford University Press, 2001.

109. Liu hong-bin, *Present Status Chinese Marine Fishery.*

110. Andreasen, *Integrated Product Development,* Berlin Springer, 1987.

111. Savage, C. M. , *Fifth Generation Management,* New York: Digital Press, 1990.

112. N. Gregory Mankiw, *Principles of Macroeconomics,* Boston: Thomson Learning, 2004.

113. Ansiti, M. , *Techonlogy Integration: Marking Critical Choices in a Dynamic World,* Boston: HBS Press, 1998.

114. Johnson & Scholes, *Esploring Competitive Strategy,* Prentice Hall Europe, 5th edition, 1999.

# 后　记

跨入海洋世纪,海味儿浓,海情儿深。

我的学习与研究生活与海洋有缘。学习进修时踏入祖国沿海的烟台师院、厦门大学与澳门科技大学,工作生活时步入胶州湾畔的胶州市和青岛海滨的海洋经济研究所。通过与大海的亲密接触,特别是担任海洋经济研究所所长,使自己深深爱上了祖国的蓝色国土。在对海洋宝库的财富识别和开发中,先是开展"海上山东"战略规划研究,再是探索海洋新兴产业发展,都取得了丰厚的回报。在海内外"海洋热"中,进一步对海洋进行价值挖掘和做理性思考,深化海洋开发与保护的认识,研究制定海洋经济与安全大战略,推动海洋强国建设,是时代的呼唤,形势的需要。

2004 年,我主持的中国海洋经济集成战略研究项目由国家社会科学基金立项。经过两年的调研,按计划圆满地完成了研究任务,2005 年 10月进行了鉴定。课题含研究报告和论文两部分。课题的突出特色是依据海洋经济发展的时代特点与巨变环境,提出了集成创新兴海强国的集成战略思路,研究了集成创新的规律、机制与实现模式。主要建树是提出科学创新观,构建"集成创新三维三位模型"和"三位一体集成战略",探讨集成绩效的目标,提出科学的海洋经济战略导向和有针对性的集成管理实施对策。书中提出了较新颖的观点:海洋经济位和战略位论;海洋经济集成创新论;海洋经济战略集成观;海洋经济集成绩效观;全球空间定位思考与整体创新优化行动设想等。课题虽然提出了海洋经济集成创新战略,构建了理论模型,但未能进行严密论证和细化研究。海洋经济特殊规律作用下的海洋经济集成创新规律的研究还刚刚开题。因研究题目太大,理论储备不足,对复杂内容的驾驭不够,文字表达欠精练。撰写的论文,为体现每篇的完整性,便于阅读,有重复的也未做删减。课题成果在

2006 年底做了修改,2008 年 6～7 月又对数据进行了修改。该项研究尽管得到有关专家的肯定,以"优秀"等级结项,应用中获得决策部门和领导的肯定和采纳,产生了经济社会效益,但缺点不足依然存在。希望得到读者的批评指正。

本课题在调研和出版中,得到了很多单位、专家和领导的支持。中央和国家政策研究部门、国家海洋局、山东省、浙江省、青岛市的海洋管理部门提供了调研方便,给予了大力支持。全国哲学社会科学规划办公室、山东社会科学院给予了研究和出版资助。李建国、郑新立、董兆祥、王薇、韩寓群、王仁元、王曙光、丁德文、赵曙明、李晓西、赵春明、韩增林、韩立民、李维安、黄如金、王诗成、徐质斌、李有荣、栾维新等领导和著名学者给予了无私的研究指导和帮助,王诗成、潘树红与作者合作开展了有关案例的研究,刘洪滨、王波、李毅、郝艳萍、刘康、谭晓岚等同仁参加了山东海洋经济战略规划(案例)的研究。石晓燕硕士等给予了研究协助,郑文楷协助研讨、绘制了模型图示和有关表格。我指导的硕士生张红波、高霜、李磊参与了后续研究。报社的邢霞、塔西雅娜、苏涛、博芬,新华社《半月谈》的王新亚及中国科学院海洋所朱葆华等著名记者、学者在《学术前沿》、《中国海洋报》、《半月谈》、《社会科学报》、《中国社会科学院院报》及其网站做了评介。相关论文在各位编辑的支持下得以发表,《新华文摘》做了转载。学术界关于海洋战略研究以及集成创新研究的论著,国家海洋局、中国海洋大学等院校、我院海洋经济研究所的各位专家、同仁的课题研究及学术界的研究成果,给予本书的研究以极大的理论支持、政策支撑和有益的思维启迪,并被本书参考和引用。人民出版社李春生老师对本书做了精心编辑。正是由于众人的指导帮助,本书才得以顺利付梓出版。在此一并表示诚挚的感谢。

郑贵斌

2008 年 7 月于山东社会科学院

策划编辑:李春生

装帧设计:曹　春

**图书在版编目(CIP)数据**

海洋经济集成战略/郑贵斌　著.－北京:人民出版社,2008.12

ISBN 978－7－01－007614－0

Ⅰ.海…　Ⅱ.郑…　Ⅲ.海洋经济学-经济发展战略-研究-中国

Ⅳ.P74

中国版本图书馆 CIP 数据核字(2009)第 000013 号

**海洋经济集成战略**

HAIYANG JINGJI JICHENG ZHANLÜE

郑贵斌　著

人民出版社 出版发行

(100706　北京朝阳门内大街 166 号)

北京瑞古冠中印刷厂印刷　新华书店经销

2008 年 12 月第 1 版　2008 年 12 月北京第 1 次印刷

开本:700 毫米×1000 毫米 1/16　印张:22

字数:313 千字　印数:0,001－3,000 册

ISBN 978－7－01－007614－0　定价:45.00 元

邮购地址 100706　北京朝阳门内大街 166 号

人民东方图书销售中心　电话 (010)65250042　65289539